动物常见病特征与防控知识集要系列丛书

奶牛常见病特征与防控知识集要

侯绍华 主编

中国农业科学技术出版社

图书在版编目（CIP）数据

奶牛常见病特征与防控知识集要 / 侯绍华主编 . —北京：中国农业科学技术出版社，2015. 1

（动物常见病特征与防控知识集要系列丛书）

ISBN 978 - 7 - 5116 - 1852 - 8

Ⅰ. ①奶…　Ⅱ. ①侯…　Ⅲ. ①乳牛 - 牛病 - 防治　Ⅳ. ①S858. 23

中国版本图书馆 CIP 数据核字（2014）第 241122 号

责任编辑　徐　毅　褚　怡
责任校对　贾晓红

出 版 者　中国农业科学技术出版社
北京市中关村南大街 12 号　邮编：100081
电　　话　(010)82106631(编辑室)　(010)82109702(发行部)
(010)82109709(读者服务部)
传　　真　(010)82106631
网　　址　http://www.castp.cn
经 销 者　各地新华书店
印 刷 者　北京华忠兴业印刷有限公司
开　　本　880mm ×1230mm　1/32
印　　张　11. 625
字　　数　280 千字
版　　次　2015 年 1 月第 1 版　2015 年 1 月第 1 次印刷
定　　价　30. 00 元

动物常见病特征与防控知识集要系列丛书

《奶牛常见病特征与防控知识集要》

编　委　会

编委会主任　史利军

编委会委员　史利军　袁维峰　侯绍华
胡延春　曹永国　王　净
刘　锴　秦　彤　金红岩

主　　　编　侯绍华

副　主　编　王利丽　杨宏军　阳爱国

编 写 人 员　（以姓氏笔画为序）
韦　明　高　亮　邓永强
杨　美　谷祖烨　迟晶晶
杨春蕾　郭　莉　侯　巍
姜一曈　翁　周　陶　嵘
解晓莉　路　超

序

我国家畜、家禽及伴侣动物的饲养数量与种类急剧增加，伴随而来的动物疾病防控问题越来越突出。动物疾病，尤其是传染病，不仅影响动物的健康生长，而且严重威胁到了畜主、基层一线人员自身的安全，该类疾病的发生引起了社会的广泛关注，所以，有必要对主要动物疾病有整体的了解与把握。由于环境的改变、饲料种类与质量的变化等因素造成的动物普通病，严重制约了当前农村养殖业的稳定持续协调健康发展，必须高度重视这些问题。

为使全国广大养殖户及畜主重视动物疾病的防控，掌握动物疾病防控的基本知识和最新进展，并有针对性地采取相关措施，拟编写该系列丛书。该丛书让养殖户、畜主等基层一线读者系统全面地了解动物疾病防治的基础知识以及病毒性传染病、细菌性传染病、寄生虫病、营养缺乏和代谢病、普通病、繁殖障碍病等的临床表现与症状，找出治疗方法，正确掌握动物疾病的用药基本知识，做到药到病除。

该系列书从我国目前动物疾病危害及严重流行的实际出发，针对制约我国养殖生产水平、食品安全与公共卫生安全等关键问题，详细介绍各种动物常见病的防治措施，包括临床表现、诊治技术、预防治疗措施及用药注意事项等。选择多发、常发的动物普通病、繁殖障碍病、细菌病、病毒病、寄生虫病进行详细介绍。全书做到文字简练，图文并茂，通俗易懂，科学实用，是基层兽医人员、养殖户一本较好的自学教科书与工具书。

该系列丛书是落实农村科技工作部署，把先进、实用技术推广到农村，为新农村建设提供有力科技支撑的一项重要举措。该系列丛书凝结了一批权威专家、科技骨干和具有丰富实践经验的专业技术人员的心血和智慧，体现了科技界倾注“三农”，依靠科技推动新农村建设的信心和决心，必将为新农村建设作出新的贡献。

丛书编写委员会

2014 年 9 月

前　　言

随着国家对农业发展结构的战略性调整，畜牧业作为一个重要内容得以大力发展，其中，优先发展的就是奶牛业和乳品加工业。2000 年以后，我国奶牛养殖业逐步进入了发展的黄金时期，奶牛养殖数量和牛奶产量不断攀升，据专家预测，到 2020 年我国牛奶人均占有量将达到目前亚洲的平均水平，奶类总产量将居世界第三位（仅次于美国、印度），进入奶业大国行列。但随着奶牛事业的迅猛发展，奶牛疾病逐步成为阻碍其进一步发展和影响奶产品质量安全的一个重要因素。传染病的发生不仅造成奶牛及奶制品的直接损失，由此带来的封锁、隔离、扑杀等间接经济损失更是数字惊人，可造成奶牛养殖业的停滞不前甚至萎缩倒退。除此之外，寄生虫病、普通病、营养代谢病、中毒性疾病等均有上升趋势，由此造成的死亡、被淘汰、产奶产犊减少等经济损失总体上不亚于传染性疾病。因此，要进一步加强对奶牛疾病的重视，掌握奶牛疾病防控的基本知识，并能采取针对性措施，以保障奶牛业的持续健康发展，编写该书的目的也正在于此。

本书内容以全、简、实为原则。全即全面，尽量将危害严重的奶牛各类疾病涵盖在内，包括病毒性传染病、细菌性传染病、寄生虫病、内科病、繁殖障碍性疾病等。简即简明，针对该书的受众范围，尽量压缩简化机理研究性内容以求文字简练，通俗易懂。实即实用，要求尽量结合生产实际，令读者学以致用。该书编撰人员涵盖了科研院所、动物疫控、基层兽医单位等部门，保障了该书的理论性和实用性，力求达到理论联系实际，专业指导生产，愿读者能从中汲取有用知识，共同促进奶牛事业的不断发展。参与本书编写的人员来自以下单位：中国农业科学院北京畜牧兽医研究所（侯绍华、姜一曈），天津农业科学院畜牧兽医研究所（王利丽、迟晶晶、杨春蕾、路超），山东农业科学院奶牛研究中心（杨宏军、张亮、韦明、杨美、谷祖烨、郭莉、解晓莉），四川省动物疫病预防控制中心（阳爱国、邓永强、侯巍、翁周），唐山市动物卫生监督所（陶嵘）。

本书的编写得到中国农业科学院科技创新工程“兽医公共卫生安全与管理”创新团队（ASTIP－IAS11）、国家“863”计划“结核病、布鲁氏菌病、衣原体感染等人畜共患病分子诊断技术研究与产品研制”（2012AA101302）和国家自然科学基金“牛分枝杆菌 Eis 对巨噬细胞自噬的调控及机制研究”（31302130）项目的资助，在此表示感谢。

由于我国奶牛疾病的研究较少，系统性不强，相关资料和文献相对较少，加之参编作者较多，写作风格和认知角度不尽相同，书中纰漏和不足之处在所难免，望各位读者批评指正。

编　者

2014 年 9 月于北京

目　录

第一章　奶牛的传染病

第一节　奶牛的病毒性传染病

一、口蹄疫

口蹄疫俗名“口疮”、“蹄癀”，是由口蹄疫病毒引起的急性热性高度接触性传染病。主要侵害偶蹄兽，偶见于人和其他动物。其临诊特征为口腔黏膜、蹄部和乳房皮肤发生水疱和溃烂。

1. 病原

口蹄疫是由口蹄疫病毒所引起的偶蹄动物的一种急性、热性、高度接触性传染病。口蹄疫病毒具有多型性、易变性的特点。根据其血清学特性，现已知有7个血清型，即O、A、C、SAT1、SAT2、SAT3（即南非1、2、3型）以及AsiaI型（亚洲Ⅰ型）。每一型内又有亚型，亚型内有新的亚型出现。各型之间在临诊表现方面没有什么不同，但彼此均无交叉免疫性。同型各亚型之间有交叉免疫性。同型各亚型之间交叉免疫程度变化幅度较大，亚型内各毒株之间也有明显的抗原差异。病毒的这种特性，给本病的检疫、防疫带来很大困难。

2. 流行特点

口蹄疫以黄牛、奶牛最易感。一般幼畜比成年畜易感，病死率亦高。病畜和带毒动物是最危险的传染源。病畜的水疱皮和水疱液含病毒最多，在发热期，病畜的奶、尿、唾液、精液、粪便等都含有病毒。潜伏期和康复后带毒排毒也有报道，近来发现口蹄疫隐性感染牛与猪口蹄疫流行有一定关系，易感牛、羊与隐性感染牛同居不发病，但对猪仍有致病力，因此认为，牛的隐性带毒可能是猪的口蹄疫病毒传给牛所致。口蹄疫康复动物带毒、隐性感染和病毒的持续感染，是消灭口蹄疫的一大障碍。

本病可通过直接接触和间接接触传播，但更多的是间接接触传播为主。病毒常通过消化道和呼吸道以及损伤的皮肤、黏膜而感染，近来证明通过污染空气经呼吸道传染更为重要。饲养管理用具、饲料、垫草和运输工具等物品可机械带毒传播，狗、猫、鼠类、家禽和野鸟是活的传播媒介，饲养员、兽医人员、屠宰场和乳品加工厂的工作人员等也可能传播本病。

口蹄疫传染性极强，常呈流行性或大流行性，并有一定的周期性，每隔1～2年或3～5年流行1次。往往沿交通线蔓延扩散式地传播，也可跳跃式地远距离传播。本病一年四季都可发生，在不同地区的流行季节有所差异，在牧区往往从秋末开始，冬季加剧，春季减轻，夏季平息，而在农区这种季节性则不明显。

3. 临床表现与特征

潜伏期平均2～4天，最长可达1周左右。病牛体温升高达40～41℃，精神沉郁，食欲减退，闭口，流涎，开口时有吸吮声。1～2天后，在唇内面、齿龈、舌面和颊部黏膜发生黄豆至核桃大的水疱。口温高，此时口角流涎增多，呈白色泡沫状，常常挂满嘴边，采食、反刍完全停止。水疱约经1天破裂形成浅表的边缘整齐的红色溃烂。以后体温降至正常，溃烂逐渐愈合，全身状况逐渐好转。如有细菌感染，则溃烂加深，发生溃疡，愈合后形成瘢痕。有时并发纤维蛋白性坏死性口膜炎、咽炎和胃肠炎，有时在鼻咽部形成水疱，引起呼吸障碍和咳嗽。

在口腔发生水疱的同时或稍后，趾间及蹄冠的柔软皮肤表现红肿、疼痛，迅速发生水疱，并很快破溃，出现糜烂，以后干燥结痂，逐渐愈合。若病牛衰弱，或饲养管理不当，糜烂部位可能发生继发性感染，化脓坏死，病牛站立不稳，有跛行，甚至蹄匣脱落。有时乳房皮肤也可出现水疱和烂斑，如波及乳腺可引起乳房炎，泌乳量显著减少，甚至泌乳停止。

口蹄疫一般呈良性经过，1～3周可痊愈，病死率很低，不超过3%。但恶性口蹄疫在病牛痊愈恢复时，病情可能突然恶化，最后因心脏麻痹而死亡，病死率可达20%～50%，以犊牛多见。哺乳犊牛患病时，一般见不到明显水疱，主要表现为出血性肠炎和心肌炎，最后因心肌麻痹死亡。

除口腔和蹄部的水疱和烂斑外，在乳房、咽喉、气管、支气管和胃黏膜可见到烂斑和溃疡，皱胃和大小肠黏膜可见出血性炎症。心脏有心肌炎病变，心包膜有弥漫性和点状出血，心肌松软，心肌切面有灰白色或淡黄色斑点或条纹，称“虎斑心”。

4. 诊断

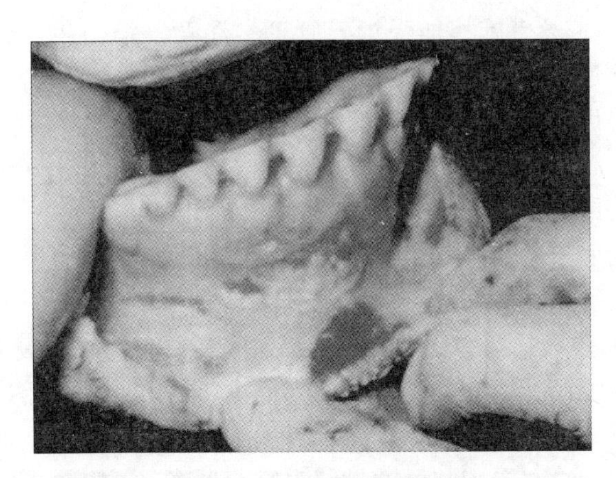

图1－1　唇内面、齿龈黏膜发生黄豆大水疱

（图片引自 www. ixumu. com）

口蹄疫常同时侵害多种偶蹄兽，传播迅速，呈流行性或大流行性发生，同时患病动物的口腔和蹄部有特征性的水疱和烂斑，死后剖检可见虎斑心和出血性胃肠炎病变，因此，容易作出早期诊断。但应注意和牛瘟、牛恶性卡他热、水疱性口炎等做鉴别诊断（图 1－1）。如要确定病毒的血清型，则采取病牛水疱皮和水疱液送动物疫病控制部门进一步做实验室诊断

5. 防制

发生口蹄疫后，一般不允许治疗，而是采取扑杀措施。以定期免疫接种等综合预防措施来控制本病的发生。

（1）预防接种。目前，用于牛的口蹄疫疫苗主要有口蹄疫 O 型-亚洲 I 型二价灭活疫苗、口蹄疫 O 型-A 型二价灭活疫苗和口蹄疫 A 型灭活疫苗、口蹄疫 O 型-A 型-亚洲 I 型三价灭活疫苗。疫区最好用与当地流行的相同血清型、亚型的疫苗进行免疫接种，犊牛 90 日龄左右进行初免，初免后间隔 1 个月后进行一次强化免疫，以后每隔 4 ~6 个月免疫 1 次。

（2）一般措施。加强饲养管理，注意环境卫生、经常性消毒。粪便进行堆积发酵处理或者用 5% 氨水消毒，牛舍、运动场和用具等以 2% ~4% 烧碱水、10% 石灰乳、0.2% ~0.5% 过氧乙酸或 1% ~2% 福尔马林喷洒消毒，皮张、毛等用环氧乙烷、溴化甲烷或甲醛气体消毒，肉品用 2% 乳酸或自然熟化产酸处理。对新引进的牛及购进的饲草饲料、生物制品等进行严格的隔离检疫，平时减少对牛群的应急刺激等。

（3）扑灭措施。采取以检疫诊断为中心的综合防制措施，一旦发现疫情，应立即实施封锁、隔离、检疫、消毒等措施，迅速报告疫情，划定疫点、疫区，对病牛舍及被污染的场所及用具等彻底消毒，对受威胁区的易感牛进行紧急预防接种，在最后 1 头病牛扑杀后 14 天内，未再出现新的病例，经彻底消毒后，可解除封锁。

二、牛病毒性腹泻/黏膜病

牛病毒性腹泻/黏膜病是由牛病毒性腹泻病毒引起的以黏膜发炎、糜烂、坏死和腹泻为特征的急性热性传染病，简称牛病毒性腹泻或牛黏膜病。本病呈世界性分布，广泛存在于欧、美等许多养牛发达国家。1980 年以来，我国从德国、丹麦、美国、加拿大、新西兰等十多个国家引进奶牛和种牛，将本病带入我国，并分离鉴定了病毒。

1. 病原

牛病毒性腹泻病毒能在胎牛肾、睾丸等组织细胞培养物中增殖传代，大多数病毒不引起细胞病变，有的则能引起培养细胞形成空泡及死亡，根据这一特性将其分为两个生物型，即致细胞病理变化型（CP）和非致细胞病理变化型（NCP）。该病毒对乙醚、氯仿、胰酶等脂溶剂敏感；pH 值为 3 以下易被破坏；对热的抵抗力不强，56℃很快被灭活；但低温下很稳定，血液和组织低温冻干或存放 -70℃可保存数年。

2. 流行特点

患病牛和康复带毒牛是本病的主要传染源。患病牛的口鼻眼分泌物及排泄物中含有病毒，急性发热期，血液中含有大量病毒，一般可保持 21 天，随尿排毒的时间可达 14 天，在气管、支气管淋巴结和肺可存在 56 天，在鼻分泌物中可存在 103 天。病牛尸体中，以脾、骨髓、肠系膜淋巴结和直肠组织的病毒检出率较高。流产胎儿的脾和骨髓也可作为分离病毒的材料。康复牛可带毒 6 个月。另外，猪和羊感染后，也可带毒排毒。

本病可感染黄牛、水牛、牦牛、绵羊、山羊、猪、鹿，家兔可人工感染。各年龄的牛对本病毒均易感，以 6 ~ 18 月龄者居多；绵羊、山羊、猪和鹿的易感性较低。病毒可通过直接或间接接触传播，动物采食被污染的饲料、饮水而感染，病牛咳嗽喷出传染性飞沫也可使易感牛感染，还可通过胎盘感染和精液传播。

本病呈地方流行性，一年四季均可发生，但多见于冬末和春季。一般来说，新疫区急性病例多，不论是放牧牛还是舍饲牛，各种年龄的牛均可感染发病，发病率通常不高，约为5%，但病死率可高达90%～100%。老疫区很少见急性病例，发病牛以4～24月龄者为多，发病率和病死率均很低，但隐性感染率在50%以上。本病也常见于肉用牛群中，关闭饲养的牛群发病时往往呈暴发。

3. 临床表现与特征

自然感染的潜伏期为7～14天。由于感染病毒毒力的强弱、机体抵抗力的高低等原因，临床症状常表现轻重不同，一般分为急性型、慢性型。

（1）急性型。突然发病，病初体温升高达40～42℃，通常持续4～7天，有的病牛体温可发生第二次升高。同时伴发白细胞数减少，持续1～6天，继而恢复或稍增多，有的可发生第二次白细胞减少症。病牛精神沉郁，厌食或食欲废绝，反刍停止，泌乳减少，眼、鼻流浆液性分泌物，唾液增多，呼气恶臭，2～3天内在唇内、齿龈、上腭、颊部、舌面发生散在的糜烂或溃疡，一般面积很小，需经仔细检查才能发觉。有时糜烂或溃疡散布较广，可汇合形成大面积的无表层上皮的红色病灶。鼻镜和鼻孔周围也可见到糜烂或结痂。通常口内损害之后常发生严重腹泻，开始水样，以后带黏液和血液。有的病牛可发生趾间皮肤糜烂坏死及蹄叶炎，从而导致跛行。急性病例恢复的很少见，一般发病后5～14天内死亡。

（2）慢性型。发热症状通常不明显或体温有高于正常的波动，特征性临床病变是鼻镜上出现糜烂，可在全鼻镜上连成一片。门齿齿龈通常发红，但口腔内很少出现糜烂。眼角常有浆液性分泌物。病牛由于蹄叶炎和趾间皮肤糜烂坏死导致跛行是最明显的临阵症状，通常皮肤表面角质化成为皮屑状，以鬐甲、颈部及耳后最甚，淋巴结不肿大。病牛消瘦、虚弱，大多数患牛于2~6个月内死亡。

怀孕母牛感染本病时，常发生流产、木乃伊胎，或使胎儿发生先天性缺陷。最常见的畸形病变是小脑发育不全，犊牛呈现轻度共济失调或站立困难，有的出现白内障、视网膜变性、眼神经炎、胸腹发育不全，肺发育不全，发育迟缓等。

（3）病理变化。主要病理变化在消化道和淋巴组织。特征性损害是食道黏膜糜烂，形状大小不等，多沿皱褶方向呈线状排列。严重病例在喉头黏膜有溃疡及弥散性坏死。在瘤胃、瓣胃偶见出血、糜烂和溃疡，皱胃幽门部黏膜有出血、水肿、溃疡或坏死。小肠有急性卡他性炎症，空肠、回肠较为严重，其他肠管可能有卡他性、出血性或溃疡性炎症。黏膜皱襞常有线状出血斑。肠系膜淋巴结肿胀。在流产胎儿的口腔、食道、真胃及气管内可能有出血斑及溃疡。运动失调的新生犊牛，有严重的小脑发育不全及两侧脑室积水（图1－2）。

图1－2　口腔硬腭板散在糜烂面

（图片引自 www. xiangce. baidu. com）

4. 临床诊断

根据病史、症状及病变可做初步诊断，但是，引起牛腹泻和口腔黏膜糜烂或溃疡的疾病很多如牛瘟、口蹄疫、牛传染性鼻气管炎、恶性卡他热及水疱性口炎、牛蓝舌病等，所以，最后确诊必须依靠病原学鉴定及血清学等实验室检查。

（1）症状。发热，鼻镜及口腔黏膜表面糜烂，腹泻，蹄叶炎及趾间皮肤糜烂坏死而致的跛行，孕牛流产，胎儿发生先天性缺陷，白细胞减少等。

（2）病变。整个消化道黏膜发炎，糜烂，呈大小不等形状与直线排列。

（3）病原学鉴定。急性发热期间采取血液、尿、分泌物，剖检时采取脾、骨髓、肠系膜淋巴结等病料送检鉴定。

（4）血清学试验。血清中和试验是目前应用最广、检出率较高的方法。

5. 防制

目前，本病无特效疗法。应用收敛剂和补液等保守疗法，可挽救一部分患牛，减少损失。同时做好防止继发感染的措施，配合抗生素和磺胺类药物治疗。但口腔病变严重和腹泻剧烈的病例一般预后不良。

平时要加强检疫，引进牛羊时，必须严格进行血清学检查，防止引入带毒牛、羊。进行交易或调拨时，也要注意检疫，防止本病的扩大或蔓延。

本病的预防国外主要采用淘汰持续感染动物和疫苗接种进行预防，疫苗有弱毒苗和灭活苗两种，以弱毒疫苗应用较多，一般只用于本病流行地区的 2 月龄至 2 岁的牛，育成母牛和种公牛于配种前再接种一次，多数牛可获得免疫。国内已研制成弱毒疫苗，正在某些发病地区推广使用。

一旦发生本病，对病牛要隔离治疗或急宰；对同群牛和有接触史的牛群应反复进行临床学和病毒学检查，及时发现病牛和带毒牛。对持续感染牛应坚决淘汰。对无病牛群应进行保护性限制。近年来，该病对猪的感染率日趋上升，使其成为本病重要的传染源，而且本病毒与猪瘟病毒有共同的抗原关系，使猪瘟的防治工作变得更加复杂。因此，在本病的防治计划中对猪的检疫也不容忽视。

三、牛瘟

牛瘟是由牛瘟病毒所引起的一种急性高度接触性传染病，又名烂肠瘟、胆胀瘟，临床特征为体温升高、病程短，黏膜特别是消化道黏膜发炎、出血、糜烂和坏死。该病是牛病中毁灭性最大的一种疫病。我国于 1956 年宣布在全国范围消灭牛瘟，目前，世界上仍有少数国家和地区（特别在非洲和亚洲的部分地区）有本病发生，需保持高度警惕，严防本病传入。

1. 病原

牛瘟病毒在结构上和麻疹病毒、犬瘟热病毒、鸡新城疫病毒等副黏病毒极为相似，和麻疹病毒、犬瘟热病毒有共同抗原。牛瘟病毒只有一个血清型，但从地理分布及分子生物学角度将其分为 3 个型，即亚洲型、非洲 1 型和非洲 2 型。牛瘟病毒对环境非常敏感，对各种理化因素抵抗力不强，高温、阳光、超声波、冻融、冻干等极易使病毒失去活力，常规消毒药能很快将其杀灭。

2. 流行特点

牛瘟主要侵害牛和水牛，还见于许多野生反刍动物。易感性随着牛的品种、年龄等有差异，牦牛的易感性最大，犏牛、黄牛又次之；绵羊、山羊和猪仅有轻度感染，病死率也不高；骆驼虽可感染，但不表现临诊症状。

本病通过直接和间接接触传播，发病和隐性感染的牛是主要传染源，其分泌物、排泄物污染饲料和饮水，经消化道、呼吸道感染。还可经眼结膜、子宫、吸血昆虫和人员接触而感染。

3. 临床表现与特征

牛瘟临床症状的严重程度不同，取决于病毒毒力强弱和感染动物的抵抗力，表现为最急性、急性、亚急性和慢性。典型的急性病例可分4个时期。

（1）前驱期。突然发热，口鼻部干燥，伴以精神沉郁或不安，食欲丧失，产奶量下降。同时，可见黏膜充血，眼睛和鼻腔有浆液性分泌物。心跳呼吸加快，反刍停滞，便秘，持续大约3天。

（2）黏膜期。口腔黏膜出现小的坏死灶、浅表溃疡和毛细血管出血，下齿龈和口腔乳头的顶部尤其明显，逐新波及唇部，上齿龈，硬腭和舌的下表面。鼻部、阴门和阴茎黏膜也出现同样的病变且可能早于口腔出现。小病灶融合扩大形成坏死性糜烂并有特征性的恶臭。病牛还可能表现唾液分泌过量，泪腺和鼻腔分泌大量脓性分泌物。病牛精神极度沉郁，呼吸困难，但很少表现肺炎。病变后的1~2天开始出现水样腹泻，排泄物中含有肠道黏膜碎片。迅速脱水导致虚弱、俯卧和死亡，死亡率可高达90%。

温和型发生于免疫动物或弱毒株感染，病牛只表现轻微的黏膜病变和一过性腹泻，甚至没有腹泻症状。不同毒力的毒株感染后的症状差异很大，可能表现典型的急性热病，出现全身性的病变，导致死亡，也可能是无任何症状的发热，但在泪腺分泌物中能检测到病毒抗原。

（3）康复期。口腔病变出现后第3~5天后开始愈合并逐渐痊愈，出现腹泻症状的可能持续较长时间。急性病例完全康复需要4周左右时间，依饲养环境和营养状况而定。

（4）病理变化。消化道黏膜有炎症和坏死变化，特别是皱胃幽门部附近最明显，可见到灰白色上皮坏死斑、伪膜、烂斑。

小肠，特别是十二指肠黏膜充血、潮红、肿胀、点状出血和烂斑，盲肠、直肠黏膜严重出血、伪膜和糜烂。呼吸道黏膜潮红、肿胀、出血，鼻腔、喉头和气管黏膜覆有假膜，其下有烂斑，或覆以黏脓性渗出物。

4. 临床诊断

本病可根据临床症状、剖检变化和流行病学材料进行诊断，应与口蹄疫、牛病毒性腹泻/黏膜病、牛蓝舌病、牛巴氏杆菌病、恶性卡他热等作鉴别诊断，在非疫区还必须进行病毒分离或血清学试验。

（1）症状。潜伏期3～9天，病牛体温升高达41～42℃，病程一般7～10天。病牛委顿、厌食、便秘、呼吸和脉搏增快。流泪，眼睑肿胀。鼻黏膜充血，有黏性鼻汁。口腔黏膜充血、流涎。上下唇、齿龈、软硬腭、舌、咽喉等部形成伪膜或烂斑。肠炎下痢，混有血液、黏液、脱落的黏膜片、纤维蛋白膜等，带有恶臭。孕牛常有流产。

（2）病变。消化道上部和呼吸道黏膜糜烂坏死覆以黏液性渗出物。皱胃溃疡、水肿，还可能会发生栓塞。小肠淋巴集结出血、水肿、坏死。盲肠、结肠、直肠有特征性的出血带。

5. 防制

目前我国没有此病，因此预防本病必须严格执行兽医检疫措施，不从有牛瘟的国家和地区引进反刍动物和鲜肉制品。如发现牛瘟病例时，立刻封锁疫区，扑杀病牛，并做无害化处理，彻底消毒被病畜污染的环境。同时，在疫区和邻近受威胁区用疫苗进行预防接种，建立免疫防护带。我国曾经使用过的疫苗有：牛瘟兔化弱毒疫苗、牛瘟山羊化兔化弱毒疫苗、牛瘟绵羊化兔化弱毒疫苗等。目前，尚无治疗牛瘟病的有效化学药物，贵重种牛早期可注射抗牛瘟高免血清预防。

四、牛传染性鼻气管炎

牛传染性鼻气管炎是由牛疱疹病毒I型引起的一种接触性传染病，又称坏死性鼻炎、红鼻病。其特征是上呼吸道及气管黏膜发炎，呼吸困难、流鼻汁等症状。1980年我国在进口的奶牛中发现并分离到病毒。本病的危害性在于常为隐性感染，病牛长期乃至终生带毒，给控制和消灭本病带来极大困难。

1. 病原

牛传染鼻气管炎病毒又称牛（甲型）疱疹病毒I型，对乙醚和酸敏感，在pH值7.0的溶液中很稳定，4℃保存30天，其感染滴度几乎无变化；22℃保存5天，感染滴度下降10倍，-70℃保存的病毒，可存活数年。多数消毒药都可使其灭活。本病毒只有一个血清型。

2. 流行特点

本病主要感染牛，肉牛较为多见，发病率可高达75%；奶牛次之。20~60日龄的犊牛最易感。病死率也较高。山羊、猪和鹿也能感染发病。病牛和带毒牛为主要传染源，一般通过空气、飞沫经呼吸道传染，交配也可传染，从精液中可分离到病毒。病毒也可通过胎盘侵入胎儿引起流产。当存在应激因素（如长途调运、拥挤、分娩和饲养环境发生剧烈变化）时，潜伏于三叉神经节和腰、荐神经节中的病毒可以活化，并出现于鼻汁与阴道分泌物中，因此，隐性带毒牛往往是最危险的传染源。

3. 临床表现与特征

潜伏期一般为4~6天，有时可达20天以上，本病可表现多种类型，主要有：

（1）呼吸道型。一般在天气较寒冷的季节发生，病情轻重不等。有的很轻微甚至不能被觉察，也可能极严重。急性病例主要侵害呼吸道，对消化道的侵害较轻。病初体温39.5~42℃，极度委顿，不食，鼻黏膜高度充血，出现浅溃疡，有多量黏液脓性鼻漏，鼻窦及鼻镜因组织高度发炎而称为“红鼻子”。有结膜炎及流泪。呼吸困难，张口呼吸，呼气中常有臭味。呼吸加快，伴有支气管炎性咳嗽。有时可见带血腹泻。乳牛产奶量大减至后期完全停止。重症病例数小时即可死亡；大多数病程在10天以上。严重流行时发病率可达75%以上，但病死率不高，一般在10%以下。

（2）生殖道感染型。由配种传染。潜伏期1~3天。可发生于母牛及公牛。病初发热，沉郁，厌食。频尿，有痛感。产奶量稍降。阴户流出黏液性分泌物，阴门、阴道发炎充血，阴道里面有不等量黏稠无臭的黏液性分泌物。阴门黏膜上出现小的白色病灶，可发展成脓疱，大量小脓疱使阴户前庭及阴道壁形成广泛的灰色坏死灶，当擦掉或脱落后遗留发红的破损表皮，经10~14天痊愈。公牛感染时潜伏期为2~3天，生殖道黏膜充血，轻微的1~2天后消退。重症病例发热，阴茎、包皮上发生脓疱，随即包皮肿胀及水肿，细菌继发感染时尤甚，10~14天开始恢复。有的公牛虽不表现症状但却带毒，可从精液中分离出病毒。

（3）脑膜脑炎型。主要发生于小牛。体温升高达40℃以上。表现共济失调、先沉郁后兴奋，惊厥、口吐白沫，最终倒地，角弓反张，磨牙，四肢划动。病程短促，多归于死亡。

（4）眼炎型。无明显全身反应，有时也可伴随呼吸型一同出现。主要症状是结膜角膜炎。结膜充血、水肿，并可形成粒状灰色的坏死膜。角膜轻度混浊，但不出现溃疡。眼、鼻流浆液脓性分泌物。一般不会引起死亡。

（5）流产型。一般认为是病毒经呼吸道感染后，从血液循环进入胎膜和胎儿所致。胎儿感染为急性过程，7~10天后以死亡告终，24~28小时后排出体外。

（6）病理变化。呼吸型病牛呼吸道黏膜高度发炎，有浅溃疡，其上被覆腐臭黏液性渗出物，并可能伴有化脓性肺炎。病程中期呼吸道上皮细胞中出现核内包涵体。皱胃黏膜常有发炎及溃疡。大小肠可有卡他性炎症。脑膜脑炎的病灶呈非化脓性脑炎变化。流产胎儿肝、脾有局部坏死，有时皮肤有水肿（图 1－3）。

图 1－3　眼结膜出血，鼻流出浆液性分泌物

（图片引自奶牛疾病图谱）

4. 临床诊断

根据病史及临床症状，可初步诊断为该病，应与牛流行热、牛病毒性腹泻/黏膜病、牛蓝舌病和茨城病等相区别。确诊本病还需要进行实验室检测，可在感染发热期采集病牛鼻腔分泌物，流产胎儿可取其胸腔液，或用胎盘子叶送兽医诊断部门进行确诊。

5. 防制

由于牛传染性鼻气管炎病毒可导致持续性感染，因此，防制该病最重要的措施是实行严格检疫，防止引入传染源和带入病毒（如带毒精液）。研究证实，抗体阳性牛实际上就是本病的带毒者，因此，该病毒抗体阳性的任何动物都应视为危险的传染源，一些欧洲发达国家据此对抗体阳性牛采取扑杀政策，尤其是种牛群，防制效果显著。发生本病时，应采取隔离、封锁、消毒等综合性措施，本病尚无特效疗法，病牛应及时严格隔离，最好予以扑杀或根据具体情况逐渐将其淘汰。

目前，牛传染性鼻气管炎的疫苗主要是弱毒疫苗和灭活疫苗。新型疫苗如亚单位苗、基因缺失疫苗等也不断取得积极进展。然而，研究表明，用疫苗免疫过的牛，并不能阻止野毒感染，也不能阻止潜伏病毒的持续性感染，只能起到预防临床发病的效果。因此，确诊阳性牛并予以扑杀可能是目前根除本病的唯一有效途径。

五、牛流行热

牛流行热是由牛流行热病毒引起的一种急性热性传染病，由于感染该病的大部分病牛经 2 ~ 3 天即恢复正常，故又称三日热或暂时热。其临床特征为突发高热，流泪，有泡沫样流涎，呼吸促迫，后躯僵硬，跛行。一般呈良性经过，发病率高，病死率低。我国牛流行热发病率高，对奶牛的产乳有明显的影响，而且部分病牛常因瘫痪而淘汰，给养牛生产带来较大的经济损失。

1. 病原

牛流行热病毒属弹状病毒科，在枸橼酸盐抗凝的病牛血液中 2 ~ 4℃贮存 8 天仍有感染性。反复冻融，对病毒无明显影响。可 -20℃以下低温保存，长期保持毒力。对热敏感，56℃10 分钟、37℃18 小时均可灭活。pH 值 2.5 以下或 pH 值 9 以上可使其数十分钟内灭活，对乙醚、氯仿等敏感。病毒存在于病牛血液中，用高热期病牛血液 1 ~ 5 毫升静脉接种易感牛后，经 3 ~ 7 天即可发病。各毒株间没有型的差别。

2. 流行特点

本病主要感染奶牛和黄牛，水牛比较少见。其中，3 ~ 5 岁壮年牛最易感多发，1 ~ 2 岁及 6 ~ 8 岁的牛次之，而 6 月龄以下的犊牛不表现临床症状。肥胖的牛病情较重，母牛尤以怀孕牛发病率略高于公牛。产奶量高的母牛发病率高。

病牛是本病的主要传染源。吸血昆虫（蚊、蠓、蝇）叮咬病牛后再叮咬易感的健康牛导致传播，因此，疫情的存在与吸血昆虫的出没具有很高的相关性。试验也证明，牛流行热病毒能在蚊子和库蠓体内繁殖，这些吸血昆虫是重要的传播媒介。因其虫媒传播特性，故该病流行具有明显的季节性，多发生于6~9月，即夏末到秋初，高温炎热、多雨潮湿、蚊蠓多生的季节流行。

该病的流行具有明显的周期性，约6~8年或3~5年流行一次，一次大流行之后，常有一次较小的流行。我国广东地区1~2年流行一次。该病的传染力强、传播迅速，短期内可造成流行或大流行。有时疫区与非疫区交错相嵌，呈跳跃式流行。病牛多为良性经过，在没有继发感染的情况下，死亡率为1%~3%。

3. 临床表现与特征

该病潜伏期一般为3~7天。临床表现分为3类。

（1）呼吸型。一般表现为最急性型和急性型。最急性型病初高热，体温高达42℃以上。病牛眼结膜充血、眼睑水肿、流泪、畏光，其他无异常表现。突然不食，呆立，头颈伸直，张口伸舌，呼吸极度困难，喘气声如拉风箱。大量流涎，口角出现多量泡沫状黏液，病牛常于发病后2~5小时以内死亡。急性型表现稍缓，病牛食欲减少或废绝，体温升至40~41℃，皮温不整，流泪、畏光，结膜充血，眼睑水肿，呼吸急促，张口呼吸，口腔发炎，流线状鼻液和口水。精神不振，发出“哼哼”呻吟声。病程3~4天，如及时治疗可治愈。

（2）胃肠型。病牛眼结膜潮红、流泪，口腔流涎，鼻流浆液性鼻液，呈腹式呼吸，肌肉颤抖，不食，精神萎靡，体温40℃左右。粪便干硬，呈黄褐色，有时混有黏液，胃、肠蠕动减弱，瘤胃停滞，反刍停止。还有少数病牛表现腹泻、腹痛等临诊症状。病程3~4天，如及时治疗则预后良好。

(3) 瘫痪型。多数病牛体温不高，四肢关节肿胀、疼痛，卧地不起，食欲减退，肌肉颤抖，皮温不整，精神萎靡，站立时四肢特别是后躯表现僵硬，不愿移动。本病死亡率一般不超过1%，但有些牛因跛行、瘫痪而被淘汰。

(4) 病理变化。急性死亡的病牛，咽喉黏膜呈点状或弥漫性出血。可见明显的肺间质性气肿，还有一些牛可有肺充血与肺水肿。肺气肿的肺高度膨隆，间质增宽，内有气泡，压迫气肿的肺呈捻发音。胸腔积有多量暗紫红色液体，两侧肺肿胀，间质宽，内有胶冻样浸润，肺切面流出大量暗紫红色液体，气管内积有多量的泡沫状黏液。肩肘等多关节肿大，关节液中混有块状纤维素。全身淋巴结充血、肿胀和出血。实质器官浑浊肿胀。真胃、小肠和盲肠呈卡他性炎症和渗出性出血。

4. 临床诊断

牛流行热的特点是大群发生，传播快速，有明显的季节性，发病率高、病死率低，结合病畜临诊症状特点，不难做出初步诊断。

(1) 主要侵害黄牛和奶牛。流行有明显周期性，多发于蚊蝇活动频繁的季节（6～9月）。

(2) 病牛突然出现高热（40℃以上），一般维持2～3天，流泪，眼睑和结膜充血，水肿。呼吸急促，发出哼哼声，流鼻液；食欲废绝，反刍停止，多量流涎。粪干或下痢；四肢关节肿痛，呆立不动，呈现跛行；孕牛可流产；奶牛泌乳量下降或停止。发病率高，病死率低，常呈良性经过，2～3天即可恢复正常。

(3) 剖检可见呼吸道黏膜充血，水肿和点状出血；间质性肺气肿以及肺充血，肺水肿，淋巴结充血，肿胀，出血，真胃、水肠和盲肠呈卡他性炎症和渗出性出血。

5. 防制

(1) 一般措施。针对牛流行热病毒由蚊蝇传播的特点，切断其病毒传播途径，每周两次用5%敌百虫液喷洒牛舍和周围排粪沟，以杀灭蚊蝇。另外，针对该病毒对酸敏感，可用过氧乙酸对牛舍地面及食槽等进行消毒，以减少传染。

(2) 预防接种。感染牛恢复后可获得2年以上的坚强免疫力。由于本病发生有明显的季节性，因此，在流行季节到来之前及时用能产生一定免疫力的疫苗进行免疫接种，即可达到预防的目的。国外曾研制出弱毒疫苗和灭活疫苗。国内曾研制出鼠脑弱毒疫苗、结晶紫灭活苗、甲醛氢氧化铝灭活菌、β-丙内酯灭活苗及亚单位疫苗。近年来研制出病毒裂解疫苗，在国内部分地区使用，效果良好。发生本病时，要对病牛及时隔离、及时治疗，对假定健康牛群及受威胁牛群可采用痊愈牛血清或高免血清进行紧急预防接种。

(3) 治疗措施。治疗本病尚无特效药物，多采取对症治疗，减轻病情，提高机体抗病力。病初可根据具体情况进行退热、强心、利尿、整肠健胃、镇静等措施，停食时I硼长时可适当补充生理盐水及葡萄糖溶液。使用抗菌药物预防并发症和继发感染。呼吸困难者应及时输氧，也可用中药辨证施治。治疗时，切忌灌药，因病牛咽肌麻痹，药物易流入气管和肺里，引起异物性肺炎。经验证明，早发现、早隔离、早治疗，合理用药，大量输液，护理得当，是治疗本病的重要原则。以下临诊各型治疗措施可供参考。

①呼吸型：肌注安乃近、氨基比林等药物，以尽快退热及缓解病牛呼吸困难，防止肺部受损严重。也可用未开封的3%双氧水50～80毫升，按1：10的比例用5%葡萄糖氯化钠注射液1 000毫升稀释，缓慢静脉注射，可达到输氧的目的。同时，静脉注射5%葡萄糖1 000毫升，生理盐水1 000毫升，青霉素400

万国际单位，链霉素200万国际单位，10%安钠咖40毫升，维生素C 8克，维生素$B_1$1.5克。如效果不明显可反复补液，利于排毒降温。另外，也可肌肉注射病毒灵、硫酸卡那霉素等。

②胃肠型：针对不同临诊症状用安钠咖、龙胆酊、陈皮酊、姜酊、硫酸镁等药物进行治疗，一般经1~5天可痊愈。

③瘫痪型：静脉注射生理盐水1 000毫升，10%葡萄糖酸钙500毫升，5%葡萄糖注射液1 000毫升，10%安钠咖40毫升，维生素C10克，维生素$B_1$1.5克。也可用氢化可的松、醋酸泼尼松、水杨酸钠等药物进行治疗。此型应同时加强护理，否则病牛因病程长，无法恢复而被淘汰。

另据崔中林等经验，牛流行热的治疗可采取下列措施。

④解热镇痛：30%安乃近20~30毫升，一次肌肉注射；或复方安基比林、安痛定或镇跛痛注射液30~40毫升，肌肉注射，每日2次，连用2~3天。应用解热镇痛药的同时，可用地塞米松磷酸钠注射液，每次20毫克，肌肉注射。

⑤对肌肉疼痛，四肢僵硬，卧地不起者，可用3%盐酸普鲁卡因20~30毫升，加入糖盐水500毫升中，缓慢静脉注射。

⑥为预防肺部继发感染，尽早使用青霉素与链霉素合并用药，或用氨苄青霉素或阿莫西林，肌肉注射。必要时，可用注射用土霉素或四环素肌肉或静脉注射。

⑦对呼吸困难的病牛，可进行输氧，或用25%氨茶碱20~30毫升，6%盐酸麻黄素液10毫升，肌肉或皮下注射。对发生肺水肿的患牛，可静脉放血1 000~1 500毫升。

⑧出现神经症状时，可用3%溴化钙100~150毫升，加入糖盐水中静脉注射。此外，注意补充维生素B_1、维生素C等。

六、牛白血病

牛白血病是牛白血病病毒引起的一种慢性肿瘤性疾病，其特征为淋巴样细胞恶性增生，进行性恶病质和高度病死率。我国于1974年首次发现本病，对养牛业的发展构成威胁。

1. 病原

牛白血病病毒为反转录病毒科的成员，对外界环境的抵抗力较弱，对温度较敏感，在56℃时30分钟可使大多数病毒灭活，60℃以上迅速失去感染力；奶中的病毒也可被巴氏消毒温度灭活，紫外线照射、反复冻融以及0.5%石炭酸、1/4 000福尔马林均可使其失去活性。对各种有机溶剂敏感。

2. 流行特点

本病在自然条件下只感染牛，奶牛、黄牛和水牛易感，绵羊也偶尔感染。潜伏期平均为4年，因潜伏期长，故多发生于3岁以上成年牛，4～8岁牛发病率最高。5%～10%表现为急性病程，无前驱症状即死亡。2岁以下牛发病率低。病牛和隐性感染牛是本病的传染源。健康牛群发病，往往是由于引进了感染的病牛而被传染。

本病主要通过牛的相互接触传播，也可能通过呼吸道传播；近年来证明吸血昆虫在本病传播上具有重要作用，目前发现，该病的传播可能与牛虻、锥虫的感染有关；另外，被污染的兽医器械（如注射器、针头等），可以起到机械传播本病的作用；也可经胎盘或哺乳垂直传染。

地方流行性白血病主要是水平传播，与病牛同居的牛群发病率高，奶牛比肉牛发病率高，随年龄增长发病率增高，大群发病率比小群高。

有研究指出，本病的发生可能也与牛的遗传因素有关。易感性高的母牛在使本病由一个世代传给另一个世代上起着重要的作用，从血统谱系上追查母牛及其后代的白血病传染关系，可以看出本病呈明显的遗传性。由一头公牛配种所产生的后代，对白血病的易感性也增高。患病头数多的牛群，其净化过程要比仅有个别病例的牛群长。

3. 临床表现与特征

本病潜伏期甚长，一般认为，自病毒感染至出现血液学变化需要数月以上，至形成肿瘤则需更长的时间，一般为 4～5 年。本病依据有无淋巴肉瘤形成，可分为亚临床型和临床型两种。

（1）亚临床型。最为常见。其特点是无肿瘤形成，无明显全身症状，但产奶量会有所下降，主要变化是淋巴细胞增生，并可持续多年甚至终生。

（2）临床型。约有 10%～30% 的亚临床型病牛可发展为临床型。病牛表现生长缓慢，呈进行性消瘦。奶牛产奶量减少，品质下降。一般体温正常或略有升高。从体表或经直肠可摸到某些淋巴结呈一侧或对称性增大。腮淋巴结或股前淋巴结常显著增大，触摸时可移动，无热无痛。如一侧肩前淋巴结增大，病牛的头颈可向对侧偏斜；眶后淋巴结增大可引起眼球突出。当内脏器官及其淋巴结受侵害时，则可引起相应的症状。例如，胸腔中有肿瘤时，可出现呼吸困难，心跳加快；侵及胃肠时，可表现消化不良，慢性胀气及顽固性下痢，或由于溃疡形成和出血而排血便；脊髓、脊神经受侵害时，病牛出现共济失调、不全麻痹或完全麻痹（以后肢为常见）；骨髓受损害则引起贫血。出现临床症状的牛，大多经数周或数月，以死亡告终。

（3）病理变化。尸体消瘦、贫血。腮淋巴结、肩前淋巴结、股前淋巴结、乳房上淋巴结、腰下淋巴结以及体内的肾淋巴结、纵隔淋巴结和肠系膜淋巴结常肿大，一般肿大 3～5 倍，被膜紧张，呈均匀灰色，柔软，切面突出。心脏、皱胃和脊髓常发生淋巴细胞浸润。心肌的淋巴细胞浸润常发生于右心房、右心室和室间隔，呈灰色而增厚。脊髓硬膜外的肿瘤结节使脊髓受压、变形和萎缩。皱胃壁由于淋巴细胞浸润而增厚变硬。肾、肝、肌肉、神经干和其他器官亦可受损。

4. 临床诊断

临床综合诊断法对地方流行性和散发性牛白血病，简单易行，实用性强，一般均能作出诊断。病原学和血清学诊断只用于地方流行性牛白血病，比临床综合诊断能早期发现病牛，而且准确性高。

（1）临床综合诊断。本病的临床特征是潜伏期长、淋巴细胞持续增多和肿瘤形成。临床诊断基于触诊发现体表淋巴结特别是腮、肩前、股前淋巴结肿大，盆腔、腹腔里的肿瘤一般在直肠检查时可以触及。

（2）对疑有本病的牛只，直肠检查具有重要意义。尤其在病的初期，触诊骨盆腔和腹腔的器官可以发现白血组织增生的变化，常在表现淋巴结增大之前。具有特别诊断意义的是腹股沟和髂淋巴结的增大。

（3）尸体剖检可以见到特征的肿瘤病变。最好采取组织样品（包括右心房、肝、脾、肾和淋巴结）作显微镜检查以确定诊断。

5. 防制

根据本病的发生呈慢性持续性感染的特点，防制本病应采取以严格检疫、淘汰阳性牛为中心，包括定期消毒、驱除吸血昆虫、杜绝因手术、注射可能引起的交互传染等在内的综合性措施。

（1）防止引入病牛和带毒牛，确保精液来自健康公牛。无病地区应严格防止引入病牛和带毒牛；引进新牛必须进行严格检疫，发现阳性立即淘汰，阴性牛必须隔离3~6月以上方能混群。

（2）加强检疫，及时淘汰阳性公牛。通常，奶牛场每年进行两次临床、血液和血清学检查，不断剔除阳性牛。对感染不严重的牛群，可逐步净化牛群；如果感染牛只较多（如超过25%）或牛群处于长期感染状态，应果断地全群扑杀。对检出的阳性牛，由于其他原因不能扑杀时，应隔离饲养和控制利用。阳性母牛可用来繁育健康后代，犊牛出生后即行检疫，阴性者单独饲养，喂给健康牛奶或消毒乳。阳性牛的后代均不宜作种用。

(3) 加强消毒，驱杀蚊、蜱等吸血昆虫，杜绝因输血、注射、手术等引起交互传染。近年来，牛白血病免疫的研究取得了可喜进展，实验性疫苗已用于本病的预防。

(4) 目前本病尚无特效疗法，也没有合适的商品化疫苗。据报道，内服一定量的镁和硒有一定预防作用，应用环磷酰胺、醋酸强酌松龙、长春新碱、环胞核苷等治疗病牛，有延缓恶变、延长利用年限的作用。

七、牛恶性卡他热

牛恶性卡他热是由恶性卡他热病毒引起的一种急性热性、非接触性传染病，又名恶性头卡他，以高热，呼吸道、消化道黏膜的黏脓性坏死性炎症为特征。本病散发于世界各地。

1. 病原

本病病原为疱疹病毒科的狷羚疱疹病毒Ⅰ型。来自不同地区的毒株存在抗原型差异，因此，认为恶性卡他热的病原是一组存在亚型差别的病毒。病毒对外界环境的抵抗力不强，不能抵抗冷冻及干燥。含病毒的血液在室温中 24 小时或温度在冰点以下可使病毒失去传染性。

2. 流行特点

隐性感染的绵羊、山羊是本病的主要传染源。自然条件下，各种年龄、品种、性别的牛都易感，但以 1～4 岁的牛多发，老龄牛及 1 岁以下的牛发病较少。本病不能由病牛直接传染给健康牛，而是与无症状带毒的绵羊同栏饲养或放牧而感染，病牛都有与绵羊的接触史，特别是在绵羊产羔期最易传播本病。本病可通过胎盘感染犊牛，吸血昆虫也可传播本病。

本病一年四季均可发生，更多见于冬季和早春，多呈散发。多数地区发病率较低，但病死率可高达60% ~90%。

3. 临床表现与特征

自然感染的潜伏期长短变动很大，一般4~20周或更长。

病初高热，达40~42℃，精神沉郁，1~2天内，眼、口及鼻黏膜发生病变。临床上分头眼型、肠型、皮肤型和混合型四种。

（1）头眼型。眼结膜发炎，畏光流泪，以后角膜浑浊，眼球萎缩、溃疡及失明。鼻腔、喉头、气管、支气管及颌窦卡他性及伪膜性炎症，呼吸困难，炎症可蔓延到鼻窦、额窦、角窦，角根发热，严重者两角脱落。鼻镜及鼻黏膜先充血，后坏死、糜烂、结痂。口腔黏膜潮红肿胀，出现灰白色丘疹或糜烂。病死率较高。

（2）肠型。先便秘后下痢，粪便带血、恶臭。口腔黏膜充血，常在唇、齿龈、硬腭等部位出现伪膜，脱落后形成糜烂及溃疡。

（3）皮肤型。在颈部、肩胛部、背部、乳房、阴囊等处皮肤出现丘疹、水疱，结痂后脱落，有时形成脓肿。

（4）混合型。此型多见。病牛同时有头眼症状、胃肠炎症状及皮肤丘疹等。有的病牛呈现脑炎症状。一般经5~14天死亡。病死率达60%。

（5）病理解剖变化。依临床症状而定。最急性病例没有或只有轻微变化，可以见到心肌变性，肝脏和肾脏细胞肿胀，脾脏和淋巴结肿大，消化道黏膜特别是皱胃黏膜有不同程度发炎。头眼型以类白喉性坏死性变化为主。消化道型以消化道黏膜变化为主。口腔黏膜变化如症状中所述。皱胃黏膜和肠黏膜出血性炎症，部分形成溃疡。

4. 临床诊断

根据流行特点、症状及病变可作出初步诊断，确诊需进行实验室检查。本病有时与牛瘟、牛病毒性腹泻、口蹄疫、牛蓝舌病等可能混淆，应注意鉴别。

（1）流行特点。1~4岁的牛多发，老龄牛及1岁以下的牛发病较少，发病牛都有与绵羊的接触史，多见于冬季和早春，发病率较低，病死率高。

（2）症状。高热稽留，口腔与鼻腔黏膜充血、坏死及糜烂，鼻孔前端分泌物变为黏稠脓样，典型病例形成黄色长线状物垂直于地面，几乎均具有眼部症状，畏光、流泪、眼睑闭合，继而发生虹膜睫状体炎和进行性角膜炎，可能在8小时内变得完全不透明，也有发展较为迟缓的。

（3）病变。头眼型以类白喉性坏死性变化为主。消化道型以消化道黏膜变化为主。皱胃黏膜和肠黏膜出血性炎症，部分形成溃疡。

5. 防制

目前，本病尚无特效治疗方法。有人曾应用皮质类固醇类（如地塞米松静脉注射），抗生素（如氨苄青霉素静脉注射、普鲁卡因青霉素肌肉注射），点眼药（如阿托品溶液、倍他米松新霉素混合液）治疗，有一定疗效。

控制本病最有效的措施是，立即将绵羊等反刍动物清除出牛群，不让其与牛接触，同时，注意牛舍和用具的消毒。有人曾研制灭活疫苗，证明效果不佳，弱毒疫苗也已研制出来，但尚未推广使用，由于本病散发，其免疫预防意义不大。

八、牛副流行性感冒

牛副流行性感冒是由副流感3型病毒引起牛的一种急性接触性传染病，简称牛副流感，又称运输热，以侵害呼吸器官为主要特征。主要发生于集约化养牛场经过长途运输后集中的牛群。

1. 病原

本病的原发性病原为副流感3型病毒。病毒对牛的致病力不强，单独用此病毒感染牛，只产生轻微的症状，甚至呈亚临床反应，但在其他继发细菌（特别是多杀性巴氏杆菌或溶血性巴氏杆菌）以及外界诱因（特别是长途运输中受寒、饥饿、拥挤、天气恶劣等）的共同作用下，则可产生严重的呼吸道症状。因此，目前认为，牛副流感病毒、细菌、诱因三者联合作用的结果，如缺少其中一种因素，都不能发生典型的疾病。

2. 流行特点

在自然条件下，本病仅感染牛，多见于成年肉牛和奶牛。病牛及带毒牛是传染源，易感牛因与排毒的牛接触，通过空气飞沫，经呼吸道而感染，也可发生子宫内感染。本病常见于晚秋和冬季。

3. 临床表现与特征

本病的潜伏期约2～5天。病牛体温升高达41℃以上。鼻镜干燥，继而流黏脓性鼻液，大量流泪，有脓性结膜炎。呼吸快速，咳嗽，有的张口呼吸。听诊肺前下部有纤维素性胸膜炎和支气管肺炎症状。有的发生黏液性腹泻。病牛消瘦，有的病牛经2～3天死亡。孕畜可能流产。牛群发病率一般不超过20%，病死率一般为1%～2%。

剖检病变主要见于呼吸道。上呼吸道黏膜有卡他性炎。鼻腔和副鼻窦积聚大量黏脓性渗出物。支气管黏膜肿胀、出血，管腔中有纤维素块。两侧肺前下部肺泡因充满纤维素而膨胀、变硬。病肺切面呈红-灰色肝变，小叶间水肿、变宽。胸腔积聚浆液纤维素性渗出液。胸膜表面有纤维素附着。支气管和纵隔淋巴结水肿、出血，心内外膜下、胸膜、胃肠道黏膜有出血斑点。

4. 临床诊断

诊断本病主要依据病史以及特征的临床症状和剖检病变。

（1）流行特点。多见于成年肉牛和奶牛，恶劣条件的长途运输后如受寒、饥饿、拥挤、天气恶劣等易发，常见于晚秋和冬季。

（2）症状。鼻镜干燥，流黏脓性鼻液，大量流泪，有脓性结膜炎。听诊肺前下部有纤维素性胸膜炎和支气管肺炎症状，有的发生黏液性腹泻。

5. 防制

治疗本病可在早期应用四环素族抗生素及磺胺类药物，虽对病毒无效，但可对细菌起抑制作用。可用青霉素，每千克体重1万国际单位、链霉素每千克体重1万国际单位，两者联合使用，肌肉或静脉注射，每日2次，连用4～5天。硫酸卡那霉素每千克体重10～15毫克，肌肉注射，每日2次，连用3～4天。磺胺二甲嘧啶每千克体重70毫克，静脉或肌肉注射，每日2次，连周3～4天；强力霉素每千克体重1～2毫克，肌肉注射，每日2次，连用4～5天。

国外用副流感3型病毒及巴氏杆菌制成的混合疫苗，以及其他各种多价疫苗、血清预防本病。

注意在长途运输时，避开高温季节或严寒天气，装车不应过于拥挤，保持车内空气流通，加强饲养管理，在饮水中加入适量维生素C有抗热应激的作用。

九、蓝舌病

蓝舌病是由蓝舌病病毒引起的、以昆虫为传播媒介的反刍动物的一种非接触性传染病，主要发生于绵羊，其临诊特征为发热、消瘦，口、鼻和胃黏膜有溃疡性炎症变化，是OIE划定的A类疫病之一。我国1979年在云南首次确定存在绵羊蓝舌病，

1990 年在甘肃省从黄牛分离出蓝舌病病毒。

1. 病原

蓝舌病病毒是一种虫媒病毒，已知有 24 个血清型，各型之间交叉免疫性差，故只有制成多价疫苗，才能获得可靠的保护作用。病毒存在于病畜血液和各器官中，在康复畜体内存在达 4～5 个月之久。病毒抵抗力很强，未提纯的病毒在 50℃加热 1 小时不能灭活，60℃30 分钟被杀死；在干燥的血液、血清中和腐败的肉、下水中，可长期生存。pH 值在 6.5～8.6 稳定，pH 值 3.0 以下被迅速灭活。病毒对紫外线有一定的抵抗力，对乙醚、氯仿、0.1% 去氧胆酸钠有耐受力，可被过氧乙酸、3% 氢氧化钠灭活。

2. 流行特点

患病和带毒动物是传染源，痊愈绵羊的血液能带毒达 4 个月之久。本病主要通过库蠓传播。库蠓吸吮带毒血液后，病毒可在某些种库蠓体内长期生存和大量增殖，且可越冬，是一种重要的传染源。当再叮咬绵羊和牛时，即可发生传染。绵羊虱也能机械传播本病。公牛感染后，其精液内带有病毒，可通过交配和人工授精传染给母牛。病毒也可通过胎盘感染胎儿。

本病有严格的季节性，多发生在湿热的夏季和早秋，一般发生于 5～10 月，特别是池塘、河流较多的低洼地区。它的发生和分布与库蠓的分布、习性和生活史密切相关。

3. 临床表现与特征

牛感染本病多呈隐性感染，约有 5% 的病例可显示轻微临诊症状。初期症状不明显，发热现象不严重，约 40℃左右，鼻腔、鼻镜和口腔充血，接着转变为淤血。不久部分坏死并逐渐形成结痂，剥落结痂下面组织可形成较浅的溃疡面。眼结膜充血、肿胀、流泪，有的蹄冠部也出现同样的病变，只表现这些症状的病牛一般可恢复痊愈。部分病牛会突然出现“咽喉头麻痹”症状，出现“垂舌”症状，病牛大都出现吞咽困难的症状、喉头麻痹的病牛饮水往往能引起误咽，极易继发引起死亡率较高的误咽性肺炎。该病牛死亡率一般在10%左右，有时心肌和骨骼肌也会受到不同程度的损害。

病理变化主要见于口腔、瘤胃、心、肌肉、皮肤和蹄部。口腔出现糜烂，唇内侧，牙床，舌侧，舌尖，舌面表皮脱落，有的舌发绀，故有蓝舌病之称，皮下组织充血及胶样浸润。乳房和蹄冠等部位上皮脱落但不发生水疱，蹄部有蹄叶炎变化，并常溃烂。瘤胃有暗红色区，表面有空泡变性和坏死。真皮充血、出血和水肿。肌肉出血，肌纤维呈弥散性混浊或呈云雾状，严重者呈灰色。呼吸道、消化道和泌尿道黏膜及心肌、心内外膜均有小点出血。严重病例，消化道黏膜有坏死和溃疡。脾脏通常肿大。肾和淋巴结轻度发炎和水肿。

4. 临床诊断

根据典型临诊症状和病理变化可作出初步诊断，确诊需要做实验室检测。

（1）流行特点。本病的发生具有季节性，多发生在湿热的夏季和早秋，与库蠓的分布、习性和生活史密切相关。

（2）主要临诊症状。该病以发热、口腔黏膜和胃肠道黏膜严重的卡他性炎症为特征，病畜乳房和蹄部也常出现病变，且常因蹄部真皮层遭受侵害而发生跛行。

5. 防制

目前，尚无有效治疗方法。对病畜应加强营养，精心护理，预防继发感染可用磺胺药或抗生素。

对症治疗：口腔用清水、食醋或0.1%的高锰酸钾液冲洗；再用1%～3%硫酸铜、1%～2%明矾或碘甘油，涂糜烂面；或用冰硼散外用治疗。蹄部患病时可先用3%来苏尔洗涤，再用碘甘油或土霉素软膏涂拭，用绷带包扎。

为了防止本病的传人，严禁从有本病的国家和地区引进动物。加强国内疫情监测，切实做好冷冻精液的管理工作，严防用带毒精液进行人工授精。夏季宜选择高地放牧以减少感染的机会，夜间不在野外低湿地过夜。定期进行药浴、驱虫，控制和消灭媒介昆虫（库蠓），做好牧场的排水工作。

发生本病的地区，应扑杀病畜清除疫源，消灭昆虫媒介。必要时进行预防免疫，可在每年发病季节前一个月接种疫苗；在新发病地区可用疫苗进行紧急免疫接种。应当注意的是，在免疫接种时应选用相应血清型的疫苗；如果在一个地区存在两个以上血清型时，则需选用二价或多价疫苗。由于不同血清型病毒之间可产生相互干扰作用，因此，二价和多价疫苗的免疫效果会受到一定的影响。目前，所用疫苗有弱毒疫苗、灭活疫苗和亚单位疫苗。基因工程疫苗的研究也已取得重要进展。

十、茨城病

茨城病是茨城病病毒引起的牛的一种急性、热性传染病，又名类蓝舌病，其特征是突发高热、咽喉麻痹、关节疼痛性肿胀。本病除在日本最先发生流行外，以后在朝鲜半岛、美国、加拿大、印度尼西亚、澳大利亚、菲律宾等国也有发生。

1. *病原*

茨城病毒能抵抗乙醚、氯仿和去氧胆酸盐，但不耐酸（pH值5.15以下）。56℃30分钟或60℃5分钟感染力显著下降，0～4℃放置稳定，－20℃很快失去感染性。

2. *流行特点*

病牛和带毒牛是主要传染源。病毒是由库蠓传播，因此本病的发生与季节及地理分布，气候条件以及节肢动物的活动密切相关，在日本发生于8～11月和北纬38°。以南地区。1岁以下牛一般不发病，肉牛比奶牛发病多、病情也较重。

3. 临床表现与特征

人工接种的潜伏期为3～5天。牛突然发高热，体温升高到40℃以上，持续2～3天，少数可达7～10天。发热时伴有精神沉郁，厌食，反刍停止，流泪，流泡沫样口涎，结膜充血、水肿，白细胞数减少。部分牛在口腔、鼻黏膜、鼻镜和唇上发生糜烂或溃疡，易出血。病牛常有疼痛性的关节肿胀。发病率一般为20%～30%，其中，20%～30%病牛呈咽喉麻痹，吞咽困难。常发生吸入性肺炎。蹄冠部、乳房、外阴部可见浅的溃疡。

死亡牛可见到黏膜充血、糜烂等病变。皱胃变化明显，出现黏膜充血、出血、水肿，有时由于从黏膜层到浆膜层出现水肿而致胃壁增厚。引起吞咽障碍的病例，食管从浆膜到肌层见有出血和水肿，喉头、舌也发生出血，横纹肌坏死，另外，在肝脏也可发生出血和灶状坏死。

4. 临床诊断

根据流行季节、临床表现等情况，不难作出初步诊断，但确诊仍需分离病毒。分离病毒材料，以发病初期的血液为宜。在剖检病例，以脾、淋巴结为适宜。

5. 防制

患牛只要没有发生吞咽障碍，预后一般良好。发生吞咽障碍的，由于严重缺水和误咽性肺炎，可造成死亡。因此，补充水分和防止误咽是治疗的重点。为此，可使用胃导管或左肷部插入套管针的方法补充水分。也可用腹腔注射法注入生理盐水或林格氏液（可加入葡萄糖、维生素、强心剂等）。

在日本采用鸡胚化弱毒疫苗预防本病。在无本病发生的国家和地区，重点是加强进口检疫，防止引入病牛和带毒牛。

十一、赤羽病

赤羽病是由赤羽病病毒引起的牛、羊以流产、早产、死胎、胎儿畸形、木乃伊、新生胎儿发生关节弯曲积水性无脑综合征为临诊特征的传染病，又称阿卡班病。该病对养牛业、养羊业的发展构成巨大威胁，我国也有本病流行。

1. 病原

赤羽病病毒也称阿卡班病病毒，不耐乙醚和氯仿，对56℃、低pH值和0.1%脱氧胆酸敏感。

2. 流行特点

病畜和带毒动物是本病主要的传染源。主要侵害反刍动物，怀孕的牛、绵羊和山羊对本病最易感，围产期的胎儿常受到感染。马、水牛、骆驼也可感染，人和猪的易感性较低。该病主要由吸血昆虫传播，带毒虫媒可借助风力到达不同地区，并引起传播，因此，具有明显的季节性和地区性，主要流行于湿热和潮湿的夏秋季吸血昆虫活跃季节，主要发生于热带、温带蚊蠓滋生的地区，特别是池塘、河流较多的低洼地区。多呈地方性流行和散发。垂直传播也是重要的传播方式，病毒可经胎盘感染胎儿。

非疫区或没有进行疫苗注射的地区常易暴发，而同一地区连续2年发生的情况较少见，即使发生病例也极少，同一母牛连续2年异常产的几乎没有。

3. 临床表现与特征

成年牛、羊感染后多呈隐性感染，几乎不出现体温反应和临诊症状。特征性的表现是妊娠牛异常分娩，多发生于怀孕7个月以上或接近妊娠期满的牛。在流行初期，胎龄越大的胎儿早产发生的越多，并呈现不能站立；流行中期常因体型异常（如胎儿关节弯曲、脊柱弯曲和歪脖等）而发生难产，即使顺产，新生犊牛也不能站立，吃乳困难；流行后期多产出无生活能力或瞎眼的犊牛，即使产出异常犊牛，但对母牛下一次妊娠影响不大。绵羊若在怀孕1～2个月内感染本病毒，可产生畸形羔羊，包括关节弯曲、脑积水和无脑症。

眼观病理变化主要是胎儿体形异常（关节、脊柱和颈骨弯曲等）、大脑缺损、躯干肌肉萎缩并变白。

4. 临床诊断

孕畜流产、死胎和畸形胎以及新生动物关节弯曲和积水性无脑症，结合本病发生具有明显的季节性和地区性，主要流行于湿热和潮湿的夏秋季吸血昆虫活跃季节等，一般可作出初诊，要确诊必须进行实验室诊断。

5. 防制

目前该病尚没有有效的防制措施。改善环境卫生，消灭库蠓蚊虫等传播媒介是预防本病的主要措施；加强进出口检疫，防止病原传入；定期进行疫苗接种（日本已有弱毒疫苗），是预防本病的有效措施。

十二、狂犬病

狂犬病俗称疯狗病。是由狂犬病病毒引起的人兽共患的急性接触性传染病。主要侵害中枢神经系统，其临床特征是狂暴不安和意识紊乱，最后发生麻痹而死亡。在人常见恐水表现，故又称恐水症。

1. 病原

狂犬病病毒属于弹状病毒科，病毒在70℃15分钟、100℃2分钟可被杀死，在50%甘油生理盐水中可保存1年，病毒可被日光、1%～2%肥皂水、70%酒精、0.01%碘液灭活，对酸、碱、福尔马林等消毒药均敏感。

2. 流行特点

（1）宿主与传染源。几乎所有的温血动物都对本病易感，但主要的易感动物是犬科和猫科动物。野生动物是狂犬病病毒主要的自然储存宿主。对人和家畜威胁最大的主要传染源是患狂犬病的犬，其次是外观正常的带毒犬和猫，其他患病动物传给人或相互传染的报道较少。

（2）传播途径。多数患病动物的唾液中带有病毒，一般通过患畜咬伤或皮肤黏膜接触病毒而发生感染。还存在着非咬伤性的传播途径，人和动物都有经由呼吸道、消化道和胎盘感染的病例。

（3）流行特征。本病多数由患狂犬病的病犬咬伤引起，所以，流行的连锁性特别明显，以一个接着一个的顺序呈散发形式出现。伤口越靠近头部或伤口越深，其发病率越高，一般春夏季比秋季较多发生。

3. 临床表现与特征

潜伏期的变化很大，各种动物不一样。一般为 2～8 周，最短 8 天，长者可达数月或 1 年以上，平均为 30～90 天。

病牛通常为狂暴型。初期见精神沉郁，反刍及食欲减少，不久病牛被咬伤部发生奇痒，兴奋不安，面态凶恶，常以角抵撞人、畜和墙壁等。不断嚎叫，磨牙，声音嘶哑。大量流涎，反刍停止，轻度臌气。在兴奋过程中间有沉郁期，而后反复出现狂暴症状，最后麻痹，经 3～4 天死亡。

4. 临床诊断

主要依靠临床综合诊断：动物狂犬病的典型病例，各个病期的临床表现十分明显，结合咬伤病史可以作出初步诊断。

5. 防制

（1）免疫接种。国内常用的兽用狂犬病弱毒疫苗，适用于家犬的免疫。而对猫和牛需要用毒力更低的 Flury 株鸡胚高代毒疫苗，免疫期在 1 年以上。近年来，从国外引进的 ERA 株狂犬病弱毒疫苗，毒力更弱，可用于各种动物的免疫。

（2）控制和扑杀传染源。患病犬是人和其他家畜狂犬病的主要传染源，因此，对家犬进行犬规模免疫接种和消灭野犬，是预防本病最有效的措施。对患狂犬病死亡的动物一般不应剖检，更不允许剥皮吃肉，以免经破损的皮肤黏膜而使人感染，应将病尸焚毁或深埋。如因检验诊断需要剖检尸体时，必须做好个人防护和消毒工作。

(3) 公共卫生。万一被可疑病犬咬伤或被病牛感染，应马上妥善处理伤口，用大量肥皂水或0.1%新洁尔灭或清水充分冲洗，再用75%酒精或2%～3%碘酒消毒。有条件的可应用抗狂犬病免疫血清或人源抗狂犬病免疫球蛋白做浸润注射。处理愈早效果愈好，如果当时没有处理，隔数小时或数天后处理也是必要的。其次被咬伤者要注射狂犬病疫苗，以中和游离病毒，延长潜伏期，争取自动抗体产生的时间而提高疗效。家畜被疯犬咬伤后，也应按上述方法处理。

十三、伪狂犬病

伪狂犬病是由伪狂犬病病毒引起的家畜和野生动物的一种急性传染病。病的特征是发热、奇痒和脑脊髓炎症状。

1. 病原

伪狂犬病病毒抵抗力较强，在畜舍内的干草上能存活30天以上，55～60℃经30～50分钟才能灭活，在－70℃可保存多年。但对0.5%～1%氢氧化钠、福尔马林和日光敏感。

2. 流行特点

(1) 传染源。病猪、带毒猪及带毒鼠类是本病重要的传染源。病毒主要从病猪的鼻分泌物、唾液、乳汁和尿中排出。有的带毒猪可持续排毒。奶牛感染本病与接触猪、鼠类有关。

(2) 传播途径。奶牛主要由于吃食被病畜污染的饲料经消化道感染。此外，还可以经呼吸道黏膜、皮肤的创口以及配种等而发生感染。牛与牛之间、牛与猪之间也可互相传播。

(3) 易感动物。猪、牛、羊、犬、猫、兔、鼠等多种动物都可自然感染，野生动物如貂、貉、北极熊、银狐、蓝狐等也可感染发病。人偶尔可以感染发病。

（4）流行特征。本病多发生于冬、春两季，牛的病死率很高。

3. 临床表现与特征

潜伏期通常为3～6天，很少超过10天。

牛最突出的症状是体表某一部位出现奇痒。病初食欲减退或废绝，不久开始舐咬发痒部位，用嘴舐不着的地方，会在桩柱或墙壁上摩擦。发痒部位多数见于胸部两侧、臀部和四肢。局部舐擦后导致被毛脱落，皮肤增厚、充血，重者引起出血或流出淡黄色浆液。病牛体温升高，兴奋不安，颈部肌肉和咬肌痉挛，磨牙，流涎。间或狂叫，前肢攀登，后肢踏地，起卧不定，频频回头，或出现其他狂躁症状，但一般不攻击人、畜。后期痉挛加重，病牛衰弱无力，呼吸心跳加快，出汗，最后转为麻痹，如咽喉麻痹，大量流涎；四肢麻痹，卧地不起。病程2～3天，病死率很高。

剖检可见瘙痒处皮下组织弥漫性肿胀。肺充血、水肿，心包积液，心外膜出血。

4. 临床诊断

（1）临床综合诊断。牛、犬、猫等的伪狂犬病有奇痒症状，与猪，鼠类有接触史，病死率很高，比较容易作出初步诊断。

（2）确诊需要实验室诊断。可采取扁桃体和咽部黏膜，送相关兽医实验室做包涵体及病原检测。

（3）动物接种试验。是简单、可靠的常用方法。接种动物为家兔。采病死牛的大脑、小脑、延脑等组织，制成1：10悬液，加抗生素处理，经离心沉淀后，取上清液1～2毫升作皮下或肌肉注射，2～32天后注射局部奇痒，家兔不断摩擦或啃咬局部，致使该部脱毛，皮肤破损出血，直到皮下深部，常在奇痒出现1～2天内转为麻痹而死亡。

5. 防制

（1）一般措施。由于猪是本病毒的储存动物，因此，猪与牛及其他动物必须严格分开饲养，消灭牛场的鼠类，对本病的预防有重要作用。引进种猪时应注意隔离观察，防止带入病原。

（2）预防接种。目前，国内使用牛、羊伪狂犬病氢氧化铝甲醛疫苗，成年牛 10 毫升，犊牛 8 毫升，免疫期为 1 年。

（3）发生本病时，应将病牛隔离，对场内的假定健康牛进行紧急预防接种。牛舍及用具每隔 5 ~6 天消毒 1 次，粪便发酵处理。

十四、牛痘

牛痘是由痘病毒引起的畜、禽和人的一种急性、热性、接触性传染病。哺乳动物痘病的特征是在皮肤上发生痘诊，禽痘则在皮肤产生增生性和肿瘤样病变。

1. 病原

牛痘是由牛痘病毒和痘苗病毒引起，两种病毒同为一个属，性状相似，具有同样范围的易感宿主。病毒对温度有高度抵抗力，在干燥的痂块中可以存活几年，但病毒很容易被氯化剂破坏，有的对醚敏感。

2. 流行特点

牛痘主要发生于奶牛。传染源是病牛和新接种牛痘苗的人，一般通过挤奶工人的手或挤奶机而传播。

3. 临床表现与特征

本病潜伏期 4 ~8 天，病牛体温轻度升高，食欲减退，反刍停止，挤奶时乳头和乳房敏感，不久在乳房和乳头（公牛在睾丸皮肤）上出现红色丘疹，1 ~2 天后形成约豌豆大小的圆形或卵圆形水疱，疱上有一凹窝，内含透明液体，逐渐形成脓疱，然后结痂，10 ~15 天痊愈。若病毒侵入乳腺，可引起乳腺炎。

人：只要牛群中有牛痘病毒存在，人就可发生痘病。常发生于挤奶工人，在手、臂、甚至脸部出现痘诊，通常都能自愈。小鼠、豚鼠、家兔和猴等人工接种也易感。

4. 临床诊断

根据临床特征和流行特点可作出初步诊断，确诊可采取病变部组织做包涵体检查。

临诊时应注意与伪牛痘（又叫挤乳者结疖）相区别，其症状与牛痘极相似，伪牛痘的症状为：主要侵害泌乳母牛。潜伏期约5天。病变与牛痘相似，但极少形成脐形痘疹。开始为丘诊，随后变为樱红色水疱，于2～3天内结痂，并在2～3周内愈合。每个乳头通常有2～10个痘疮。丘疹有时不发展成水疱，而直接变为痂皮。病牛常无全身症状。接种牛痘疫苗的犊牛对伪牛痘病毒无抵抗力。

为了区分牛痘病毒和痘苗病毒可进行鸡的皮肤试验，痘苗病毒可在接种处发生典型的原发性痘诊，而牛痘病毒则无接种反应。

5. 防制

谨防引入病牛。接种痘苗病毒的人暂时不准饲养乳牛。注意挤奶卫生。发现病牛及时隔离。在牛痘发生流行时，可用痘苗接种易感牛群，接种方式为会阴部划痕或皮内接种。治疗可用氧化锌、磺胺类、硼酸或抗生素软膏涂抹患部，促进愈合同时注意防止继发感染。

公共卫生：挤奶工人、饲养员接触病牛后应消毒。人感染牛痘后，手、臂、脸部出现痘疹。感染伪牛痘后通常在手指或手上，有时见于身上的其他部位，开始时为樱红色丘疹，随后增大而成坚实有弹性的紫红色疹块，直径达2厘米，有刺痒感，但不化脓，也无全身反应，经4～6周逐渐消退，不留疤痕。相关人员接触病牛时，应注意个人防护，及时消毒，以防被感染。

十五、犊牛轮状病毒病

犊牛轮状病毒病是由轮状病毒引起的犊牛的急性胃肠道传染病。以精神沉郁、厌食、腹泻、脱水为主要特征。该病在世界范围内造成严重的经济损失。

1. 病原

轮状病毒分为A、B、C、D、E五群，A群为典型轮状病毒，B、C、D、E群为非典型轮状病毒。大部分哺乳动物的轮状病毒是A群，具有相同的群抗原。轮状病毒对理化因素有较强的抵抗力。在室温能保存7个月，对酸稳定，能耐超声振荡和脂溶剂。用胰蛋白酶或胰酶处理后能增强其传染性。60℃30分钟仍可存活，但63℃30分钟则被灭活。1%福尔马林对牛轮状病毒在37℃下须经3天才能灭活，0.01%碘、1%次氯酸钠和70%酒精可使病毒丧失感染力。

2. 流行特点

轮状病毒主要感染新生和幼龄牛，一般以1～7日龄的犊牛发病最多。成年牛大多呈隐性感染过程。多发生于晚秋、冬季和早春季节，寒冷、潮湿、饲养管理低下可诱发本病或加重病情导致死亡。

病毒存在于病犊牛肠道中，随粪便排出体外，污染饲料、饮水，经消化道感染。有交互感染作用，可以从人或一种动物传给另一种动物。只要病毒在人或某一种动物中持续存在，就有可能造成本病在自然界中长期传播。本病亦可通过胎盘传染给胎儿。

3. 临床表现与特征

潜伏期一般为18～96小时，多发生于7天以内的犊牛。突然发病，精神沉郁，吃奶减少或废绝，体温正常或稍高。典型症状是严重腹泻，粪呈白色、灰白色或黄褐色粥状或水样，有时混有黏液和血液，含有未消化凝乳块。由于腹泻而引起脱水，犊牛眼凹陷、四肢无力、卧地，4～7 天后由于心力衰竭而死亡。病死率可达 10%～50%。如遇气温突降及不良环境条件，常继发大肠杆菌、沙门氏杆菌、肺炎等，使病情更加严重。

剖检可见空肠和回肠肠壁变薄，呈半透明状，肠内容物为黄褐色或红色稀糊状，有时小肠广泛出血，肠系膜淋巴结肿大，胆囊肿大。

4. 临床诊断

根据本病发病的季节，新生犊牛突然发生水样腹泻，病变主要在消化道等特点，可作出初步诊断。确诊必须依靠实验室检验，采集发病和腹泻 24 小时内病牛的粪便，送相关兽医实验室检测。

5. 防制

（1）一般措施。严格管理措施可以减少新生犊牛接触轮状病毒的机会。产房应彻底消毒，犊牛出生后立即转移到已彻底清洁消毒的另一牛舍内，使用单独嘴式奶瓶喂奶，以减少病毒的传播。

（2）预防接种。目前，轮状病毒冻干弱毒疫苗可用于犊牛的预防，对刚出生尚未吃奶的犊牛口服疫苗，2～3 天可产生坚强的抗感染能力，使发病率明显降低和减轻症状。另外，还有灭活疫苗可用，在产前 60～90 天和产前 30 天分别给母牛肌肉注射，可使母牛产生高滴度的抗体，通过初乳保护新生犊牛。

（3）治疗措施。对于严重脱水、休克、丧失吸吮反应及躺卧的患牛必须静脉补液，补液应以酸碱平衡和补充电解质为原则。对严重感染犊牛还应进行抗生素治疗。

十六、水疱性口炎

水疱性口炎是由水疱性口炎病毒所引起人兽共患的一种急

性、热性传染病。病的特征是口腔黏膜、舌、唇、乳头和蹄冠部上皮发生水疱，口腔流泡沫样口涎。

1. 病原

水疱性口炎病毒属于弹状病毒科，分为2个血清型，代表毒株为新泽西型和印第安纳型，两型不能交叉免疫，印第安纳型又可分为3个亚型。病毒对环境因素不稳定。2%氢氧化钠或1%福尔马林能在数分钟内杀死病毒。

2. 流行特点

（1）传染源。病牛及患病的野生动物是本病的传染源。病毒从水疱液和唾液排出，在水疱形成前4天就可以从唾液排出病毒，散播传染。

（2）传播途径。病毒通过损伤的皮肤和黏膜而感染；也可通过污染的饲料和饮水经消化道感染；还可通过双翅目的昆虫叮咬而感染。

（3）易感动物。在自然条件下，马、牛、猪和人均易感。牛的易感性随着年龄增长而增加，成年牛比犊牛的易感性要高。

（4）流行特征。本病呈点状散发，在一些疫区内可连年发生，但传染力不强。有明显的季节性，多发于夏季和秋初，秋末趋于平息。

3. 临床表现与特征

潜伏期一般为3～7天。病牛初体温升高达40～41℃，精神沉郁，食欲减退，反刍减少，大量饮水，口黏膜及鼻镜干燥，耳根发热。在舌、唇黏膜上出现米粒大的小水疱，常由小水疱融合成大水疱，内含透明黄色液体，经1～2天后，水疱破裂，水疱皮脱落后，遗留浅而边缘不齐的鲜红色烂斑。此时病牛大量流涎，呈引缕状，并发现咂唇声，采食困难。有的病牛在乳头及蹄部也能发生水疱。病程为1～2周，转归良好，极少死亡。

4. 临床诊断

根据发病的季节性，发病率和病死率均很低以及典型的水疱病变，可以作出诊断。但应与口蹄疫鉴别（见表1－1），必要时送检做实验室检测。

5. 防制

本病呈良性经过，一般不需治疗，有些病例，可用消毒药液冲洗口腔，然后涂碘甘油，也可用冰硼散撒布于患部。防治措施主要是隔离病牛，加强护理，防止扩大传染。被牛污染的用具应彻底消毒，疫区进行封锁。

公共卫生：人接触患病奶牛，可被感染，一般呈隐性感染，仅有短期发热现象。建议有关人员做好个人防护，接触病牛后应彻底消毒。

第二节　奶牛的细菌性传染病

一、布鲁氏杆菌病

本病是由布鲁氏菌引起的人、畜共患传染病。在家畜中，牛、羊、猪最常发生，且可由牛、羊、猪传染于人和其他家畜。其特征是生殖器官和胎膜发炎，引起流产、不育和各种组织的局部症灶。本病广泛分布于世界各地，我国目前在人、畜间仍有发生，给畜牧和人类的健康带来严重危害。

1. 病原

布鲁氏菌为球杆状小杆菌，革兰氏染色阴性。分为羊布鲁氏菌、猪布鲁氏菌、牛布鲁氏菌、犬布鲁氏菌、沙林鼠布鲁氏菌和绵羊布鲁氏菌6个生物种，19个生物型。本菌对外界因素的抵抗力较强，在污染的土壤、水、粪尿及羊毛上可生存数月，对热和消毒药的抵抗力不强，常用消毒药能迅速将其杀死。

2. 流行特点

（1）传染源。牛布鲁氏菌主要感染牛、马、犬，也能感染水牛、羊和鹿。传染源是病牛及带菌动物。受感染的妊娠母牛是最大的传染源，在流产或分娩时将大量布鲁氏菌随着胎儿、羊水和胎衣排出。流产后的阴道分泌物以及乳汁中都含有布鲁氏菌。

（2）传播途径。主要传播途径是消化道，通过污染的饲料、饮水而感染。通过无创伤的皮肤也能使牛感染，如果皮肤有创伤，则更易被病原菌侵入。其他如通过结膜、交配也可感染。吸血昆虫可以传播本病，通过蜱的叮咬而感染。

（3）易感动物。易感性随接近性成熟年龄而增高，如犊牛在配种年龄前比较不易感染，疫区内大多数处女牛在第一胎流产后则多不再流产，但也有连续几胎流产者。

（4）公共卫生。人感染主要源自患病动物，一般人和人之间不传染。在我国，人布鲁氏菌病最多的地区是羊布鲁氏菌病严重流行的地区，分离的布鲁氏菌大多数是羊布鲁氏菌。一般，牧区人的感染率要高于农区。患者有明显的职业特征，凡与病牛、污染的畜产品接触频繁的人员，如毛皮加工人员、乳肉加工人员、饲养员、兽医、实验室工作人员等，其感染发病率明显高于从事其他职业的人。

3. 临床表现与特征

潜伏期2周至6个月。母牛最显著的症状是流产。流产可以发生在妊娠的任何时期，最常发生在第6至第8个月，已经流产过的母牛如果再流产，一般比第一次流产时间要迟。

流产前几天表现分娩征兆，如阴唇、乳房肿大，荐部与胁部下陷等，同时还有生殖道的发炎症状，阴道黏膜发生粟粒大红色结带，由阴道流出灰白色或灰色黏性分泌液。流产时，胎水多清朗，但有时混有脓样絮片。常见胎衣滞留，特别是妊娠后期流产者。

流产后常继续排出污灰色或棕红色分泌液，有时恶臭，分泌液延迟至1~2周后消失。早期流产的胎儿，通常在产前已经死亡。发育完全的胎儿，产出时可能存活但衰弱，不久死亡。

公牛有时可见阴茎潮红、肿胀，更常见的是睾丸炎及附睾炎。急性病例则睾丸肿胀疼痛。还可能有中度发热与食欲缺乏，以后疼痛逐渐减退，3周后，通常只见睾丸和附睾肿大，触之坚硬。

临诊上常见的症状还有关节炎，甚至可以见于曾流产的牛只，关节肿胀疼痛，有时持续躺卧。通常是个别关节患病，最常见于膝关节和腕关节。有时有乳房炎的轻微症状。

如流产胎衣不滞留，则病牛迅速康复，又能受孕，但以后可能再度流产。如胎衣未能及时排出，则可能发生慢性子宫炎，引起长期不育。但大多数流产牛经2个月后可以再次受孕。

在新感染的牛群中，大多数母牛都将流产一次。如在牛群中不断加入新牛，则疫情可能长期持续，如果牛群不更新，由于流产过1~2次的母牛可以正常生产，疫情似是静止，再加以饲养管理得到改善，病牛也可能有半数自愈。但这种牛群绝非健康牛群，一旦新易感牛增多，还可引起大批流产。

病理变化可见胎衣呈黄色胶冻样浸润，有些部位覆有纤维蛋白絮片和脓液，有的增厚而杂有出血点。胎儿胃特别是皱胃中有淡黄色或白色黏液絮状物，肠胃和膀胱的浆膜下可见有点状或线状出血。淋巴结、脾脏和肝脏有程度不等的肿胀，有的散在炎性坏死灶。胎儿和新生犊可能见有肺炎病灶。公牛生殖器官精囊内可能有出血点和坏死灶，睾丸和附睾可能有炎性坏死灶和化脓灶。

4. 临床诊断

根据流行病学资料，流产，胎儿胎衣的病理损害，胎衣滞留以及不育等有助于本病的诊断，布鲁菌病的明显临诊症状是流产，需与发生相同临诊症状的疾病鉴别，鉴别诊断见表1－3。

确诊需要实验室检测。除流产胎儿等细菌学检查外，病牛主要是血清凝集试验及补体结合试验。对无病奶牛群可用乳环试验作为一种监视性试验。

5. 防制

要着重体现“预防为主”的原则，采用检疫、免疫、淘汰患病动物等措施。

在未感染牛群中，控制本病传入的最好办法是自繁自养，必须引进种畜或补充牛群时，要严格执行检疫，即将牲畜隔离饲养2个月，同时进行布鲁菌病的检查，全群2次免疫生物学检查为阴性者，才可以与原有牲畜接触。清净的动物群，还应定期检查（至少每年1次），一经发现病牛，即应淘汰。

牛群中如果发现流产症状，除隔离流产牛和消毒环境及流产胎儿、胎衣外，应尽快作出诊断。确诊为布鲁氏菌病或在牛群检疫中发现本病，均应采取措施，将其消灭。消灭布鲁氏菌病的措施是检疫、隔离、控制传染源、切断传播途径、培养健康牛群及主动免疫接种。

（1）培育健康牛群。可以与培育无结核病牛群结合进行。幼畜对布鲁氏菌抵抗力较强，虽与患病母牛短时间接触，但可不发生感染。病牛所产犊牛立刻隔离，用母牛初乳人工饲喂5～10天，此后喂以健康牛乳或巴氏灭菌乳，至8月龄时，用血清学方法做两次布病检查，每次间隔2～3周，呈阳性反应的犊牛淘汰，两次检查均为阴性者，继续单独编群，隔离饲养。第1次产犊1个月后，用血清学方法检查一次，若呈阴性反应，流产物菌检阴性，再每隔6个月检查1次，直至第2次产犊1个月后，血清学检查和菌检均呈阴性反应，才能认为培育健康牛成功。

（2）免疫接种。我国常用的菌苗有布病2号苗（S2）、布病5号苗（M5）及S19号苗。

布病2号苗（S2）：适用于牛、羊和猪，断乳后任何年龄的动物，怀孕与非怀孕动物均可应用（怀孕动物不能用注射法），可用口服（饮服或喂服均可）、皮下注射、肌肉注射及气雾等多种方法接种，但最适宜口服接种，不但简便易行，而且安全有效。菌苗有效免疫期牛为2年。

布病5号苗（M5）：适用于羊、牛，可用喷雾、肌肉注射、皮下注射和口服接种，菌苗免疫期为2~3年。

S19号苗：过去我国普遍采用19号苗给动物预防接种，收到良好效果，但免疫谱窄，对绵羊免疫力差，对山羊和猪根本无免疫力，还可引起流产，国内已停止生产应用此疫苗。

给牛预防接种是我国现阶段控制或消灭布鲁氏菌病的主要措施，但是疫苗接种只能保护健康牛不受感染，并不能制止病牛排菌，也就是说单纯依靠疫苗接种来消灭本病是很困难的，最好的办法是采取淘汰病牛和疫苗接种相结合。在流行严重、不能大量淘汰病牛的情况下，可以加强免疫接种，等疫情稳定或下降后，然后逐步淘汰病牛。不受布病威胁和已经控制的地区，不建议接种疫苗。

布鲁氏菌病是人畜共患病，接产助产人员、屠宰场人员、畜牧兽医人员以及其他长期接触该病的各类人员，必须严守防护制度，工作时应穿工作服和胶靴、戴口罩和乳胶手套等，用完后必须洗净消毒，防止布鲁氏菌感染。

二、牛结核病

结核病是由分枝杆菌引起的一种人畜共患的慢性传染病，其病理特征是在多种组织器官形成结核性肉芽肿（结核结节），继而结节中心干酪样坏死或钙化。我国的人畜结核病虽得到了控制，但近年来发病率又有增长的趋势，是一个应予大力防治的重要疾病。

在奶牛业提出消灭两病，指的就是结核病与布氏杆菌病。

1. 病原

结核病的病原是结核分枝杆菌。根据其致病性可分为牛型、人型和禽型。本菌为革兰氏阳性菌，用一般染色法较难着色，常用抗酸染色法。在自然环境中生存力较强，对干燥和湿冷的抵抗力很强。在病变组织和尘埃中能生存2～7个月或更久，在痰液中可存活5个月，在粪便、土壤中可存活6～7个月，在冷藏奶油中可存活10个月。但对热的抵抗力差，60℃30分钟即可死亡。在直射阳光下经数小时死亡。常用消毒药经4小时可将其杀死。本菌对磺胺类药物、青霉素及其他广谱抗菌药均不敏感，但对链霉素、异烟肼、对氨基水杨酸和环丝氨酸等敏感。

2. 流行特点

家畜中牛最易感，特别是奶牛，其次为黄牛、牦牛、水牛，猪和家禽易感性也较强，羊极少患病。野生动物中猴、鹿易感性较强，狮、豹等也有发病报道。

病人和患病牛、禽，尤其是开放型患畜是主要传染源，其痰液、粪尿、乳汁和生殖道分泌物中都可带菌，污染饲料、食物、饮水、空气和环境而散播传染。

本病主要经呼吸道、消化道感染，病菌随咳嗽、喷嚏排出体外，飘浮在空气飞沫中，健康人、畜吸入后即可感染。饲养管理不当与本病的传播有密切关系，牛舍通风不良、拥挤、潮湿、阳光不足、缺乏运动，最易患病。

3. 临床表现与特征

潜伏期短者十几天，长者数月甚至数年。

病牛常发生肺结核，病初食欲、反刍无变化，但易疲劳，常发短而干的咳嗽，尤其当起立运动，吸入冷空气或有尘埃的空气时易发咳，随后咳嗽加重，频繁且表现痛苦。呼吸次数增多或气喘。病牛日渐消瘦、贫血，有的牛体表淋巴结肿大，常见于肩前、腹肌沟、颌下、咽及颈淋巴结等。当纵隔淋巴结受侵害肿大压迫食道，则有慢性胀气症状。病势恶化可发生全身性结核，即粟粒性结核。胸膜、腹膜发生结核病灶即所谓的“珍珠病”，胸部听诊可听到摩擦音。多数病牛乳房常被感染侵害，乳房上淋巴结肿大，无热无痛，泌乳量减少，乳汁初无明显变化，严重时呈水样。肠道结核多见于犊牛，表现消化不良，食欲缺乏，顽固性下痢，迅速消瘦。生殖器官结核，可见性机能紊乱；发情频繁，性欲亢进，不孕，孕牛流产，公牛副睾丸肿大，阴茎前部可发生结节、糜烂等。中枢神经系统主要是脑与脑膜发生结核病变，常引起神经症状，如癫痫样发作、运动障碍等（图 1－4）。

图 1－4　犊牛肺部结核结疖

（图片引自 www. 12346. gov. cn）

4. 临床诊断

在牛群中有发生进行性消瘦、咳嗽、慢性乳房炎、顽固性下痢、体表淋巴结慢性肿胀等的病牛，可作为初步诊断的依据。但在不同的情况下，须结合流行病学、临床症状、病理变化、结核菌素试验以及细菌学检验和综合诊断，较为切实可靠。

牛型结核分枝杆菌 PPD 皮内变态反应试验：用结核分枝杆菌 PPD 进行的皮内变态反应试验对检查活畜结核病是很有用的。该试验用牛型结核分枝杆菌 PPD 进行。出生后 20 天的牛即可用本试验进行检疫。

（1）操作方法。注射部位及术前处理：将牛只编号后在颈侧中部上1/3处剪毛（或提前1天剃毛）、3个月以内的犊牛，也可在肩胛部进行，直径约10厘米。用卡尺测量术部中央皮皱厚度，做好记录。注意，术部应无明显的病变。

（2）注射剂量。不论大小牛只，一律皮内注射0.1毫升（含2 000国际单位）。即将牛型结核分枝杆菌PPD稀释成每1毫升含2万国际单位后，皮内注射0.1毫升。冻干PPD稀释后当天用完。

（3）注射次数和观察反应。皮内注射后经72小时判定，仔细观察局部有无热痛、肿胀等炎性反应，并以卡尺测量皮皱厚度，做好详细记录。对疑似反应牛应立即在另一侧以同一批PPD同一剂量进行第二次皮内注射，再经72小时观察反应结果。对阴性牛和疑似反应牛，于注射后96小时和120小时再分别观察一次，以防个别出现较晚的迟发型变态反应。

（4）结果判定

阳性反应：局部有明显的炎性反应，皮厚差大于或等于4毫米。

疑似反应：局部炎性反应不明显，皮厚差大于或等于2毫米，小于4毫米。

阴性反应：无炎性反应。皮厚差在2毫米以下。

凡判定为疑似反应的牛只，于第一次检疫60天后进行复检，其结果仍为疑似反应时，经60天再复检，如仍为疑似反应，应判为阳性。

5. 防制

（1）牛结核病一般不予治疗，应严格按照农业部有关规范处理。《牛结核病防治技术规范》中规定：任何单位和个人发现患有本病或者疑似本病的动物，应当及时向当地动物防疫监督机构报告。动物防疫监督机构接到疫情报告后，立即按《动物疫情报告管理办法》及有关规定及时上报。

（2）确诊牛结核病患畜后，必须按下列要求处理：扑杀病牛和阳性牛；划定疫点、疫区、受威胁区。零星散发时，可采用圈状和固定草场放牧方式，对病牛的同群家畜实施隔离。隔离所用草场，应远离交通要道、居民点或人畜密集的地区，场地周围最好有自然屏障或人工栅栏。当一个自然村、饲养场结核病阳性率在3%以上或病牛10头以上时，应对疫区实施封锁，禁止病牛和疑似病牛、易感动物及其产品调出；对易感动物实行圈状或指定地点饲养，役用动物限制在疫区内使役。病死和扑杀的病牛，要按照GB16548—1996《畜禽病害肉尸及其产品无害化处理规程》进行无害化处理。

（3）用牛型结核分枝杆菌PPD皮内变态反应试验对疫区和受威胁区的全部牛进行紧急监测。监测比例为：种牛、奶牛100%，规模化场肉牛10%，其他牛5%，疑似病牛100%。

成年牛净化群每年春秋两季用牛型结核分枝杆菌PPD皮内变态反应试验各进行一次监测。初生犊牛，应于20日龄进行第一次监测。如在牛结核病净化群中（包括犊牛群）检出阳性牛时，应及时扑杀阳性牛，其他牛按假定健康群处理。

异地引进的种牛、奶牛，必须来自非疫区。调出前，在起运前30天内，须经当地动物防疫监督机构实施检疫，检疫合格，并出具有效检疫证明后，方可起运。调入的种牛、奶牛，必须隔离观察45天以上，且经牛型结核分枝杆菌PPD皮内变态反应试验检查阴性者，方可混群饲养。

牛场工作人员，每年要定期进行健康检查。发现有患结核病的应及时调离岗位，隔离治疗。工作人员的工作服、用具应保持清洁，不得带出牛场。牛饲养场生产区应与生活区隔离，奶牛场不应饲养猪、狗、猪、鸡、鸭等动物，并应禁止其他动物出入。消灭鼠、蝇等传播媒介。

（4）牛结核病净化群（场）的建立。

①污染牛群的处理：应用牛型结核分枝杆菌PPD皮内变态反应试验对该牛群进行反复监测，每次间隔3个月，发现阳性牛及时扑杀，并按照规定处理。

②假定健康牛群处理：经扑杀病牛及阳性牛的牛群为假定健康牛群。用牛型结核分枝杆菌PPD皮内变态反应试验进行反复监测，每次监测间隔90天，发现阳性牛及时扑杀。

③犊牛应于20日龄时进行第一次监测，100～120日龄时，进行第二次监测。凡连续两次以上监测结果均为阴性者，可认为是牛结核病净化群。

④凡牛型结核分枝杆菌PPD皮内变态反应试验疑似反应者，于30～45日后进行复检，复检结果为阳性，则按阳性牛处理；若仍呈疑似反应则间隔30～45天再复检一次，结果仍为可疑反应者，视同阳性牛处理。疑似结核病牛或牛型结核分枝杆菌PPD皮内变态反应试验可疑畜须隔离复检。隔离牛舍处在下风口，并与健康牛舍相隔50米以上。

（5）公共卫生。防治人结核病的主要措施是早期发现、严格隔离、彻底治疗。牛乳应煮沸后饮用；婴儿普遍注射卡介苗；与病人、病牛接触时应注意个人防护。

三、炭疽

炭疽是由炭疽杆菌引起的一种人畜共患的急性、热性、败血性传染病。其病变的特点是脾脏显著肿大，皮下及浆膜下结缔组织出血性浸润，血液凝固不良，呈煤焦油样。我国1949年常有炭疽暴发流行，现已基本控制，但个别地区仍有散发。

1. 病原

炭疽杆菌属芽孢杆菌属，革兰氏染色阳性。该菌繁殖体的抵抗力不强，60℃20～60分钟或70℃30～15分钟即可杀死。常用消毒剂均能于短时间内将其杀死，如1/10 000新洁尔灭5分钟内可将其杀死。对青霉素、链霉素等多种抗生素及磺胺类药物高度敏感，可用于临床治疗。在未解剖的尸体中，细菌可随腐败而迅速崩解死亡。但形成芽孢后的抵抗力特别强大，在干燥状态下可长期存活。需经煮沸15～25分钟，121℃灭菌5～10分钟，或160℃干热灭菌1天方被杀死。实验室干燥保存40年以上的炭疽芽孢仍有活力。干燥皮毛上附着的芽孢，也可存活10年以上。牧场一旦被其污染，传染性常可保持20～30年。对于曾经掩埋炭疽病尸的土地，必须加以严格控制，开垦后的头1～2年种植黑麦、三叶草等植物，其根系能分泌杀死炭疽杆菌的物质，可起到净化土壤的作用。常用的消毒剂是新配的20%石灰乳或20%漂白粉作用48天，4%高锰酸钾15分钟。炭疽芽孢对碘特别敏感，0.04%碘液10分钟即将其破坏。除此之外，过氧乙酸、环氧乙烷、次氯酸钠等都有较好的效果。

2. 流行特点

（1）传染源。主要传染源是患畜，当患畜处于菌血症时，可通过粪、尿、唾液及天然孔出血等方式排菌，如尸体处理不当，会使大量病菌散播于周围环境，若不及时处理，则污染土壤、水源或牧场，尤其是形成芽孢，可能成为长久疫源地。

（2）传播途径。本病主要通过采食污染的饲料、饲草和饮水经消化道感染，但经呼吸道、吸血昆虫叮咬而感染的可能性也存在。自然条件下，草食兽最易感，牛、羊易感性最强，人对炭疽普遍易感，但主要发生于那些与动物及畜产品接触机会较多的人员。

（3）流行特点。本病常呈地方性流行，干旱或多雨、洪水涝积、吸血昆虫多都是促进炭疽暴发的因素，例如，干旱季节，地面草短，放牧时奶牛易于接近受污染的土壤；河水干枯奶牛饮用污染的河底浊水或大雨后洪水泛滥，易使沉积在土壤中的炭疽芽孢泛起，并随水流扩大污染范围。此外，从疫区输入病牛产品，如骨粉、皮革、羊毛等也常引起本病爆发。

3. 临床表现与特征

潜伏期一般为1～5天，最长的可达14天。按其表现不一，可分为以下4种类型。

（1）最急性型。常见于绵羊和山羊，偶尔见于牛。表现为脑卒中的经过。外表完全健康的动物突然倒地，全身战栗，摇摆，昏迷，磨牙，呼吸极度困难，可视黏膜发绀，天然孔流出带泡沫的暗色血液，常于数分钟内死亡。

（2）急性型。多见于牛；病牛体温升高至42℃，表现兴奋不安，吼叫或顶撞人、畜、物体，以后变为虚弱，食欲、反刍、泌乳减少或停止，呼吸困难。初便秘后腹泻带血，尿暗红，有时混有血液。乳汁量减少并带血，常伴有中等程度臌气，孕牛多迅速流产，一般1～2天死亡。

（3）亚急性型。也多见于牛，症状与上述急性型相似，除急性热性病症外，常在颈部、咽部、胸部、腹下、肩胛或乳房等部皮肤、直肠或口腔黏膜等处发生炭疽痈，初期硬固有热痛，以后热痛消失，可发生坏死或溃疡，病程可长达1周。

（4）病理变化。由炭疽菌致死牛的尸体多具有以下特点：尸僵不全，尸体极易腐败，天然孔流出带泡沫的黑红色血液，黏膜发绀，血液凝固不良，血液黏稠如煤焦油样。

4. 临床诊断

随动物种类不同，本病的经过和表现多样，最急性病例往往缺乏临诊症状，对疑似病死牛又禁止解剖，因此，确诊要依靠专业兽医实验室的微生物学及血清学方法。

5. 防制

在炭疽流行和受威胁区应每年注射炭疽菌苗。常用的疫苗有无毒炭疽芽孢苗和II号炭疽芽孢苗。前者1岁以上牛皮下注射1

毫升，1 岁以下牛 0.5 毫升。II 号炭疽芽孢苗大小牛均皮下注射 1 毫升。接种后 14 天产生免疫力，免疫期为 1 年。

加强检疫，加大宣传。遇有原因不明突然死亡的奶牛时，不要擅自扒皮吃肉，应经兽医诊断后再做处理。

对已经确诊的患病牛，一般不予治疗，而要严格销毁。对特殊病例必须治疗时应严格隔离并具备防护条件。抗炭疽高免血清是治疗炭疽的特效药物。早期使用，可获得很好的效果。治疗剂量：牛、马为 100～250 毫升；猪、羊为 50～120 毫升。预防剂量：牛、马为 30～40 毫升；猪、羊为 16～20 毫升，有效预防期为 10～14 天。青霉素、链霉素及某些磺胺类药物均有良好治疗效果。如果采用几种抗菌药物或抗炭疽血清联合使用，收效较为显著。

发生本病时，应尽快上报疫情，划定疫点、疫区，采取隔离封锁等措施。对患病动物要隔离治疗，禁止患病动物的流动，对发病动物群要逐一测温，凡体温升高的可疑患病动物可用青霉素等抗生素或抗炭疽血清注射，两者同时注射效果更佳，受威胁区假定健康动物作紧急预防接种，逐日观察至 2 周。

死尸天然孔及切开处，用浸泡过消毒液的棉花或纱布堵塞，连同粪便、垫草一起焚烧，尸体可就地深埋，病死动物躺过的地面应除去表土 15～20 厘米，并与 20% 漂白粉混合深埋。畜舍及用具场地均应彻底消毒。

禁止疫区内动物交易和输出动物产品及草料。禁止食用患病动物的乳、肉。当达到本病解除封锁的条件要求时，再解除封锁。

公共卫生：

人感染炭疽，潜伏期 12 小时到 12 天，一般为 2～3 天。临床上可分为 3 种病型：

皮肤炭疽：较多见，约占人炭疽的 90% 以上，主要在面颊、颈、肩、手、足等裸露部位出现小斑丘疹，以后出现有痒性水疱或出血性水疱。渐变为溃疡，中心坏死，形成暗红色或黑色焦痂（即炭疽痈），周围组织红肿，或有小水疱群。全身症状明显。严重时可继发败血症。

肺炭疽：患者表现高热、恶寒、咳嗽、咯血、呼吸困难、可视黏膜发绀等急剧症状，常伴有胸膜炎、胸腔积液，约经2～3天死亡。

肠炭疽：发病急，有高热、持续性呕吐、腹痛、便秘或腹泻，呈血样便，有腹胀、腹膜炎等症状，全身症状明显。以上3型均可继发败血症及脑膜炎。本病病性严重，尤其是肺型和肠型，一旦发生应及早送医院治疗。

人炭疽预防，在动物炭疽流行区或接触炭疽较多的工作人员，可接种人用炭疽活菌苗或炭疽吸附菌苗，保护有效期为1年。在处理病牛及病尸时应注意个人防护。

四、牛气肿疽

气肿疽又称黑腿病或鸣疽。主要是牛的一种急性、发热性传染病。其特征为肌肉丰满部位发生炎性气性肿胀，并常有跛行。我国曾分布很广，现已基本控制。

1. 病原

气肿疽梭菌属于梭菌属，革兰氏染色阳性。本菌的繁殖体对理化因素的抵抗力不强，而芽孢的抵抗力则极大，在土壤内可以生存5年以上，干燥病料内芽孢在室温中可以生存10年以上，在液体中的芽孢可以耐受20分钟煮沸。0.2%升汞在10分钟内杀死芽孢，3%福尔马林15分钟杀死，盐腌肌肉中可存活2年以上，在腐败的肌肉中可存活6个月。

2. 流行特点

在自然情况下，气肿疽主要侵害牛。

本病传染源为病牛，但并不是由病牛直接传给健康牛，主要传递因素是土壤。即病牛体内的病原体进入土壤，以芽孢形式长期存在于土壤中，动物采食被这种土壤污染的饲草或饮水，经口腔和咽喉创伤侵入组织，也可由消化道黏膜侵入血液。皮肤创伤和吸血昆虫的叮咬也可传播。

6 个月至 3 岁的牛容易感染，但幼犊或更大年龄者也有发病的。肥壮牛似乎比瘦弱牛更易罹患。性别在易感性方面无差别。

本病多发生在潮湿的山谷牧场及低湿的沼泽地区。夏季多发，常呈地方流行性。舍饲奶牛常因饲喂了疫区的饲料而发病。

3. 临床表现与特征

潜伏期 3 ~ 5 天，最短 1 ~ 2 天，最长 7 ~ 9 天。

牛发病多为急性经过。体温升高到 41 ~ 42℃，早期即出现跛行。相继出现本病特征性肿胀，即在肌肉丰满部位发生肿胀，初期热而痛，后来中央变冷、无痛。患部皮肤干硬呈暗红色或黑色，有时形成坏疽，触诊有捻发音，叩诊有明显鼓音。切开患部，从切口流出污红色、带泡沫、酸臭液体。此类肿胀多发生在腿上部、臀部、腰部、肩部、颈部及胸部。此外，局部淋巴结肿大，触之坚硬。食欲反刍停止，呼吸困难，脉搏快而弱，最后体温下降或再稍回升，随即死亡。一般病程 1 ~ 3 天，也有延长至 10 天者。若病灶发生在口腔，面部肿胀有捻发音；发生在舌部则舌肿大伸出口外，有捻发音。老牛患病，其病势常较轻，中等发热，肿胀也较轻，可能康复。

本病在未发生过的地方出现，其发病率可达 40% ~ 50%，病死率近于 100%。

剖检可见尸体只表现轻微腐败变化，但因为皮下结缔组织气肿及瘤胃膨胀而尸体显著膨胀。又因肺脏在濒死期水肿的结果，由鼻孔流出血样泡沫，肛门与阴道口也有血样液体流出。在肌肉丰厚部位如股、肩、腰等部有捻发音性肿胀。患部皮肤部分坏死，皮下组织呈红色或金黄色胶样浸润，有的部位杂有出血或小气泡。肿胀部的肌肉潮湿或特殊干燥，呈海绵状，有刺激性酪酸样气味，触之有捻发音，切面呈污棕色，或有灰红色、淡黄色和黑色条纹，肌纤维束为小气泡胀裂。如病程较长，患部肌肉组织坏死性病变明显，这种捻发音性肿胀，也可偶见于舌肌、喉肌、咽肌、膈肌、肋间肌等。

4. 临床诊断

根据流行病学资料、临床症状和病理变化，可作出初步诊断。进一步确诊需采取肿胀部位的肌肉、肝、脾及水肿液，作细菌分离培养和动物试验。

5. 防制

疫苗预防接种是控制本病的有效措施。我国于1950年以后相继研制出几种气肿疽疫苗，效果良好。近年来又研制成功气肿疽-巴氏杆菌病二联干粉疫苗，用时与20%氢氧化铝胶混合后皮下注射1毫升，对两种病的免疫期各为1年。

一旦发病，病牛应立即隔离治疗，死畜应深埋或焚烧，以减少病原的散播。病牛圈栏、用具以及被污染的环境用3%福尔马林或2%火碱消毒。粪便、污染的饲料和垫草等均应焚烧销毁。

治疗早期可用抗气肿疽血清，静脉或腹腔注射，同时应用青霉素和四环素，效果较好。局部治疗，可用加有80万~100万国际单位青霉素的0.25%~0.5%普鲁卡因溶液10~20毫升于肿胀部周围分点注射。后期可切开肿胀，按感染创处理。

五、牛恶性水肿

恶性水肿是由以腐败梭菌为主的多种梭菌引起多种家畜的一种经创伤感染的急性传染病，病的特征为创伤局部发生急剧气性炎性水肿，并伴有发热和全身毒血症。我国也时有散发病例。

1. 病原

本病的病原为梭菌属中的腐败梭菌、魏氏梭菌及诺威氏梭菌等，革兰氏染色阳性。本菌广泛分布于土壤，也存在于某些草食动物消化道中。强力消毒剂如10%～20%的漂白粉溶液、3%～5%的硫酸石炭酸合剂、3%～5%的氢氧化钠可在短时间内杀灭菌体，但其芽孢抵抗力很强，一般消毒剂需要长时间作用才能杀灭。

2. 流行特点

自然条件下，绵羊和马感染较多，牛、猪、山羊较少发生。经创伤感染可致人的气性坏疽和牛、羊、猪等家畜的恶性水肿。本菌在一定条件下通过消化道感染，是一种非接触传染的急性致死性传染病。

本病的病原菌广泛存在于自然界，以土壤和动物肠道中较多，而成为传染源。病牛不能直接接触传染健康动物，但能加重外界环境的污染。传染主要由于外伤，如去势、断尾、注射、采血、助产等消毒不严、污染本菌芽孢而引起感染，尤其是创伤深并存在坏死组织，造成缺氧更易发病。

3. 临床表现与特征

病牛初期食欲减退，体温升高，伤口周围出现气性炎性水肿，并迅速扩散蔓延。肿胀部初期坚实、灼热、疼痛，后变无热痛，触之柔软，有轻度捻发音，尤以触诊部上方明显；切开肿胀部，则见皮下和肌间结缔组织内流出多量淡红褐色、带少许气泡、其味酸臭的液体。

随着炎性气性水肿的急剧发展，全身症状严重，表现高热稽留、呼吸困难、脉搏细速、发绀，偶有腹泻，多在1～3天内死亡。因去势感染时，多于术后2～5天，在阴囊、腹下发生弥漫性气性炎性水肿，病牛呈现疝痛，腹壁知觉敏感及发生全身症状。因分娩感染，病牛表现阴户肿胀，阴道黏膜充血发炎，有不洁红褐色恶臭液体流出。会阴呈气性炎性水肿，并迅速蔓延至腹下、股部，以致发生运动障碍和重笃的全身症状。

4. 临床诊断

根据临诊特点，结合外伤情况可初步判断此病，确诊应进行细菌学检查。临诊时应注意和其他类似症状疾病鉴别诊断，牛若伴随分娩而发生，多为恶性水肿，若查不出外伤等诱因，则应与气肿疽相区别。气肿疽主要侵害丰满的肌肉部位，肿胀处捻发音更明显，多发于6月龄至3岁龄的牛，常呈地方流行性。

5. 防制

我国已研制成包括预防快疫的梭菌病多联苗。在梭菌病常发地区，常年注射，可有效预防本病发生。平时注意防止外伤，当发生外伤后要及时进行消毒和治疗，还要做好各种外科手术、注射等无菌操作和术后护理工作。

本病经过急、发展快，全身中毒严重，治疗应从早从速，从局部和全身两方面同时着手。局部治疗应尽早切开肿胀部，扩创清除异物和腐败组织，吸出水肿部渗出液，再用0.1%高锰酸钾或3%过氧化氢液等氧化剂冲洗，然后撒上青霉素粉末，并施以开放疗法。全身治疗以早期采用抗菌消炎（青霉素、链霉素及土霉素或磺胺类药物治疗）为好，同时，还要注意对症治疗，如强心、补液、解毒。

六、破伤风

破伤风又名强直症，俗称锁口风，是由破伤风梭菌经伤口感染引起的一种急性中毒性人畜共患病。以骨骼肌持续性痉挛和神经反射兴奋性增高为特征。

1. 病原

本病病原为梭菌属的破伤风梭菌，又称强直梭菌，革兰氏阳性杆菌。此菌芽孢常存在于土壤、健康人和动物肠道及粪便中。

当芽孢随土壤、污物通过适宜的皮肤黏膜伤口（外伤、分娩损伤或断脐、去势以及其他外科手术等的人工伤口）侵入机体时，即可在其中发育繁殖，产生强烈毒素，引发破伤风。

2. 流行特点

本菌广泛存在于自然界，人畜粪便都可带有，尤其是施肥的土壤、腐臭淤泥中。各种动物均有易感性，单蹄兽最易感，牛羊次之，家禽自然感染罕见。感染常见于各种创伤及产后，在临床上有1/3的病例查不到伤口，可能是创伤已愈合或可能经子宫、消化道黏膜损伤感染。当破伤风梭菌芽孢侵入机体后，在伤口深而小，并有水肿及坏死组织存在和缺氧的条件下，菌体大量繁殖，产生毒素，引起发病。本病无明显季节性，多为散发，但某些地区一定时间内可能群发。

3. 临床表现与特征

潜伏期最短1天，最长可达数月，一般1～2周。潜伏期长短与创伤部位有关，创伤距头部较近，创口深而小，创伤深部严重损伤，发生坏死或创口被粪土、痂皮覆盖等，潜伏期缩短，反之则延长。潜伏期短者（15天以内）死亡率高，潜伏期长者（超过3周）多数能康复。

最初表现对刺激的反射兴奋性增高，稍有刺激即高举其头，瞬膜外露，接着出现咀嚼缓慢、步态僵硬等症状，以后随病情的发展，出现开口困难、牙关紧闭，无法采食和饮水，由于咽肌痉挛致使吞咽困难，唾液积于口腔而流涎，口臭，头颈伸直，两耳竖立，鼻孔开张，四肢腰背僵硬，腹部蜷缩，粪尿潴留，常见反刍停止，多伴有瘤胃鼓气。甚则便秘，尾根高举，行走困难。病牛此时神志清楚，但对外界声音与强光刺激的反应明显。病程进入3～4天后，呼吸、脉搏数加快，由于四肢及尾巴僵硬，所以，站立时呈“木马状”，一旦卧地，又不能自行起立。进入6～7天时，病情最为严重，8～9天之后，逐渐趋于缓和。

死于破伤风的牛，剖检常无特殊的眼观变化。

4. 临床诊断

根据本病的特殊临诊症状，如神志清楚，反射兴奋性增高，骨骼肌强直性痉挛，并有创伤史，即可确诊。

5. 防制

（1）预防注射。在本病常发地区，应对奶牛定期接种破伤风类毒素。手术前 1 个月进行免疫接种，可起到预防本病的作用。对较大较深的创伤，除做外科处理外，应肌肉注射破伤风抗血清 3 万 ~5 万国际单位。

（2）防止外伤感染。平时要注意饲养管理和环境卫生，防止奶牛受伤。一旦发生外伤，要注意及时处理，防止感染。外科手术时要注意器械的消毒和无菌操作。

（3）治疗

①创伤处理：尽快查明感染的创伤和进行外科处理。清除创内的脓汁、异物、坏死组织及痂皮，对创深、创口小的要扩创，以 5% ~10% 碘酊和 3% 双氧水或 1% 高锰酸钾消毒，再撒以碘仿硼酸合剂，然后用青霉素、链霉素做创周注射，同时，用青霉素、链霉素全身治疗。

②特异性治疗：早期使用破伤风抗毒素，疗效较好，剂量 20 万 ~80 万国际单位，分 3 次注射，也可一次全剂量注入。临床实践上，也常同时应用 40% 乌洛托品 50 毫升，静脉注射。

③对症治疗：当病牛兴奋不安和强直痉挛时，可使用镇静解痉剂。一般多用氯丙嗪肌肉注射，每天早晚各一次。也可应用水合氯醛（25 ~40 克与淀粉浆 500 ~1 000毫升混合灌肠）或与氯丙嗪交替使用。可用 25% 硫酸镁肌肉注射或静脉注射，以缓解痉挛。对咬肌痉挛、牙关紧闭者，可用 1% 普鲁卡因溶液在开关、锁口穴位注射，每天 1 次，直至开口为止。

七、牛沙门氏菌病

沙门氏菌病又称副伤寒，是由沙门氏菌属细菌引起的疾病的总称，犊牛多表现为败血症和肠炎，也可使怀孕母牛发生流产。

1. 病原

沙门氏菌是一大属血清型相关的革兰氏阴性杆菌。牛的沙门氏菌病，主要由鼠伤寒沙门氏菌、都柏林沙门氏菌或纽波特沙门氏菌所致。本属细菌对干燥、腐败、日光等因素具有一定抵抗力，在外界条件下可以生存数周或数月，对化学消毒剂的抵抗力不强，常用消毒剂和消毒方法均可杀灭本菌。通常情况下，对多种抗生素敏感，但由于抗生素的长期滥用，导致其耐药性普遍突出，不仅影响该病的防治，更对公共卫生造成严重威胁。

2. 流行特点

患病和带菌动物是本病的主要传染源。病原随粪便、尿、乳汁及流产的胎儿、胎衣和羊水排出，污染水源、饲料等，经消化道感染健康牛。

牛的沙门氏茵病一年四季均可发生。环境污秽、潮湿，棚舍拥挤，粪便堆积；饲料和饮水质量欠佳；气候恶劣，突然断奶等因素可促进本病的发生。

出生后 2 周的犊牛最易感，发病后传播迅速，往往呈流行性；成年牛发病呈散发性。

3. 临床表现与特征

成年牛感染常以高热（40～41℃）、昏迷、食欲废绝、呼吸困难开始，体力迅速衰竭。大多数病牛在发病后 12～24 小时，粪便中带有血块，不久即变为下痢。粪便恶臭，含有纤维素絮片，间杂有黏膜。下痢开始后体温降至正常或比正常略高。病牛可于发病 24 小时内死亡，多数则于 1～5 日内死亡。病期延长者可见迅速脱水和消瘦，眼窝下陷，黏膜（尤其是眼结膜）充血和发黄。病牛腹痛剧烈，常用后肢蹬踢腹部。怀孕母牛多数发生流产，从流产胎儿中可发现病原菌。成年牛有时可取顿挫型经过，病牛发热、食欲消失、精神委顿，产奶量下降，但经过24小时后，这些症状即可减退。还有些牛感染后呈隐性经过，仅从粪中排菌。

在犊牛，如牛群内存在带菌母牛，则可于生后48小时内即表现拒食、卧地、迅速衰竭等症状，常于3～5天内死亡。尸体剖检无特殊变化。多数犊牛常在10～14日龄以后发病，病初体温升高（40～41℃），24小时后排出灰黄色液状粪便，混有黏液和血丝，一般于症状出现后5～7天内死亡，病死率有时可达50%。病期延长时，腕和跗关节可能肿大，有的还有支气管炎和肺炎症状。

成年牛的病变主要呈急性出血性肠炎。剖检时，肠黏膜潮红，并有出血；大肠黏膜脱落，有局限性坏死区。胃黏膜炎性潮红。肠系膜淋巴结呈不同程度的水肿、出血。胆囊壁有时增厚，胆汁混浊、黄褐色。肺可有肺炎区，特别是在病程延长的病例。脾常充血、肿大。

犊牛的病变：急性病例在心壁、腹膜以及腺胃、小肠和膀胱黏膜有小点出血。脾充血、肿胀。肠系膜淋巴结水肿，有时出血。在病程较长的病例，肝脏色泽变淡，胆汁常变稠而混浊。肺常有肺炎区。肝、脾和肾有时发现坏死灶。关节损害时，腱鞘和关节腔含有胶样液体。

4. 临床诊断

根据流行病学、临床症状和病理变化，只能作出初步诊断，确诊需从病牛的血液、内脏器官、粪便，或流产胎儿胃内容物、肝、脾取材，做沙门氏菌的分离和鉴定。

5. 防制

预防本病应加强饲养管理，消除发病诱因，保持饲料和饮水的清洁、卫生。目前，国内已研制出用于牛的副伤寒疫苗，必要时可选择使用。

本病的治疗，可选用经药敏试验有效的抗菌药，如土霉素、磺胺类（磺胺嘧啶和磺胺二甲基嘧啶）等，并辅以对症治疗。如严重脱水及无食欲的犊牛应给予静脉补液；能走动、哺乳和中度脱水的可经口和皮下补液。

公共卫生：沙门氏菌病不但危害畜禽，而且还可从畜禽传染给人。人类发病往往是因吃了病牛和带菌动物的未经充分加热消毒的乳、肉产品而发生食物中毒。潜伏期约 7～24 小时。菌数愈多、毒力愈强，则症状出现愈早。突然发病，体温升高，伴有头痛、寒战、恶心、呕吐、腹痛和严重的腹泻。

八、巴氏杆菌病

巴氏杆菌病是由多杀性巴氏杆菌引起的，发生于各种家畜、家禽、野生动物和人类的一种传染病总称，牛巴氏杆菌病又名牛出血性败血症。

1. 病原

本病的致病菌为多杀性巴氏杆菌，革兰氏染色阴性，按抗原成分的差异，可分为若干血清型。本菌对物理和化学因素的抵抗力较弱，普通消毒剂对其均有良好的杀灭效果，但克辽林对本菌的消毒作用很差。

2. 流行特点

多杀性巴氏杆菌对多种动物和人均有致病性。家畜中以牛发病较多。

牛群中发生巴氏杆菌时，往往查不出传染源，一般多为在发病前已带菌，当牛处在不良环境中，如寒冷闷热、天气突变、潮湿、拥挤、圈舍通风不良、营养缺乏、长途运输，寄生虫病等诱因，使其抵抗力下降时，病原菌即可乘机侵入体内，经淋巴进入血流，发生内源性感染。

本病的发生没有明显的季节性，一般为散发，但水牛、牦牛有时可呈地方流行性。

3. 临床表现与特征

潜伏期2～5天。症状可分为败血型、水肿型和肺炎型。

（1）败血型。有的呈最急性经过，没有看到明显症状就突然倒地死亡。大部分病牛初期有高热，精神沉郁，脉搏加快，食欲废绝，泌乳、反刍停止，结膜潮红，鼻镜干燥，肌肉震颤。继而腹痛、下痢，粪中含有黏液及血液，体温随后下降而死，病程12～24小时。

（2）水肿型。除呈现上述全身症状外，咽喉部、颈部及胸前皮下出现炎性水肿，初有热痛，后逐渐变凉，疼痛减轻。病牛高度呼吸困难，流涎，流泪，并出现急性结膜炎，往往因窒息而死，病程约12～36小时。

（3）肺炎型。呈现纤维蛋白性胸膜肺炎症状，呼吸困难，有干咳，流泡沫样或脓性鼻汁。胸部叩诊有浊音区，听诊有支气管呼吸音及水泡音，胸膜受害时有胸膜摩擦音。病牛便秘或下痢。病程一般为3～7天左右。

（4）病理变化。

①败血型：可见内脏器官充血，黏膜、浆膜、肺、舌及皮下组织和肌肉有出血点，肝、肾实质变性，淋巴结显著水肿，胸腔有大量渗出液。

②水肿型：见咽喉部及其周围和颈部皮下有黄色胶样浸润，头颈部淋巴结肿大，上呼吸道黏膜有卡他性炎症。

③肺炎型：见有纤维蛋白性肺炎和胸膜炎变他，肠道有急性卡他性炎症变化，肝、肾实质变性，胸腔内淋巴结肿大（图1－5）。

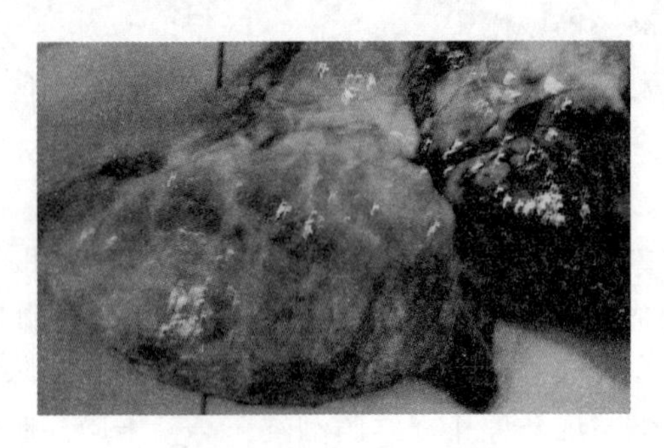

图 1－5　肺呈大理石样变、心外膜有大量出血

（图片引自/www. xumu001. cn）

4. 临床诊断

根据流行病学、症状和剖检变化，可作出初步诊断。确诊需进行细菌学检查。

5. 防制

平时应注意饲养管理，避免牛只受凉感冒，在长途运输中应避免过度拥挤，必要时在运输前注射高免血清或选用当地常见菌血清型菌株制造多价灭活苗。

发生本病后，立即将病牛及可疑病牛隔离治疗，假定健康牛进行紧急预防注射。牛舍及污染场地用一般消毒药彻底消毒。

牛出血性败血症的预防可用牛出败氢氧化铝菌苗，免疫期可达 9 个月。

治疗可选用下列方法。

（1）用高免血清 100～200 毫升，分点皮下注射，每天 1 次，连用 2～3 次。或用痊愈牛的全血（按输血方法加入适量抗凝剂），静脉输入。

（2）青霉素 400 万国际单位、链霉素 3 克、安痛定 20 毫升，混合一次肌肉注射，每天 2～3 次，连用 4～5 天。也可选用氨苄青霉素或阿莫西林等。

(3) 土霉素注射液 20 毫升（400 万国际单位），一次肌肉注射，每天 2 次，连用 4～5 天。也可选用氟苯尼考注射液（200 毫克/千克）、乳糖酸红霉素注射液（3～5 毫克/千克）、泰乐菌素（18 毫克/千克）等抗生素。国外用头孢噻呋（2.2 毫克/千克）静脉注射，效果很好。

(4) 对症疗法：强心剂可选用 10% 樟脑磺酸钠 20～30 毫升，肌肉注射。抗炎药地塞米松（每次 10～20 毫克），肌肉注射。有咳嗽时给予镇咳、祛痰药。胃肠道炎症可用磺胺脒、次硝酸铋等。

九、弯曲菌病

弯曲菌病原名弧菌病，是由弯曲菌引起的人和动物多种疾病的总称，各种动物（特别是牛、羊、鸡）都能罹患的传染病，除引起腹泻外，还可造成牛、羊的流产、不孕、乳房炎和禽类的传染性肝炎等疾病。

1. 病原

病原为弯曲菌属中的有关致病菌。引起动物和人疾病的主要是胎儿弯曲菌和空肠弯曲菌。弯曲菌为革兰氏阴性的细长弯曲杆菌，对干燥、阳光和一般消毒药敏感。58℃ 加热 5 分钟即死亡。在干草、厩肥和土壤中，20～27℃ 可存活 10 天，6℃ 可存活 20 天。在冷冻精液内仍可存活。

2. 流行特点

胎儿弯曲菌胎儿亚种对人和牛均有感染性，可引起牛散发性流产和人的发热。存在于流产胎盘及胎儿胃内容物中，并能在人、畜肠道和胆囊里生长繁殖，其感染途径是消化道。胎儿弯曲杆菌亚种引起牛的不育和流产，存在于生殖道、流产胎盘及胎儿组织中，不能在肠道内繁殖，其感染途径是交配或人工授精。空肠弯曲菌引发牛的冬痢。

患病牛和带菌者是传染源。母牛通过交配感染后1周，即可从子宫颈及阴道黏液中分离到病菌。多数感染牛群经过3～6月后，母牛有自愈趋势，但某些母牛可整个孕期带菌，并可于产犊后再配种时将病菌传给公牛。公牛与有病母牛交配后，可将病菌传给其他母牛达数月之久。

动物感染空肠弯曲菌后，可随粪便排菌，也可通过牛奶和其他分泌物排出，污染饮水、食物或饲料。如未充分煮熟即供食用，常易引起病的暴发。

3. 弯曲菌性流产

（1）症状。病初阴道呈卡他性炎，黏膜发红，特别是子宫颈部分，黏液分泌增加，有时可持续3～4个月。黏液常清澈，偶尔稍混浊。同时还有子宫内膜炎，但临床上不易确诊。

母牛生殖道病变的后果是胚胎早期死亡并被吸收，从而不断表现假发情，不少牛发情周期不规则和特别延长。如果每次发情都使之交配，有的牛于感染后第二个发情期即可受孕，有的牛即使经过8～12个月仍不受孕但大多数（约占75%左右）母牛于感染后6个月可以受孕。

有些怀孕母牛的胎儿死亡较迟，则发生流产。流产多发生于怀孕的第5～6个月，但其他时期也可发生。流产率约为5%～20%。早期流产，胎膜常随之排出，5个月以后的，往往有胎衣滞留现象。胎盘的病理变化多为水肿，胎儿的病变与布鲁氏菌病所见者相似。

牛经第一次感染获得痊愈后，一般具有抵抗力，即使与带菌公牛交配，仍能受孕。

（2）诊断。暂时性不育、发情期延长以及流产，是本病的主要症状，但其他生殖道疾病也有类似的情况，因此，确诊有赖于实验室检查。

（3）防治。由于牛弯曲菌性流产主要是交配传染，因此，淘汰有病种公牛，选用健康公牛进行配种或人工授精，是控制本病的重要措施。疫苗预防可增强对弯曲菌感染的抵抗力而提高繁殖率。但疫苗对终止感染不一定有效，建议对感染牛进行抗生素治疗。牛群暴发本病时，应暂停配种3个月，同时，用抗生素治疗病牛，一般认为局部治疗较全身治疗有效。流产母牛，特别是胎膜滞留的病例，可按子宫炎常规进行处理，向子宫内投入链霉素和四环素族抗生素，连续5天。对病公牛，首先施行脊髓硬膜轻度麻醉，将阴茎拉出，用含多种抗生素的软膏或锥黄素软膏涂擦于阴茎上和包皮的黏膜上。也可以用链霉素溶于水中冲洗包皮，连续3~5天。

4. 弯曲菌性腹泻

（1）症状。牛感染空肠弯曲菌后发生的腹泻，又称“冬痢”或“黑痢”。特征是秋冬季节的舍饲牛发生出血性下痢，大小牛均可发病，呈地方流行性。潜伏期3~7天。

该病常突然而来，一夜之间可使牛群中20%的牛发生腹泻，2~3天内80%的牛显示同一症状。约有5%~10%病牛病情严重，表现精神委顿、食欲缺乏、背弓起、毛逆立、寒战、虚弱，不能站立。

病牛排出恶臭水样棕色稀粪，其中常常有血液。体温、脉搏、呼吸正常。食欲一般正常，小肠蠕动音亢进，乳产量下降50%~95%。病程2~3天。如治疗及时，很少发生死亡。

（2）诊断。根据临床症状和流行特点只能怀疑此病，确诊需进行细菌的分离鉴定。

（3）防治。本病的传播途径是经消化道感染，因此，防制本病应避免奶牛摄食被病菌污染的草料和饮水。病牛要隔离治疗，其粪便、垫草、垫料要及时清除，管理用具要彻底消毒，并空置1周以上。

治疗可选用四环素族抗生素，链霉素或喹诺酮类也有疗效。

病牛应同时进行对症治疗，口服消炎，收敛药物，对体弱、卧地不起者，可静脉输液、补充电解质等。据经验，对轻症病牛可让其自由饮用或灌服0.1%高锰酸钾水2 000～3 000毫升，有杀菌、收敛、止泻的功效。对重症病牛，可在饮水中加入补液盐制剂或输注复方盐水。抗菌药可选用乳糖酸红霉素每千克体重3～5毫克，静脉注射；或用氟苯尼考注射液每千克体重20毫克，肌肉注射；或长效土霉素注射液每千克体重10～20毫克，肌肉注射；或庆大霉素每千克体重2～4毫克，肌肉注射。

十、牛副结核病

副结核病也叫副结核性肠炎，是牛的一种慢性传染病。病的显著特征是顽固性腹泻和逐渐消瘦；肠黏膜增厚并形成皱襞。由于该病引起产奶量减少、淘汰期提前、感染率高，是目前危害养牛业的主要传染病之一。

1. 病原

副结核分枝杆菌为分枝杆菌属成员之一，是革兰氏阳性小杆菌，具有抗酸染色的特性，本菌对外界环境和消毒药的抵抗力都比较强。在污染牧场、厩肥中可存活数月至1年。经过－14℃5个月、4℃5个月，38℃8个月处理后，均能存活。耐酸、耐酒精。5%福尔马林10分钟、10%煤酚皂2小时、5%火碱24小时才能杀死本菌。

2. 流行特点

副结核分枝杆菌主要引起牛（尤其是奶牛）发病，幼年牛最易感。除牛外，绵羊、山羊、骆驼、猪、马、驴、鹿等功物也可罹患。

在病牛体内，副结核杆菌主要位于肠黏膜和肠系膜淋巴结。患病奶牛从粪便排出大量病原菌，污染外界环境。

虽然幼年牛对本病最为易感，但潜伏期甚长，可达6～12个月，甚至更长，一般在2～5岁时才表现出临床症状，特别是在母牛开始怀孕、分娩以及泌乳时，易于出现临床症状。因此，在同样条件下，公牛比母牛少见得多；高产牛的症状较低产牛严重。饲料中缺乏无机盐，可促进疾病的发展。

3. 临床表现与特征

潜伏期很长，一般可达6～12个月，甚至更长。早期症状不明显，渐进性出现，主要表现为间断性腹泻，以后变为经常性的顽固拉稀。排泄物稀薄、恶臭，带有气泡、黏液和血液凝块。食欲起初正常，精神也良好，以后食欲有所减退，逐渐消瘦，眼窝下陷，精神沉郁，经常躺卧。泌乳量逐渐减少，最后全部停止。皮肤粗糙，被毛粗乱，下颌及垂皮可见水肿。体温常无变化。腹泻有时可暂时停止，排泄物恢复常态，体重有所增加，然后再度发生腹泻。给予多汁青饲料可加剧腹泻症状。如腹泻不止，一般经3～4个月因衰竭而死。患病牛群的死亡率达10%。

剖检病牛尸体消瘦。主要病变在消化道和肠系膜淋巴结。消化道的损害常限于空肠、回肠和结肠前段，特别是回肠。有时肠外表无大变化，但肠壁增厚。浆膜下淋巴管和肠系膜淋巴管常肿大，呈索状。浆膜和肠系膜都显著水肿。肠黏膜常增厚3～20倍，并发生硬而弯曲的皱褶，黏膜色黄白或灰黄，皱褶突起处常呈充血状态，黏膜上面附有黏液，稠而混浊，但无结节和坏死，也无溃疡，无干酪样变。

4. 临床诊断

（1）临床综合诊断。副结核病的流行特点是传播缓慢、感染率高，但发病率不高，多在2～5岁方才呈现症状。临床特征是持续性腹泻，进行性消瘦，体温无明显变化。病变特征是肠黏膜高度肥厚，形成脑回样皱褶。应当指出的是，临床症状与病理变化并非全部一致，有的病牛尽管临床症状严重，但肠黏膜变化不大；反之，有的临床症状并不严重，死后却可发现典型病变。

（2）变态反应诊断。副结核皮内变态反应是目前国际上广泛应用的诊断方法，本法特别适用于隐性型和症状不明显的病牛，而有临床症状的病例往往反应轻微，重症病例甚至无反应。在隐性型病牛中，有相当一部分（30%～50%）可能是排菌者。由于禽型结核分枝杆菌和副结核分枝杆菌有共同抗原，所以，目前使用的变态反应原有精制的副结核菌素和禽结核菌素两种。副结核菌素检出率为94%，禽结核菌素为80%。副结核菌素国内尚未生产，因此，我国多用禽结核菌素。在应用禽结核菌素做皮内反应之前，必须先排除牛结核病，剔除结核阳性反应牛。

5. 防制

由于病牛往往在感染后期才出现临床症状，因此药物治疗常无效。预防本病重在加强饲养管理，特别是对幼年牛只更应注意给以足够的营养，以增强其抗病力。不要从疫区引进牛只，如已引进，则必须进行隔离检疫，确证健康时，方可混群。

曾经检出过病牛的牛群，所有牛每年要做4次（间隔3个月）变态反应检查。变态反应阴性牛方准调群或出场。连续3次检疫不再出现阳性反应牛，可视为健康牛群。

对病牛，按照不同情况采取不同方法进行处理，对具有明显临床症状的开放性病牛和细菌学检查阳性的病牛，要及时扑杀处理，但对妊娠后期的母牛，可在严格隔离的情况下，待产犊后3天扑杀处理；对变态反应阳性牛，要集中隔离，分批淘汰，在隔离期间加强临床检查，发现有明显临床症状和菌检阳性的牛，及时扑杀处理；对变态反应疑似牛，隔15～30天检疫一次，连续3次呈疑似反应的牛，应酌情处理；变态反应阳性母牛所生的犊牛以及有明显临床症状或菌检阳性母牛所生的犊牛，立即和母牛分开，人工喂母牛初乳3天后单独组群，人工喂以健康牛乳，长至1月、3月、6月龄时各做变态反应检查一次，如均为阴性，可按健牛处理。

被病牛污染过的牛舍、栏杆、饲槽、用具、绳索和运动场等，要用生石灰、来苏尔、苛性钠、漂白粉、石炭酸等消毒液进行喷雾、浸泡或冲洗。粪便应堆积高温发酵后作肥料用。

十一、链球菌病

链球菌病是由 β 溶血性链球菌引起的多种人畜共患病的总称。动物链球菌病中以猪、牛、羊、马、鸡较常见。链球菌病的临床表现多种多样，可以引起种种化脓创和败血症，也可表现为各种局限性感染。

1. 病原

链球菌种类繁多，在自然界分布很广。一部分对人畜有致病性，一部分无致病性。据血清学分类，可将链球菌分成 A 至 V（缺 I、J）20 个血清群，常引起牛链球菌病的病原有：无乳链球菌、乳房链球菌、肺炎链球菌、化脓链球菌和停乳链球菌。

2. 流行特点

链球菌的易感动物较多，在流行病学上表现不完全一致。3 周龄以内的犊牛易感染牛肺炎链球菌，挤奶牛多患链球菌乳房炎，没有明显季节性。饲养管理不良及环境条件差等因素可诱发本病，本病多为散发。

3. 临床表现与特征

（1）牛链球菌乳房炎。主要是由无乳链球菌引起，奶牛的感染率为 10%～20%。病初不被人注意，只有当奶牛拒绝挤奶时才被发现。主要表现为浆液性乳管炎和乳腺炎。

①急性型：乳房明显肿胀、变硬、发热、有痛感。此时伴有全身不适，体温稍增高，烦躁不安，食欲减退，产奶量减少或停止。乳房肿胀加剧时则行走困难。常侧卧，呻吟，后肢伸直。病初乳汁或保持原样，或只呈现微黄色或微红色，或出现微细的凝块至絮片。病情加剧时从乳房挤出的分泌液类似血清，呈浆液出

血性，有时含有纤维蛋白絮片和脓块，呈黄色、红黄色或微棕色。

②慢性型：多数病例为原发，也有不少病例是从急性转变而来。临床上无可见的明显症状。产奶量逐渐下降，特别是在整个牛群中广泛流行时尤为明显。乳汁可能带有异味，有时呈蓝白色水样，细胞含量可能增多，间断地排出凝块和絮片。用手触之可摸到乳腺组织中程度不同的灶性或弥漫性硬肿，乳池黏膜变硬。出现增生性炎症时，则可表现为细颗粒状甚至结节状突起。

（2）牛肺炎链球菌病。是由肺炎链球菌引起的一种急性败血性传染病。主要发生于犊牛，曾被称为肺炎双球菌感染。3 周龄以内的犊牛最易感。主要经呼吸道感染，呈散发或地方流行性。

最急性病例病程短，仅持续几小时。病牛初期全身虚弱，不愿吮乳，发热，呼吸极困难，眼结膜发绀，心脏衰弱，出现神经紊乱，四肢抽搐、痉挛。常取急性败血性经过，于几小时内死亡。如病程延长 1 ~ 2 天，鼻镜潮红，流脓性鼻汁，结膜发炎，消化不良并伴有腹泻。有的发生支气管炎、肺炎，伴有咳嗽、呼吸困难、共济失调。

剖检可见浆膜、黏膜、心包出血，胸腔渗出液明显增多并积有血液。脾脏呈充血性增生性肿大，脾髓呈黑红色，质韧如硬橡皮，即所谓“橡皮脾”，是本病的特征。肝脏和肾脏充血、出血，有脓肿。成年牛感染则表现为子宫内膜炎和乳房炎。

（3）新生犊牛链球菌感染。刚出生后的犊牛因感染链球菌，出现眼炎、脐炎。关节炎，常为慢性经过。患脑膜炎的犊牛表现感觉过敏、僵硬、发热。

4. 临床诊断

确诊需进行细菌学检查如涂片镜检、分离培养、动物实验等。

5. 防制

一般选择对革兰氏阳性菌有效的青霉素、四环素及磺胺类药物对病牛治疗。为了提高疗效，当分离到致病菌后应立即进行药敏试验，选出敏感药物进行全身治疗。

局部治疗，先将局部溃烂组织剥离，切开脓肿，清除脓汁，清洗和消毒。然后用抗生素、磺胺类药物以软膏或粉剂置入患处。必要时可施以包扎。

患链球菌病的动物，自愈后机体所产生的免疫力，可保护牛只免受感染。在疫区可分离地方菌株研制多价灭活苗进行预防注射。

十二、莱姆病

莱姆病是近年才认识的一种新的人畜共患病。病原为伯氏疏螺旋体。临床表现以关节肿胀，跛行、发热、脑炎、心肌炎为特征。我国于1986年首先在黑龙江省证实有本病存在，迄今已在我国东北、西北、华北、华东及中原地区的19个省（市、自治区）发生。

1. 病原

本病病原是疏螺旋体属中的伯氏疏螺旋体，此螺旋体，革兰氏染色阴性，用姬姆萨法染色良好，呈弯曲的螺旋状。对青霉素、红霉素敏感，而对新霉素、庆大霉素、丁胺卡那霉素有抵抗力。

2. 流行特点

人和多种动物（牛、马、狗、猫、羊、鹿、兔、狐和多种小啮齿动物）对本病均有易感性。病原体主要通过蜱类作为传播媒介。在我国，主要为嗜群血蜱、长角血蜱和全沟硬蜱。本病的流行与硬蜱的生长活动密切相关，因而具有明显的地区性，在硬蜱能大量生长繁衍的山区、林区、牧区此病多发，同时，还具有明显的季节性，一般多见于夏季的6～9月份，冬春一般无病例发生。硬蜱的感染途径主要是通过叮咬宿主动物，但有些硬蜱还可以经卵垂直传播。有人证实直接接触也能发生感染。

3. 临床表现与特征

潜伏期3～32天，病菌在皮肤中扩散，形成皮肤损害，当侵入血液后，引起发热，四肢关节疼痛、肿胀，神经系统、心血管系统、肾脏受损并出现相应的临诊症状。

患病动物发热，沉郁，身体无力，跛行，关节肿胀疼痛。病初轻度腹泻，继之出现水样腹泻。奶牛产奶量减少，早期怀孕母牛感染后可发生流产。有些病牛出现心肌炎、肾炎和肺炎等症状。可从感染牛的血液、尿、关节液、肺和肝脏中检出病菌。

剖检可在病牛的心和肾表面可见苍白色斑点，腕关节的关节囊显著变厚，含有较多的淡红色黏液，同时，有绒毛增生性滑膜炎，有的病例胸腹腔内有大量的液体和纤维素，全身淋巴结肿胀。

4. 临床诊断

根据流行特点、症状和剖检变化，可作出初步诊断。确诊需进行实验室检查。

5. 防制

目前尚未研究出特异性的预防用的菌苗，因此，防制本病应避免奶牛进入有蜱隐匿的灌木丛地区；采取保护措施，防止人和动物被蜱叮咬；受本病威胁的地区，要定期进行检疫，发现病牛及时治疗；采取有效措施灭蜱。

治疗常用药物有青霉素、四环素、红霉素、强力霉素、先锋霉素等，大剂量使用，并结合对症治疗，可收到良好效果。

十三、牛传染性胸膜肺炎

牛传染性胸膜肺炎也称牛肺疫，是由支原体所致牛的一种特殊的传染性肺炎，以纤维素性胸膜肺炎为主要特征。我国已于1996年宣布在全国范围内消灭了此病。

1. 病原

病原体为丝状支原体丝状亚种，革兰氏阴性。对新胂凡纳明、链霉素和硫柳汞较敏感，对青霉素、醋酸铊不敏感。常用消毒药如来苏尔、石炭酸、漂白粉、新洁尔灭等均可在数分钟内将其杀灭。对外界环境抵抗力亦较弱，日光、加热和干燥可使其迅速死亡，但能抵抗低温，在冻结的病肺组织内可保存毒力1年以上，培养物冻干可保留毒力达数年之久。

2. 流行特点

易感动物主要是牦牛、奶牛、黄牛、水牛，各种牛对本病的易感性因品种、饲养方式和个体差异的不同而不同，发病率60%～70%，病死率30%～50%。

病牛和带菌牛是主要的传染源，发病牛康复后15个月甚至2～3年还能排毒感染健康牛。主要传播途径是呼吸道，可由尿、乳汁、子宫渗出物排出，也可经口感染。年龄、性别、季节和气候对易感性无影响。

3. 临床表现与特征

潜伏期一般为2～4周，短则1周，长可达4个月。通常症状发展缓慢，间或也有发展迅速的。发展徐缓者，常在清晨冷空气刺激或运动时，发生短干咳嗽，以后逐渐加重，相继出现食欲减退、反刍迟缓、泌乳减少等症状。发展迅速者，常以体温升高0.5～1℃开始。本病按其经过不同，可分为急性和慢性两型。

（1）急性型。主要呈急性胸膜肺炎的症状。病牛体温升高到40～42℃，呈稽留热。鼻孔扩大，前肢开张，呼吸困难，往往发“吭”声，按压肋间，有疼痛表现，病牛不愿卧下，呈腹式呼吸，常发弱痛咳。有时流浆液性或脓性鼻汁。如果肺的病变面积较大，或有大量的胸水时，胸部叩诊呈浊音或水平浊音；胸部听诊，肺泡音减弱或消失，可听到啰音、支气管呼吸音，常有胸膜摩擦音。病的后期，心脏衰弱，胸前、腹下和肉垂发生水肿，可视黏膜呈蓝紫色。消化机能障碍，反刍迟缓或停止，常有慢性臌气或腹泻、便秘交替发生。泌乳完全停止。病牛迅速消瘦，多因窒息而死亡。

（2）慢性型。大多数由急性转来，少数病例一开始就取慢性经过：病牛消瘦，常发生短咳，胸部听诊、叩诊变化不如急性明显。食欲时好时坏。这种病牛日益衰竭，预后不良。

（3）病理变化。牛肺疫特征性的病理变化在肺脏和胸腔。初期，似支气管肺炎为特征，肺炎灶充血、水肿，呈鲜红色或紫红色。中期，呈纤维素性肺炎和浆液性纤维素性胸膜炎变化；肺实质往往同时见到不同时期的肝变，红色与灰白色互相掺杂，外观似大理石样；胸腔积液，内杂有纤维蛋白凝块。后期，肺部病灶坏死，被结缔组织包围，有的坏死组织崩解（液化），形成脓腔或空洞，有的病灶全部疤痕化；肺胸膜和肋胸膜互相粘连。肺门淋巴结和纵隔淋巴肿大、出血。

4. 临床诊断

现场可依据流行病学资料、临床症状及病理变化各方面综合判断。如有典型胸腔病变，则结合流行病学资料及临床症状常可作出初步诊断。确诊有赖于血清学检查和细菌学检查。

5. 防制

治疗本病可用新胂凡纳明（九一四）静脉注射。有人用土霉素盐酸盐试验性治疗本病，效果比（九一四）好，与链霉素联合治疗也有效果。红霉素、卡那霉素、泰乐菌素等有一定疗效。临床治愈的牛，可畏期带菌而成为传染源，故仍以淘汰病牛为宜。

我国消灭牛肺疫的经验证明，根除传染源、坚持开展疫苗接种是控制和消灭本病的主要措施，即根据疫区的实际情况，扑杀病牛和与病牛有过接触的牛只，同时，在疫区及受威胁区每年定期接种牛肺疫兔化弱毒苗或兔化绵羊化弱毒苗。我国研制的牛肺疫兔化弱毒疫苗和牛肺疫兔化绵羊弱毒疫苗免疫效果良好，曾在全国各地广泛使用，对消灭曾在我国存在80年之久的牛肺疫起到了重要作用。现在最重要的工作是加强国境检疫，阻止牛肺疫再次传入我国。

十四、附红细胞体病

附红细胞体病（简称附红体病）是由附红细胞体引起的人畜共患传染病，以贫血、黄疸和发热为特征。

1. 病原

附红体以往认为是一种原虫，后来根据其生物学特点更接近于立克次体而将其列入立克次体目。在不同动物中寄生的附红体各有其名，如牛的温氏附红体。

附红体对干燥和化学药物比较敏感，一般常用浓度的消毒药在几分钟内即可使其死亡，但对低温冷冻抵抗力较强，可存活数年之久。

2. 流行特点

附红体有相对的宿主特异性，感染牛的附红体不能感染山羊。本病的传播途径尚不完全清楚，报道较多的有接触传播、血源传播、垂直传播及媒介传播等。本病多发生于夏秋或雨水较多季节，此期正是各种吸血昆虫活动频繁的高峰期，如蚊、蝇等可能是传播本病的重要媒介。

3. 临床表现与特征

动物感染附红体后，多呈隐性经过，在少数情况下，受应激因素刺激可出现临床症状。发病后主要表现发热、食欲缺乏、精神委顿、黏膜黄染、贫血，四肢末梢、背腰部淤血，淋巴结肿大，还可出现呼吸加快和腹泻。血液检查红细胞数减少（比正常牛减少25%以上)。红细胞表面可看到附红体。

剖检可见血液稀薄，黏膜、浆膜黄染，肝脏肿大，脂肪变性、坏死。脾大，被膜有结节。

4. 临床诊断

根据临诊症状可作出初步诊断，确诊需进行实验室诊断。

5. 防制

治疗本病一般认为四环素和九一四是首选药物，采用卡那霉素、强力霉素、黄色素、血虫净（贝尼尔)、氯苯胍等药物有一定疗效。

预防本病要加强饲养管理和兽医卫生综合措施，尤其要驱除媒介昆虫，做好针头、注射器消毒，消除应激因素。

十五、大肠杆菌病

大肠杆菌病是由致病性大肠杆菌所致的人畜共传染病。其病型复杂多样，或引起腹泻，或发生败血症，或为各器官的局部感染，或表现为中毒症状。主要侵害犊牛，在管理不当的牛场，是新生犊死亡的主要原因。

1. 病原

在引起人畜肠道疾病的血清型中，有致病性大肠杆菌、肠产毒素性大肠杆菌、肠侵袭性大肠杆菌、肠出血性大肠杆菌。肠出血性大肠杆菌是近年来新发现的一种大肠杆菌，这种病原菌产生志贺氏毒素样细胞毒素，主要引起人出血性下痢。

2. 流行特点

败血型大肠杆菌病主要发生于1～14日龄犊牛，本病一年四季均能发生，多发于冬春季节，呈地方流行或散发。

产房不洁、饲养密度过大、断脐消毒不良及母牛干乳期短、分娩前漏乳、犊牛出生后未吃过初乳或初乳质量低劣等，都是本病的诱发因素。

3. 临床表现与特征

犊牛大肠杆菌病的潜伏期很短，仅几个小时。根据症状和病理发生可分为3型。

（1）败血型。表现发热，精神不振。虚弱无力，心动过速，脱水，犊牛常在7日龄以内，甚至刚出生到24小时即可感染发病。常见于症状出现后数小时至1天内急性死亡。病程较长的病例，可见到犊牛吸吮反射严重下降，甚至消失，黏膜高度充血，有时还可发现眼前房积脓、脐炎，间有腹泻。从血液或内脏易于分离到致病性血清型大肠杆菌。

（2）肠毒血型。较少见，常突然死亡。如病程稍长，则可见到典型的中毒神经症状。先是不安、兴奋，后来沉郁、昏迷以致死亡。死前多有腹泻、脱水症状。由特异血清型大肠菌增殖产生肠毒素吸收后引起，没有菌血症。

（3）肠型。病初犊牛体温升高达40℃，数小时后开始下降，体温降至正常。粪便初如粥样、黄色，后呈水样、灰白色，混有未消化的凝乳块、凝血和泡沫，有酸败气味。病的末期，患犊肛门失禁，常有腹痛，用蹄踢腹壁。病程长的，可出现肺炎、关节炎、脐炎。

败血型和肠毒血型死亡的病犊，常无明显的病理变化。肠毒血型的病犊，真胃有大量的凝乳块，黏膜充血、水肿，皱褶部有出血。肠内容物常混有血液、气泡、恶臭。小肠黏膜充血，在皱褶基部有出血，部分黏膜上皮脱落。

4. 临床诊断

根据流行病学：临床症状和病理变化，可作出初步诊断。确诊致病性大肠杆菌的分离与鉴定。

5. 防制

（1）一般措施。控制本病重在预防。对母牛应加强产前、产后的饲养管理，严格产房接产及其相关的消毒卫生。保证犊牛出生后及时吮吸初乳，创造良好的环境，防止各种强烈应激因素的影响。

(2) 预防接种。在本病常发的地区，可采用针对本地（场）流行大肠杆菌血清型菌株制备多价灭活苗接种妊娠母牛，可使犊牛获得被动的免疫，也可以使用微生态制剂给犊牛早期治疗和预防。

(3) 治疗。病初，可静脉注射平衡电解质溶液，其中应以糖盐水或复方盐水为主，另加碳酸氢钠液，以纠正低血糖和代谢性酸中毒。同时，静脉注射皮质类固醇以及对革兰阴性菌有较强杀灭作用的抗生素，如庆大霉素、丁胺卡那霉素、恩诺沙星、磺胺三甲氧氨嘧啶等。许多犊牛常出现继发感染，发生肺炎和静脉炎，因此应用广谱性抗菌药来治疗最急性产肠毒素性大肠杆菌感染，如庆大霉素（2.2 毫克/千克）、丁胺卡那霉素（4.4 ~ 6.6 毫克/千克）、恩诺沙星（2.2 毫克/千克）、磺胺三甲氧氨嘧啶（22 毫克/千克）配合应用。

十六、坏死杆菌病

坏死杆菌病是由坏死杆菌引起各种哺乳动物和禽类的一种慢性传染病。病的特征是在受损伤的皮肤和皮下组织、消化道黏膜发生组织坏死，有的在内脏形成转移性坏死灶，一般散发，有时表现地方流行性。我国南方地区，奶牛发病较为严重，是其主要传染病之一。

1. 病原

本病的病原是梭菌属中的坏死梭杆菌，革兰氏阴性。对外界环境的抵抗力不强，55℃加热 15 分钟即可杀死。常用的化学消毒剂于短时间内可杀死本菌。但在污染的土壤中生活力甚强，由动物消化道排泄到潮湿土壤中的坏死杆菌，如遇严寒的冬季，可数月不死。

2. 流行特点

主要传染源为患病和带菌动物，患病动物的四肢、蹄、黏膜出现坏死性病变，病菌随渗出分泌物或坏死组织污染周围环境。健康草食兽胃肠道常见有本菌，病牛粪便中约有半数以上能分离出本菌，沼泽、水塘、污泥、低洼地更适宜于坏死杆菌的生存。

感染途径主要是损伤的皮肤和黏膜（口腔），新生犊牛有时经脐带感染。本病多发生于低洼潮湿地区，常发生于炎热、多雨季节，一般散发或呈地方流行性。圈舍潮湿、吸血昆虫、饲草质量低劣、矿物质特别是钙磷缺乏、维生素不足、营养不良、长途运输等均可促进本病的发生。

3. 临床表现与特征

潜伏期数小时至1～2周，一般为1～3天，病型因受害部位不同而有不同，常见有以下几种。

（1）腐蹄病。多见于成年牛，病初跛行，蹄部肿胀或溃疡，流出恶臭的脓汁。病变如向深部扩展，则可波及肌腱、韧带和关节，严重者可出现蹄壳脱落。重症者有全身症状，如发热、厌食，进而发生脓毒败血症死亡。

（2）坏死性口炎。又称“白喉”，多见于犊牛，病初厌食，咽喉部黏膜灰褐色或灰白色，剥脱假膜，可见其下露出不规则的溃疡面，易出血。发生在咽喉者，表现颌下水肿、呼吸困难、不能吞咽，病变蔓延至肺部或转移他处或坏死物被吸入肺内，常寻致病牛死亡。

4. 临床诊断

根据本病的发生部位是以肢蹄部和口腔黏膜坏死性炎症为主，以及坏死组织有特殊的臭味和相应机能障碍，再结合流行病学资料，可以作出初步诊断。

5. 防制

（1）一般措施。本病无特异性菌苗预防，只有采取综合防制措施，加强饲养管理，搞好环境卫生和消除发病诱因，避免皮肤和黏膜损伤。平时保持圈舍环境及用具的清洁与干燥，使地面平整，常清理粪尿污水，不到低洼潮湿不平的泥泞地放牧，要正确护蹄，在多发季节，可在饲料中加抗生素类药物进行预防。

（2）对腐蹄病的治疗。用清水洗净患部并清创。再用1%高锰酸钾、5%福尔马林或用10%硫酸铜冲洗消毒。然后在蹄底的孔内填塞硫酸铜、水杨酸粉或高锰酸钾、磺胺粉，创面可涂敷木焦油福尔马林合剂、5%高锰酸钾、10%福尔马林酒精液或龙胆紫，牛可通过5%福尔马林或10%硫酸铜进行蹄浴。对软组织可用磺胺软膏、碘仿鱼石脂软膏等药物。

（3）对“白喉”病牛的治疗。先除去伪膜，再用0.1%高锰酸钾冲洗，然后涂擦碘甘油10%氯霉素酒精溶液，每天2次至痊愈；或用硫酸钾轻擦患处至出血为止，隔日1次，连用3次（表1－1至表1－3）。

表1－1　口蹄疫的类症鉴别诊断

病名	病原	流行特点	主要临诊症状	特征性病理变化	确诊方法	防制措施
口蹄疫	微RNA病毒	发病率高（100%），病死率低，传播快，流行范围广	高热，口涎悬垂，口腔、乳头及蹄冠有水疱	口腔、蹄部有水疱和烂斑，咽喉、气管、前胃黏膜溃疡，真胃和肠黏膜出血	动物接种及血清学试验	扑杀，疫苗预防
水泡性口炎	弹状病毒	地区性流行，发病及病死率低，虫媒传播	低热，厌食，口腔有水疱，偶尔见于乳头及蹄部	口腔和咽喉黏膜充血或糜烂，胃肠道黏膜充血或出血	动物接种，血清学诊断	扑杀
牛瘟	副黏病毒	大小牛皆发生，常暴发，传播快，发病率，病死率90%	严重的糜烂性口炎，唾液带血，眼睑痉挛，高热，严重下痢，多以死亡告终	白细胞减少，消化道黏膜坏死性炎（灰白色伪膜、烂斑、集合淋巴结溃疡）	琼扩实验，中和实验，荧光抗体技术	扑杀，可用疫苗预防

（续表）

病名	病原	流行特点	主要临诊症状	特征性病理变化	确诊方法	防制措施
牛恶性卡他热	疱疹病毒	常散发，成年及幼年都可发生，病牛常与绵羊有接触史，病死率高	分最急型、消化道型、头眼型、温和型，高热稽留，糜烂性口炎、结膜炎，角膜混浊，血尿，末期有脑炎与腹泻	初期白细胞减少，后期白细胞增多；头眼型存在气管假膜；消化道型口、真胃、肠出血、溃疡，肝、肾浊肿，肺充血、出血	必要时接种犊牛复制本病	扑杀

表1－2　奶牛消化道症状传染病的鉴别诊断

病名	病原	流行特点	主要临诊症状	特征性病理变化	确诊方法	防制措施
牛黏膜病	黏膜病病毒	一岁左右最易感，冬季多见，感染率高，发病率低，致死率高	突然体温升高，眼、鼻有黏性分泌物，咳、流涎、呼吸困难，鼻、舌、口黏膜糜烂，呼气臭；水泻，粪带黏液或血；蹄部皮肤糜烂、跛行；2～3周死亡。慢性型间歇性腹泻、鼻蹄糜烂，跛行，病程可达半年以上。孕牛繁殖障碍及产病犊	特征病理变化是食道黏膜纵行排列的组织糜烂。此外，口腔、胃、肠道黏膜也有糜烂、水肿或出血，淋巴结水肿	病毒分离鉴定，血清学试验，动物接种	对症治疗，防止继发感染，疫苗预防
牛大肠杆菌	大肠杆菌	2～3日龄犊牛多发，条件致病性，冬春季节多见，地方流行性或散发	体温升高，喜卧；下痢，粪便初呈黄色粥样，随后变为水样，呈灰白色，并混有未消化的凝乳块、血液、泡沫，有腐败气味；后期排粪失禁	急性胃肠炎，真胃内有大量凝乳块，黏膜充血、水肿，表面覆盖胶冻样黏液，肠管松弛，肠壁菲薄，内容物呈水样，常混有血液和气泡，肠系膜淋巴结肿大	细菌分离鉴定	加强饲养管理，保持牛舍干燥卫生；抗生素治疗

（续表）

病名	病原	流行特点	主要临诊症状	特征性病理变化	确诊方法	防制措施
牛沙门氏菌	鼠伤寒、都柏林、牛流产沙门氏菌	2～6周龄犊牛最易感，无季节性，多散发或地方流行性	妊娠母牛可发生流产；犊牛突然发病，高热，精神沉郁、食欲废绝，下痢，粪便灰黄色水样，恶臭，带血或黏液，5～7天死亡，病死率高达50%	坏死性或出血性肠炎，特别是回肠和大肠，肠壁增厚，肠黏膜发红呈颗粒状，有灰黄色坏死物，肠系膜淋巴结和脾脏肿大；犊牛可见广泛的黏膜和浆膜出血	细菌分离鉴定	加强卫生防疫措施和疫苗接种及药物预防
牛副结核	副结核分枝杆菌	幼龄牛最易感，发病多在1岁以后，母牛、高产牛多见，传播缓慢，地方流行，多种诱因影响	顽固性腹泻，喷射状，腥臭，带气泡、黏液或血块；毛焦皮糙，下颌及肉垂皮下水肿，逐渐消瘦、衰弱，体温一般无变化，3～4个月死亡	尸体消瘦、脱水，重点是消化道和淋巴结；特征性病理变化是空肠、回肠黏膜有脑回状皱褶，增厚、变硬，星黄、白、灰色，肠系膜水肿，淋巴结束状肿		无治疗价值，阳性全淘汰；疫苗接种
牛肠结核	结核分枝杆菌	多见于犊牛，过于拥挤、阴暗潮湿、通风不良等均可诱发	消化不良，顽固性下痢，逐渐消瘦，粪便带黏脓性分泌物	胃肠黏膜有大小不等的结核结节或溃疡	细菌分离鉴定，变态反应	无治疗价值，检疫淘汰病畜，净化畜群
牛茨城病	茨城病病毒	夏季蚊虫滋生时多发，有明显的地区性	精神沉郁、厌食、反刍停止；结膜充血、水肿，眼流浆液性或黏液性分泌物；口腔、鼻黏膜糜烂、溃疡，口腔流出泡沫样口涎；后期食道麻痹，吞咽困难，食物自口、鼻流出	可见黏膜充血、糜烂，食道和真胃黏膜充血、出血、水肿；死于吞咽困难时，可见食道、咽喉和舌间有特征性变化，即横纹肌的变性和坏死，并伴有出血	分离病毒，中和试验	无特效疗法，扑杀为主；对症治疗

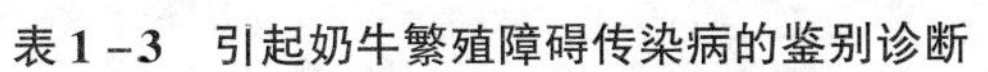

表1-3　引起奶牛繁殖障碍传染病的鉴别诊断

病名	病原	流行特点	主要临诊症状	特征性病理变化	确诊方法	防制措施
牛布鲁氏菌病	布鲁氏菌	人兽共患，成年孕牛易感性最高，主要发生于产犊季节；新疫区及初次怀孕牛表现流产，老疫区及再孕者表现胎衣不下	流产多见于孕后6~8个月，常伴有胎衣滞留和子宫内膜炎，只发生1次流产，第二胎多正常，个别发生关节炎、淋巴结炎和滑膜囊炎；公牛发生睾丸炎和附睾炎	子宫绒毛膜间隙有灰色或黄色胶冻样物，胎膜水肿、肥厚，表面有纤维蛋白和脓液；胎儿多呈败血症变化，脾和淋巴结肿大，肺有支气管肺炎；公牛睾丸显著肿大，切面具有坏死灶或化脓灶	细菌学、血清学及生物学试验	菌苗接种，检疫淘汰阳性牛
牛传染性鼻气管炎	鼻气管炎病毒	育肥牛和奶牛多见，20~60日龄肉牛最易感，秋季和寒冷的冬季多发	精神沉郁，波浪热，外阴肿胀，有黏稠分泌物，常举尾，排尿有痛感；公牛包皮、阴茎有脓疱，破溃后留下溃疡	局部黏膜形成小脓疱	病毒分离和血清学诊断	缺乏有效药物，淘汰阳性牛
牛黏膜病	黏膜病病毒	偶蹄兽多见，但1岁左右最易感；猪可感染，冬季多见I感染率高，发病率低，致死率高	鼻及口腔糜烂，舌上皮坏死，流涎；严重腹泻，带黏液和血；蹄叶炎，跛行；1~2周死亡，少数病程1个月；慢性者鼻镜糜烂，蹄叶炎，跛行；妊娠牛流产，或产下小脑发育不全犊牛，共济失调、不能站立	特征病变是食道黏膜纵行排列的组织糜烂；口腔、胃、肠道黏膜也有糜烂、水肿或出血，淋巴结水肿；运动失调的小牛有严重的小脑发育不全及两侧脑室积水	病毒分离鉴定，血清学，动物接种	无特效疗法，可对症治疗，预防继发感染，可用疫苗预防
牛赤羽病	布尼安病毒	孕牛最易感，传染媒为吸血昆虫，有明显季节性，8月到翌年的3月多发	孕牛异常分娩：常在妊娠7个月以上，胎龄越大越易发生早产；胎儿体形异常，关节弯曲产。胎儿体形异常，关节弯曲或脊柱弯曲，难产，牛犊不能站立或无生活能力，甚至失明	主要是胎儿的体形异常、大脑缺损，脑形成囊泡状空腔，躯干的肌肉萎缩、变白	病毒分离鉴定，血清学检测	杀灭吸血昆虫，也可用疫苗预防

（续表）

病名	病原	流行特点	主要临诊症状	特征性病理变化	确诊方法	防制措施
蓝舌病	蓝舌病病毒	易感性较低，长期带毒，吸血昆虫传播，晚春至早秋多见，有地区性，热带>亚热带>温带，低、湿地区多发	体温40.5～41.5℃，稽留热，厌食，流涎，嘴唇肿胀，口腔黏膜充血呈青紫色，唇，舌糜烂，吞咽困难，鼻流黏液，结痂，呼吸困难；可经胎盘传播，造成流产、死胎、胎儿异常	口腔糜烂、水肿、发绀，瘤胃有坏死灶；心血管和肌肉出血；蹄部有炎性变化；脾脏、淋巴结和肾充血、肿大	分离病毒，血清学试验，核酸探针和PCR检测	定期进行药浴、灭虫，免疫接种
牛沙门氏菌	鼠伤寒、都柏林、牛流产沙门氏菌	成年牛很少发生，2～6周龄犊牛最易感，无季节性，多散发或地方流行性	妊娠母牛可发生流产；犊牛突然发病，高热，精神沉郁、食欲废绝，下痢，粪便灰黄色水样，恶臭，带血或黏液，5～7天死亡，病死率高达50%	急性坏死性或出血性肠炎，特别是回肠和大肠，肠壁增厚，肠黏膜发红呈颗粒状，有灰黄色坏死物，肠系膜淋巴结和脾脏肿大；可见广泛的黏膜和浆膜出血	细菌分离鉴定	加强卫生防疫措施和疫苗接种及药物预防

第二章　奶牛的寄生虫病

第一节　原虫病

一、奶牛球虫病

奶牛球虫病系由多种球虫寄生于奶牛肠道上皮细胞，引起以出血性肠炎为特征的疾病。由于其临床上出现便血症状，故也称为红痢。犊牛对球虫的易感性高，发病严重，多引起死亡；成年牛常呈隐性感染，为带虫者。

1. 病原

球虫卵囊呈圆形、椭圆形或卵圆形。囊壁两层光滑，无色或黄褐色。大小为（11.1～42.5）微米×（10.5～29.8）微米。主要引起奶牛球虫病的病原主要是邱氏艾美尔球虫和牛艾美尔球虫。虫体发育不需要中间宿主，经过3个发育阶段。第一阶段为裂体生殖阶段，系虫体在其寄生的肠上皮细胞内进行的无性繁殖，即裂殖体产生裂殖子的反复过程。第二阶段为配子生殖阶段，系虫体在宿主肠上皮细胞内进行的有性繁殖过程，即产生雌雄性大小配子，进而形成合子，最终产生卵囊，随粪便排出体外。第三阶段为孢子生殖阶段，为无性繁殖过程，系卵囊排出外界后的孢子化发育，即在卵囊内逐步形成孢子囊、孢子囊内又形成子孢子。此时的卵囊即可感染宿，故称为感染性卵囊（孢子化卵囊、成熟卵囊）。牛感染球虫主要是由于吞食了散布在土壤、饲料或饮水中的感染性卵囊后，子孢子进入宿主肠上皮细胞内进行无性和有性繁殖的结果。

2. 流行特点

各种品种的牛对球虫都有易感性。2 岁以内的犊牛发病率和死亡率均较高；成年牛常呈隐性感染，多为带虫者。本病多发于温暖多雨的放牧季节，特别是在潮湿、多沼泽的牧场上时最易发病，因为潮湿的环境有利于球虫卵囊的发育和存活。感染来源主要是成年带虫牛及临床治愈的牛，它们不断地向外界排泄卵囊而使病原广泛存在。

3. 临床表现与特征

奶牛球虫病的潜伏期一般为 2～3 周，犊牛一般呈急性经过，病程通常为 10～15 天，严重的也有在发病后 1～2 天即发生死亡的。初期病牛表现为精神沉郁，被毛松乱，体温变化不大，粪便稀薄稍带血液，产乳量下降。约 1 周后，症状加剧。病牛食欲废绝，消瘦，精神萎靡，喜躺卧；体温上升到 40～41℃，瘤胃蠕动和反刍停止，肠蠕动增强。排出带血的稀粪，其中，混有纤维素性假膜，恶臭。病末期粪便呈黑色，几乎全是血液，体温下降，在极度贫血和衰弱的情况下死亡。慢性的病牛一般在发病后 3～5 天逐渐好转，但下痢和贫血的症状仍持续存在，病程可能缠绵数月，极度消瘦，最后衰竭死亡。

病理剖检可见尸体极度消瘦，可视黏膜贫血；肛门外翻，后肢和肛门周围为血粪污染。肠系膜淋巴结肿大和发炎。直肠黏膜肥厚，有出血性炎症变化，内容物呈褐色，恶臭，含有纤维素性假膜和黏膜碎片。淋巴滤泡肿大突出，有白色或灰色小病灶，并常有直径 4～15 毫米的溃疡，其表面覆有凝乳样薄膜。

4. 临床诊断

根据流行病学资料、症状与病理变化等作综合判断。当临床上发现以血便、粪便恶臭带黏液，剖检时以出血性肠炎和溃疡为特征时最有诊断意义。用饱和盐水漂浮法检查粪便，发现大量卵囊时即可确诊。

5. 防制

（1）预防。由于成年牛多系带虫者，故犊牛应与成年牛分群饲养管理。牛舍或牛圈要经常清扫，粪便应集中起来发酵。哺乳母牛的乳房要经常擦洗。定期用3%～5%热碱水消毒地面、牛栏、饲槽、饮水槽等，一般每周一次。饲料和饮水应高过地面，严格避免被牛粪污染。更换饲料种类或变换饲养方式时发生，要逐步过渡。药物预防可用莫能菌素，每千克饲料添加0.03克，连用30天；氨丙琳，以5毫克/千克体重混入饲料，连用21天。

（2）治疗。磺胺二甲嘧啶，每千克体重100毫克，口服，每天一次，连用4～5天；氨丙琳，按每千克体重25毫克口服，每天1次，连用4～5天；莫能菌素，按每千克饲料20～30毫克，添加混饲；林可霉素，按每天每头犊牛1克混入饮水中，连用21天。同时，根据病牛的情况，还应结合对症疗法，如强心、补液等。

二、巴贝斯梨形虫病

牛巴贝斯梨形虫病是由巴贝斯属原虫寄生于牛红细胞的一类蜱传播性寄生虫病。由于病原体对血液中红细胞的破坏和其毒素对机体的刺激，使患病奶牛产生高热、贫血、血红蛋白尿等病症。

1. 病原

病原主要为双芽巴贝斯虫和牛巴贝斯虫。

（1）双芽巴贝斯虫为大型虫体，虫体长度大于红细胞半径，典型的形状是成双的梨籽形虫体，尖端以锐角相连。每个虫体内有二团染色质，姬姆萨染色后，虫体的原生质呈浅蓝色，染色质呈紫红色。虫体多位于红细胞的中央，每个红细胞内虫体数目为1~2个。

(2) 牛巴贝斯虫为小型虫体，虫体长度小于红细胞半径，形态与双芽巴贝斯虫相似。但典型形状为成双的梨籽形虫体，以尖端相连成钝角，每个虫体内含一团染色质。虫体位于红细胞边缘或偏中央，每个红细胞内有1~3个虫体。

2. 流行特点

本病多发生于7~9月，呈地方性流行。微小牛蜱为本病的主要传播媒介。以1~2岁的牛发病较多，但症状轻微，死亡率低。成年牛发病率低，但症状较为严重，死亡率高。

3. 临床表现与特征

患病牛精神沉郁，食欲减退，反刍停止。体温升高到40~42℃，呈稽留热型。心跳、呼吸加快，全身肌肉震颤，产奶量显著下降，孕牛易流产。便秘与腹泻交替出现。部分病牛粪便中含有黏液和血液，有恶臭味。随着红细胞被大量破坏，出现贫血、黄疸和血红蛋白尿。尿的颜色由淡红色变为棕红色或黑红色。病牛迅速消瘦，最后衰竭而死。但牛巴贝斯虫病贫血和血红蛋白尿的程度常不如双芽巴贝斯虫引起的疾病严重。

4. 临床诊断

在发病季节，病牛呈现高热稽留、贫血、黄疸和血红蛋白尿等特征性症状时，应怀疑为本病。血液涂片检出虫体，是确诊的主要依据。体温升高后1~2天，耳尖采血涂片检查，可发现双芽巴贝斯虫少量圆形和变形虫样虫体；在血红蛋白尿出现期检查，可在血片中发现较多的梨籽形虫体。牛巴贝斯虫感染嗜好于脑组织，因此，脑的活组织检查法，可成功的诊断牛巴贝斯虫病。

5. 防制

(1) 预防。预防本病的关键在于消灭奶牛体上及周围环境中的蜱。引进牛只时，要加强检疫，隔离观察。要根据各地草场的分布、地形特点、植被类型等，因地制宜地进行轮牧，使牛只在发病季节躲开疫源地放牧，避免接触传播媒介。在疾病流行季节，也可采用盐酸咪唑苯脲、黄色素或台盼蓝进行药物预防，剂量同治疗量。

（2）治疗。尽可能地早确诊，早治疗，可明显降低死亡率。在应用特效药物杀灭虫体的同时，还应针对病情给予健胃、强心、补液等对症治疗。常用的特效药有以下几种。

①硫酸喹啉脲（阿卡普林）：剂量为0.6～1.0毫克/千克体重，配成1%～5%溶液皮下或肌肉注射。

②锥黄素（黄色素、吖啶黄）：剂量为3～4毫克/千克体重，配成0.5%～1%溶液静脉注射。症状未减轻时，24小时后再注射1次，病牛在治疗后的数日内，对光敏感，应避免烈日照射。

③三氮咪（血虫净、贝尼尔）：剂量为5～7毫克/千克体重，配成5%～7%溶液，臀部深层肌肉注射。每日或隔日注射1次，连用2～3次。还可配成1%注射液，静脉注射，其效果好于肌肉注射。

④台盼蓝（锥蓝素）：剂量为5毫克/千克体重，用注射用水配成1%溶液静脉注射，注意勿将药液漏入皮下组织，以免引起组织坏死。台盼蓝对双芽巴贝斯虫的早期治疗有效，但对牛巴贝斯虫和其他小型巴贝斯虫效果欠佳。

⑤盐酸咪唑苯脲：剂量为1.5～2毫克/千克体重，配成1%～2%溶液，肌肉注射。该药安全性较好，对各种巴贝斯虫均有较好的治疗效果。

三、胎毛滴虫病

牛胎毛滴虫病是由三毛滴虫属的胎儿三毛滴虫寄生于奶牛的生殖器官所引起的一种原虫病。临床上以奶牛生殖器官炎症和繁殖障碍为主要特征。

1. 病原

虫体多为短纺锤形、梨形、西瓜籽形或长卵圆形，长 10～25 微米，宽 3～15 微米，3 根前鞭毛，1 根后鞭毛。波动膜几乎与虫体一样长。虫体中央有一轴柱，起始于虫体的前端，穿过虫体中线向后延伸，其末端突出于虫体的尾端。

胎儿三毛滴虫寄生于母牛的阴道和子宫内，公牛的包皮鞘、阴茎黏膜和输精管等处，严重感染时，生殖器官的其他部位也可发现虫体寄生。母牛怀孕后，在胎儿的胃和体腔内、胎盘和胎液中有大量虫体，主要以纵二分裂方式进行繁殖。

2. 流行特点

该病主要通过病牛和健康奶牛的直接交配传播，在人工授精时因使用带虫的精液或输精器械而传播，因此，该病多发生在交配的季节。种公牛在临床上常不表现症状，但带虫可达 3 年之久，是危险的感染源，在该病的传播上起重要作用。

3. 临床表现与特征

公牛于感染后 12 天，发生黏液脓性包皮炎，且包皮肿胀，在包皮黏膜上出现粟粒大的小结节，有痛感，不愿交配。随着病情的发展，虫体侵入输精管、前列腺和睾丸等部位后，导致性欲减退，以致交配时不射精。

奶牛感染 1～3 天后，首先出现阴道卡他性炎症，阴道红肿，黏膜上可见粟粒大或更大一些的小结节，排出黏液性或黏液脓性分泌物。多数牛只在怀孕后 1～3 个月发生流产，流产后的奶牛发生子宫内膜炎、子宫蓄脓、发情期延长或不孕，部分病牛发生死胎。

4. 临床诊断

首先应调查牛群的整体繁殖情况，凡出现繁殖异常、早期流产、不孕、死胎、阴道黏液脓性分泌物增加、子宫蓄脓或公牛生殖器官发炎等情况时，应怀疑为本病。可采取病牛生殖道分泌物或冲洗液、胎液、流产胎儿的皱胃内容物等，及时在显微镜下检查，发现虫体即可确诊。

5. 防制

（1）预防。本病主要因交配或人工授精时，操作不当引起。因此在流行地区，配种前应对所有牛只进行检查，发现病牛或带虫牛应隔离治疗，证明确实治愈时，才能转入健康群。人工授精时，仔细检查公牛精液，证明确无毛滴虫感染且对用具彻底消毒后，方能使用。

（2）治疗

①可用0.2%碘液，0.1%黄色素溶液、1%血虫净溶液、1%钾肥皂、8%鱼石脂甘油溶液或2%红汞液冲洗患畜的生殖道，在30分钟内，可使牛胎毛滴虫死亡。

②甲硝达唑（灭滴灵），每千克体重10毫克，配成5%溶液，静脉注射，每天1次，连用3天。

③0.5%新斯的明溶液2毫升，皮下注射，隔日1次，3次为1个疗程，5天后，再重复一个疗程。

四、伊氏锥虫病

奶牛伊氏锥虫病是由伊氏锥虫寄生于奶牛的血液和造血器官中引起的原虫病。临床上以间歇性热、渐进性消瘦、四肢下部水肿、贫血及耳尖、尾尖干枯、坏死等为主要特征。

1. 病原

伊氏锥虫为单形型锥虫，细长，呈柳叶形，长18～34微米，宽1～2微米，前端比后端尖。细胞核位于虫体中央，椭圆形。

伊氏锥虫寄生在牛造血器官、血液及淋巴液内，以纵分裂法进行繁殖，由虻及吸血蝇类进行机械性传播。即锥虫进入虻等体内后，并不进行发育繁殖，生存时间亦较短暂，当这些传播媒介再吸食其他易感动物血液时，即将虫体传入后者体内。

2. 流行特点

本病常发生在热带和亚热带地区，发病季节和流行地区与吸血昆虫出现的时间和活动范围相一致。牛对伊氏锥虫的易感性较弱，多数呈带虫状态而不发病；待到抵抗力下降时，特别是天冷、枯草季节才开始发病，并呈慢性经过。

3. 临床表现与特征

发病时体温升高，数日后体温回复，经一定时间间歇后，体温再度升高。患牛表现食欲减退，反刍缓慢，体力衰弱，进行性贫血和消瘦，体表淋巴结肿大，有时出现神经症状或发生瘫痪。皮下水肿为本病的主要特点，多发部位是胸前、腹下、四肢下部及生殖器官。在发生水肿后，皮肤常龟裂，并流出淋巴液或血液。另一特有症状是耳尖、尾尖的干性坏死。

剖检胸腹腔积水，心包积液。体表淋巴结肿大，血液稀薄，凝固不全。肝脾肾肿大，小肠呈现出血性炎症。心脏肥大，切面似水煮样，心内、外膜上均有出血斑。

4. 临床诊断

首先应注意体温变化，如同时呈现长期瘦弱、贫血、黄疸，瞬膜上常见出血斑，颈下垂部水肿，在牛耳尖及尾梢出现干性坏死等，可疑为本病。确诊以在血液中查出病原为最可靠的依据。但由于虫体在末梢血液中的出现有周期性，因此，必须多次检查才能发现虫体。

（1）血液压滴标本检查。采血一滴于洁净载玻片上，加等量生理盐水，混匀后，覆以盖玻片，用高倍镜检查血细胞间有无活动的虫体。注意采光时，视野应稍暗，方易发现。

（2）血片染色检查。按常规制成血液涂片，用姬姆萨染液或瑞氏染液染色后，镜检虫体。

5. 防制

（1）预防。预防本病应加强饲养管理，尽可能地消灭虻、蝇等传播媒介。在临床上较实用的是药物预防：注射1次喹嘧胺，可预防3～5个月；用萘磺苯酰脲1次，预防期为1.5～2个月；用沙莫林1次，预防期可达4个月。

（2）治疗。对本病的治疗要早，用药量要足，现常用下列药物进行防治。

①萘磺苯酰脲（那加诺、苏拉明），每千克体重10～12毫克，以生理盐水配成10%溶液，一次静脉注射，隔周重复1次。

②喹嘧胺（安维赛），每千克体重3～5毫克，以生理盐水配成10%溶液，分2～3点一次皮下注射或肌肉注射，每天1次，连用3～5天。

③三氮脒（贝尼尔，血虫净），每千克体重3.5～5毫克，以生理盐水配成7%溶液，深部肌肉注射，每天1次，连用2～3天。

④氯化氮胺菲啶盐酸盐（沙莫林），每千克体重1毫克，以生理盐水配成2%溶液，深部肌肉注射。

五、弓形虫病

弓形虫病是由粪地弓形虫引起的呈世界性分布的人畜共患寄生虫病。弓形虫是一种细胞内寄生虫，可寄生于宿主多种组织器官的有核细胞内，有时也散布于细胞外。临床上以高热、呼吸困难、神经症状和流产等为特征。

1. 病原

弓形虫在不同发育阶段，形态各异。滋养体和包囊在中间宿主体内，裂殖体、配子体、卵囊出现在终末宿主猫体内。

（1）滋养体。也称速殖子，呈弓形、月牙形或香蕉形，一端尖，一端钝，大小4～7微米×2～4微米。经姬姆萨染色后，胞浆呈淡蓝色，有颗粒，核深蓝色。滋养体主要出现于急性病例。有时在宿主细胞内可见到许多滋养体簇集在一起，形成“假囊”，以内二分裂法增殖。

（2）包囊。也称组织囊，见于慢性病例的多种组织，呈圆形，有较厚的囊膜，直径50～69微米，可随虫体的繁殖而不断增大，达100微米，可在感染动物体内长期存在。囊内虫体称慢殖子，数目由几十到几千。包囊形成是机体免疫力作用于虫体的结果，若免疫力消失，慢殖子从包囊中释放出来，可以侵入新的细胞，再度引起发病。

（3）裂殖体。见于终末宿主肠上皮细胞内，呈圆形，直径12～15微米，内有4～20个裂殖子。游离的裂殖子大小为（7～10）微米×（2.5～3.5）微米，前端尖，后端钝圆。

（4）配子体：见于终末宿主。裂殖子经过数代裂殖生殖后变为配子体，一种为大配子体，一种为小配子体。小配子体可形成许多小配子，大配子体只形成1个大配子。大小配子结合形成合子，合子形成卵囊。

2. 流行特点

本病呈世界性分布，虫体的不同阶段，如卵囊、滋养体和包囊均可引起感染。主要危害2岁以内的犊牛，死亡率也高。成年牛多为带虫者。一般多发生于每年的4～9月份。特别是在潮湿、多沼泽的牧场放牧时，易造成本病的流行。牛通过摄入污染的饲料或饮水中的卵囊或食入其他动物组织中的滋养体和包囊而感染。临床患牛的唾液、痰、粪、尿、乳汁、腹腔液、眼分泌物、肉、内脏、淋巴结及急性病例的血液中都可能含有滋养体，如外界条件有利其存在，奶牛就可以受到传染。病原体也可通过眼、鼻、呼吸道、肠道、皮肤等途径侵入奶牛体内。

3. 临床表现与特征

病牛突然发病，食欲废绝，反刍停止；粪便干、黑，外附黏液和血液；流涎、结膜炎、流泪；体温升高至40～41.5℃，呈稽留热；脉搏和呼吸增数，气喘，腹式呼吸，咳嗽；肌肉震颤，腰和四肢僵硬，步态不稳，共济失调。严重者，后肢麻痹，卧地不起；腹下、四肢内侧出现紫红色斑块，体躯下部水肿；死前表现兴奋不安、口吐白沫，窒息。病情较轻者，虽能康复，但见发生流产；病程较长者，可见神经症状，如昏睡，四肢划动；有的出现耳尖坏死或脱落，最后死亡。

剖检可见皮下血管怒张，颈部皮下水肿，结膜发绀；鼻腔、气管黏膜点状出血；阴道黏膜条状出血；真胃、小肠黏膜出血；肺水肿、气肿，间质增宽，切面流出大量含泡沫的液体；肝脏肿大、质硬、土黄色，表面有粟粒状坏死灶；体表淋巴结肿大，切面外翻，周边出血，实质见脑回样坏死。

4. 临床诊断

本病可根据流行病学、临床表现及病理变化可做出初步诊断。确诊需作进一步的实验室检测。

（1）病料直接涂片。急性病例可取肺、肝、淋巴结直接抹片，染色、镜检发现10～60微米直径的圆形或椭圆形小体。慢性病例可取脑组织加生理盐水研磨后，用低倍镜检查悬液中有无包囊。

（2）集虫法检查。取肺及肺门淋巴结研碎加10倍生理盐水滤过，将滤液500转离心3分钟，取上清液再1 500转离心10分钟，取沉淀涂片、干燥、固定、染色、镜检，观察有无虫体。

5. 防制

（1）预防

①奶牛场禁止养猫，防止猫接近牛舍，避免奶牛吞食猫或病牛所污染的饲料。同时，尽可能消灭老鼠。

②对病死牛尸体和粪便做严格处理，注意环境卫生，用1%来苏尔或3%烧碱进行消毒。对受伤奶牛的皮肤、黏膜要注意

消毒。

（2）治疗

对本病的治疗目前认为采用磺胺类药物和抗菌增效剂联合应用效果较好。

①磺胺5-甲氧嘧啶（SMD），按每日每公斤体重30～50毫克，静脉注射，连续注射3～5天。

②磺胺嘧啶（SD）、磺胺间甲氧嘧啶（SMM），按30～50毫克/千克体重一次静脉注射，如配合使用甲氧苄氨嘧啶，或磺胺增效剂（TMP）按10～15毫克/千克体重一次静脉注射效果更佳。

③氯苯胍，剂量为10～15毫克/千克体重，一次内服，每日服两次，连服4～6天。

第二节　蠕虫病

一、肝片吸虫病

肝片吸虫病又称肝蛭病，主要寄生于奶牛的肝脏、胆管中，引起肝炎、胆管炎、并伴有全身性中毒现象和营养障碍。

1. 病原

肝片吸虫为大型吸虫，虫体大小为（20～40）毫米×（8～13）毫米，扁平叶片状，虫体前端具头锥，头锥后身体突然变宽，状如两“肩”，然后身体渐变窄，口吸盘位于头锥端部，腹吸盘较大，位于肩平行的体中部。消化系统有口、咽、短的食道和分枝状的两支肠管。生殖系统以卵巢、睾丸呈分支状和发达成簇的卵黄腺为特征。虫卵椭圆形，有卵盖，黄褐色，卵内充满卵黄细胞核一个大的胚细胞，大小（130～150）微米×（63～90）微米。

2. 流行特点

该病流行于世界各地，是牛羊等动物重要的寄生虫病之一。主要寄生于牛的肝脏、胆管中，引起患畜慢性肝炎、胆管炎或肝硬化，并发生全身性中毒现象和营养代谢紊乱等病症，危害严重，尤其可引起幼畜和绵羊的大批死亡，对畜牧业造成重大的经济损失，也威胁着人类的健康。

虫卵在低于12℃时便停止发育，但对高温和干燥的环境敏感。40～50℃时，几分钟死亡，在干燥的环境中迅速死亡。虫卵对低温的抵抗力较强，在冰箱中（2～4℃）放置水里17个月仍有60%以上的孵化率，但结冰的冬季是不能越冬。囊蚴对外界环境的抵抗力较强，在潮湿的环境中可生存3～5个月，但其对于干燥和阳光直射敏感。椎实螺类在气候温和、雨量充足的季节进行繁殖，晚春、夏、秋季旺盛，这时的条件适合虫卵的孵化、毛蚴的发育和在螺体内的增殖及尾蚴在牧草上的发育。因此，该病主要流行于春末、夏、秋季节。

3. 临床表现与特征

患有该病的奶牛临床症状多为慢性经过，成年牛的症状一般不明显，犊牛症状明显。肝片吸虫主要表现为颌下和肉垂水肿，手压留有指痕，用注射针头穿刺可流出淡黄色液体，俗称“水葫芦”病。病畜消化机能障碍，拉稀粪，腥臭带黄色黏液，逐渐消瘦，严重贫血，眼结膜苍白，磨牙，被毛粗乱无光，行动无力，喜卧，怀孕后期流产，重度感染可使奶牛衰竭死亡。

剖检可见病畜肝脏肿大，出血，有暗红色、黄灰色病灶，肝实质萎缩，色淡，有硬块；胆管肥厚，内壁粗糙，胆管突出于肝表面，内有血样黏稠液体及黑红色虫体，切开肝脏用手抵压有数量不等的成虫和幼虫排出，可引起慢性胆管炎、慢性肝炎等；小肠黏膜水肿，有卡他性炎症，见下图所示。

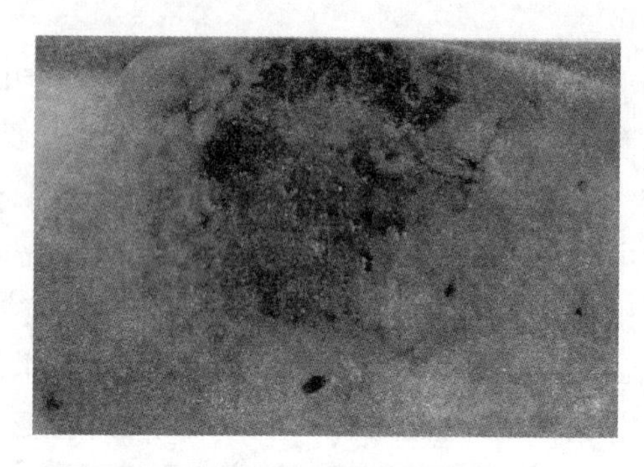

图 病牛肝脏出血性病变

(图片引自奶牛疾病图谱)

4. 临床诊断

肝片吸虫的诊断要根据其临床症状、流行病学资料、粪便检查及死后剖检等进行综合判定。粪便多采用反复水洗沉淀法和尼龙筛兜集卵法来检查虫卵。急性病例时，可在肝实质处发现童虫，慢性病例可在胆管内检查或多量成虫。

此外，免疫诊断法亦也进行奶牛肝片吸虫诊断，该方法不仅能诊断急性、慢性肝片吸虫病，而且还能诊断轻微感染患者，此法可用于奶牛场奶牛肝片吸虫的普查。

5. 防治

(1) 预防。每年春秋两季定期驱虫各一次，症状明显的可增加给药次数，服药后 10 ~ 20 天定期检查粪便 2 次。夏秋和多雨季节远离死水滩、水沟、久雨积水地带放牧。不要收割离上述水源较近的青草饲喂，也可采取定期轮牧。粪便应堆积发酵处理，尤其是驱虫后的粪便和被污染的杂草应进行焚烧。牛饮水尽量用自来水或井水。放牧牛群常引用的水源，每年夏秋两季不少于 2 次采用硫酸铜液灭螺，消灭中间畜主。新购进的牛应首先驱虫一次，粪便检查为阴性时，隔离饲养 20 天，再次粪检阴性者方可混群放牧。此外，也可利用兴修水利，改造低洼地，使螺无适宜的生存环境；大量养殖水禽，用以消灭螺类。

（2）治疗。目前用于治疗奶牛肝片吸虫病的药物如下。

硝氯酚：只对成虫有效，粉剂：按每千克体重 3～4 毫克。针剂：按每千克体重 0.5～1.0 毫克，深部肌肉注射。

丙硫咪唑：按每千克体重 10 毫克，一次口服，对成虫有良好的效果，但对童虫效果较差。该药为广谱驱虫药。

溴酚磷：按每千克体重 12 毫克，一次口服，对成虫和童虫均有良好的驱杀效果，因此，也用于治疗急性病例。

三氯苯唑：用 10% 的混悬液或含 900 毫克的丸剂，按每千克体重 10 毫克，经口投服。该药对成虫、幼虫和童虫均有高效驱杀作用，亦可用于治疗急性病例。病牛治疗后 10 天，牛奶才能食用。

二、蛔虫病

奶牛蛔虫病是由弓首科、弓首属的牛弓首蛔虫寄生于初生犊牛小肠内，引起的以下痢为主要特征的疾病。该病分布广泛，遍及世界各地，在我国多见于南方各省，初生犊牛大量感染可引起死亡，对发展养牛业危害甚大。

1. 病原

该虫虫体粗大，柔软，半透明，呈淡黄色，状如蚯蚓。头端具有 3 片唇。食道呈圆柱形，后端由一个小胃与肠管相接。雄虫长口 11～26 厘米。有 3～5 对肛后乳突，有许多肛前乳突。蛔虫尾部有一小锥突，弯向腹面。交合刺一对，形状相似，等长或稍不等长。雌虫长 14～30 厘米，尾直，生殖孔开口于虫体前部 1/8～1/6 处。虫卵近于球形，大小为（70～80）微米 ×（60～66）微米，胚胎为单细胞期，壳厚，外层呈蜂窝状。

2. 流行特点

本病主要发生于5个月以内的犊牛。用人工方法给犊牛感染感染性虫卵，未获得成虫，说明该病对成年牛不敏感；有报道在初乳中发现大量幼虫，所以，犊牛吃初乳时可感染此病。

虫卵对干燥及高温的耐受能力较差，阳光直接照射下，经4小时全部死亡；在干燥的环境里，虫卵经48～72小时死亡；感染期的虫卵，需有80%的相对湿度才能够生存。但虫卵对消毒药的抵抗力较强，虫卵在2%的福尔马林中仍能正常发育；在29℃时，2%克辽林或2%来苏尔溶液中的卵可存活约20小时。

3. 临床表现与特征

犊牛出生两周后为受害最严重时期，虫体的机械性刺激可以损伤小肠黏膜，引起黏膜出血和溃疡，并继发细菌感染，从而导致肠炎。

其症状表现为消化失调，食欲缺乏和腹泻，早期会出现咳嗽，口腔内有特殊的臭味，排多量黏液或血便，患畜虚弱消瘦，精神迟钝，后肢无力，站立不稳。成虫多量寄生时，会夺取大量营养，使犊牛发生消化障碍，可造成肠阻塞或肠穿孔，引起死亡。虫体的毒素作用也可以引起严重危害，如过敏、阵发性痉挛等。

病畜剖检可见小肠黏膜受损，出血或溃疡，成虫聚集成团可引起肠道阻塞或肠穿孔。出生后的犊牛受感染时，由于幼虫的移行，可造成肠壁、肺脏、肝脏等组织的损伤、点状出血、发炎，血液和组织中嗜酸性细胞显著增多。

4. 临床诊断

犊牛出现临床症状时，均可作为疑似蛔虫病的依据，进一步确诊可采用直接涂片法或饱和盐水漂浮法检查粪便中有无虫卵。也可结合症状、流行病学资料分析，进行诊断性驱虫来加以判定。死后剖检可在小肠找到虫体，或在血管、肺脏找到移行期幼虫。

5. 防治

(1) 预防。有许多犊牛尽管不表现临床症状，但可能带虫，而且此时成虫数量正达到高峰，因此对15~30日龄的犊牛进行驱虫。早期治疗不仅对保护小牛健康有益，并可减少虫卵对环境的污染。要注意保持牛舍的干燥与清洁，每天定时清理粪便并堆积发酵，以杀死虫卵。将母牛和小牛隔离饲养，减少母牛受感染的机会。

(2) 治疗。治疗可用下列药物。

左咪唑剂量为4~6毫克/千克体重，肌肉注射；或8毫克/千克体重口服。

丙硫苯咪唑剂量为5~20毫克/千克体重口服。

阿维菌素或伊维菌素类药物有效成分剂量为0.3毫克/千克体重，皮下注射（针剂）或口服（片剂）。

枸橼酸哌嗪（驱蛔灵）250毫克/千克体重，一次口服。

精致敌百虫剂量为100毫克/千克体重，总量不超过10克，溶解后均匀拌入饲料内，一次喂服。出现副作用时，用阿托品解之。

三、棘球蚴病

奶牛棘球蚴病又名奶牛包虫病，是由寄生于犬、狼、狐狸等肉食动物小肠的棘球蚴绦虫中绦期—棘球蚴感染中间宿主而引起的一种严重的人畜共患病。由于蚴体生长力强、体积大，不仅压迫周围组织使之萎缩和功能障碍，还易造成继发感染。如果蚴体包裹破裂，可引起过敏反应，往往造成严重的病症，甚至死亡。该病呈世界性分布，导致全球性的公共卫生和经济问题，受到人们的普遍关注。

1. 病原

棘球蚴为包囊状构造，内含液体，其大小从黄豆粒大小到20厘米以上，一般直径为5～10厘米。生发层上可生成许多生发囊或单个的原头蚴。原头蚴上有小钩和吸盘。生发囊为一小囊，内壁上有数量不等的原头蚴，由生发层上亦可长出子囊，子囊内也可生长出孙囊，子囊和孙囊内亦可生出许多生发囊和原头蚴，原头蚴形状相似于头节；子囊和孙囊与母囊的构造完全相似。这种类型多见于人体。有的棘球蚴还能向外衍生子囊。游离于囊液中的生发囊、原头蚴统称为棘球砂。含有原头蚴的囊称为育囊。有的不能长出原头蚴，称为不育囊。其出现概率与中间宿主种类有关，多见于牛体。绵羊、骆驼是该虫体的较适宜中间宿主。

2. 流行特点

我国有23个省（市、区）对棘球蚴有报道。西北地区、内蒙古自治区、西藏自治区和四川流行严重，其中，以新疆维吾尔自治区最为严重。羊、牛、马、猪、骆驼、野生反刍兽均可感染。犬、狼、狐狸是散布虫卵的主要来源，尤其是牧区的牧羊犬。

多房棘球蚴在新疆维吾尔自治区、青海、宁夏回族自治区、内蒙古自治区、四川和西藏自治区等地亦有发生，以宁夏回族自治区为多发区。国内已证实的终末宿主有沙狐、红狐、狼及犬等，中间宿主有布氏田鼠、长爪沙鼠、黄鼠和中华鼢鼠等啮齿类。在牛、绵羊和猪的肝脏亦可发现有多房棘球蚴寄生，但不能发育至感染阶段。

虫卵对外界环境的抵抗力较强，可以耐低温和高温，对化学物质有相当的抵抗力，但直射阳光易使之致死。

3. 临床表现与特征

奶牛严重感染时，常见消瘦、衰弱、呼吸困难或轻度咳嗽，剧烈运动时症状加重，产奶量下降。棘球蚴致病作用为机械性压迫、毒素作用及过敏反应等，症状的轻重取决于棘球蚴的大小、寄生的部位及数量。棘球蚴多寄生于动物的肝脏，其次为肺脏，其次为肺脏，机械性压迫可使寄生部位周围组织发生萎缩和功能严重障碍，代谢产物被吸收后，使周围组织发生炎症和全身过敏反应，严重者可致死。

病畜剖检可见，受感染的肝、肺等器官有粟大到足球大，甚至有更大的棘球蚴寄生。

4. 临床诊断

根据流行病学资料和临床症状，采用皮内变态反应、IHA 和 ELISA 等方法对棘球蚴病有较高的检出率。剖检动物尸体时，在肝、肺等处发现棘球蚴可以确诊。亦可用 X 射线和超声波诊断本病。

5. 防制

尽早用药，方可取得较好的效果。可用丙硫咪唑治疗，剂量为每千克体重 90 毫克，连服 2 次，对原头蚴的杀虫率为 82% ~ 100% 。吡喹酮也有较好的疗效，剂量为每千克体重 25 ~ 30 毫克（总剂量为每千克体重 125 ~ 150 毫克），每天服 1 次，连用 5 天。

预防的关键是禁止用感染棘球蚴的动物肝、肺等组织器官喂犬；消灭牧场上的野犬、狼、狐狸，对犬应定期驱虫，可用吡喹酮每千克 5 毫克、甲苯咪唑每千克体重 8 毫克或氢溴酸槟榔碱每千克体重 2 毫克，一次口服，以根除感染源。驱虫后的犬粪，要进行无害化处理，杀灭其中的虫卵。保持畜舍、饲草、饲料和饮水卫生，防止被犬粪污染。

四、绦虫病

奶牛绦虫病是由裸头科莫尼茨属、曲子宫属和无卵黄腺属等各种绦虫寄生在牛小肠内所引起的寄生虫疾病。各属绦虫仅在病原体的形态上有不同，其他方面具有高度相似性，他们多成混合感染，危害严重，可造成大批奶牛死亡。

1. 莫尼茨绦虫病

莫尼茨绦虫病是由莫尼茨属的扩展莫尼茨绦虫和贝氏莫尼茨绦虫寄生于奶牛的小肠内引起的。该病是奶牛最主要的寄生蠕虫病之一，分布非常广泛，多呈地方性流行。对犊牛的危害尤为严重。

（1）病原。莫尼茨绦虫头节小，近似球形。体节宽而短，成节内有两组生殖器官，对称地分布于节片内，生殖孔开口于节片的两侧缘，卵巢（扇形分叶）和卵黄腺（块状）在节片两侧构成花环，将卵膜围在中间。睾丸数百个，分布于节片两侧纵排泄管之间。子宫呈网状。节片后缘均有横列的节间腺。虫卵直径56~67微米，含有梨形器。

（2）流行特点。我国各地，尤其是广大牧区，每年都有大批奶牛发病。该病主要危害犊牛，随着年龄的增加，奶牛的感染率和强度逐渐下降。

本病目前已报道的中间宿主-地螨的种类多达30余种。大量的地螨分布在潮湿地域，雨后数量显著增加。地螨耐寒，对干燥或日光敏感。本病流行有明显的季节性，这与地螨的分布、习性有密切的关系。南方气温回温早，当年生的犊牛的感染高峰在4~6月份。北方气温回温晚，其感染高峰在5~8月份。

（3）临床表现与特征。莫尼茨绦虫生长速度很快，虫体大、寄生数量多时可造成牛肠堵塞，甚至破裂。虫体的毒素作用可以引起犊牛的神经症状，如回旋运动、痉挛、抽搐等。

莫尼茨绦虫主要危害犊牛。其主要临床症表现为食欲减退，饮欲增加，消瘦，贫血等，粪便中有时可见孕节片。症状逐渐加剧，后期有明显的神经症状，最后卧地不起，衰竭死亡。

死畜剖检可见尸体消瘦、肌肉色淡，胸腔渗出液增多。有时可见肠阻塞或扭转，肠黏膜受损出血，小肠内有绦虫。

（4）临床诊断。观察患病犊牛粪便中又无节片或链体排出；未发现节片时，应用饱和盐水漂浮法检查粪便中的虫卵；未发现节片或虫卵时，应考虑绦虫未发育成熟，多量寄生时，绦虫成熟前的生长发育过程中的危害也是很大的，因此，应考虑用药物诊断性驱虫；死后剖检，可在小肠内找到多量虫体和相应的病变。

（5）防治。对幼畜应在春季放牧后4～5周时进行驱虫，半个月后进行2次驱虫。成年奶牛是重要的感染源，因此，在流行区，也应有计划地驱虫。驱虫后的粪便要集中处理，杀死其中的虫卵，以免污染草场。此外，可以实行轮牧轮种，可减少地螨数量，防止奶牛的严重感染。

2. 曲子宫绦虫病和无卵黄腺绦虫病

曲子宫绦虫病是由裸头科曲子宫属的绦虫寄生于奶牛的小肠引起的。其致病作用较莫尼茨绦虫轻，但严重感染时，亦可引起犊牛的死亡。

（1）病原。曲子宫绦虫为大型绦虫，头节小，圆球形。成节内有一组生殖器官，生殖孔在节片侧缘上左右不规则地交替排列，雄茎囊发达，向外突出。睾丸位于节片两侧纵排泄管的外侧。卵黄腺、卵巢、卵模的形态与莫尼茨绦虫的相似。子宫呈波浪状弯曲。虫卵近似圆形，无梨形器，直径为18～27微米，每5～15个虫卵被包在一个副子宫器内。

无卵黄腺绦虫病是由裸头科的无卵黄腺属的绦虫寄生于奶牛的小肠引起的。常见的无卵黄腺绦虫为中点无卵黄腺绦虫。虫体狭窄，可达2～3米或更长，节片宽度只有2～3毫米。成节内有一组生殖器官，生殖孔不规则地交替开口于节片的两侧缘。睾丸位于两侧纵排泄管的内外侧。子宫呈囊状，位于节片中央，肉眼观察时，各节子宫构成一条纵向白线。无卵黄腺或梅氏腺，卵巢呈圆球形，位于生殖孔与子宫之间。虫卵亦梨形器，也被包在副子宫器内。虫卵直径 21～38 微米。

曲子宫绦虫的生活史与莫尼茨绦虫的相似，无卵黄腺绦虫。

（2）流行特点。生活史尚不完全清楚。

（3）临床表现与特征。参照莫尼茨绦虫。

（4）临床诊断。参照莫尼茨绦虫。

（5）防治。莫尼茨绦虫病可采用药物进行治疗。硫双二氯酚每千克体重 50 毫克，一次口服。氯硝柳胺每千克体重 50 毫克，一次口服。甲苯咪唑每千克体重 10 毫克，一次口服。丙硫咪唑每千克体重 5 毫克，一次口服。吡喹酮每千克体重 5～10 毫克，一次口服。

五、线虫病

寄生于牛胃和小肠的毛圆科线虫引起的牛胃肠道寄生虫病称为牛消化道线虫病。

1. 病原

毛圆科线虫种类很多，其中，血矛属的捻转血矛线虫致病力最强。牛消化道线虫的发育，从虫卵发育到第三期幼虫的过程基本上相类似，即虫卵从宿主体内随同粪便一起被排到体外，在适宜的条件下，经过一阶段的发育，孵化第一期幼虫，然后经过两次蜕化变为第三次幼虫。第三期幼虫的特点是虫体很活泼，虽不进食，但在外界可以长时间的保持活力。

2. 流行特点

虫卵排出量或成虫寄生量 1 年内出现两次高峰，春季高峰在 4～6 月份，秋季高峰在 8～9 月份。犊牛粪便中最早排出虫卵的时间为 7 月上旬，全年也只形成 1 次高峰，高峰期在 8～10 月份。

3. 临床表现与特征

各类线虫的共同症状，主要表现为明显的持续性腹泻，排出带黏液和血的粪便；幼畜发育受阻，进行性贫血，严重消瘦，下颌水肿，还有神经症状，最后虚脱而死亡。

4. 防制

（1）预防。首先加强饲料管理，提高营养水平，以提高畜体的抵抗力。放牧时避开潮湿地带，尽量避开幼虫活跃的时间，减少感染机会。其次，应计划性驱虫，春秋两季各进行一次，第三，在流行区的流行季节，通过粪便检查进行治疗性驱虫，粪便集中管理，采用生物热发酵的方法杀死其中的病原，以避免污染环境。第四，可进行免疫预防，利用 X 射线或紫外线等，将幼虫致弱后接种，在国外已获得成功。

（2）治疗。左旋咪唑，按每千克体重 6 ~ 10 毫克一次口服，奶牛休药期不得少于 3 天；丙硫咪唑，每千克体重 10 ~ 15 毫克一次口服，甲苯咪唑，每千克 10 ~ 15 毫克一次口服；伊维菌素，每千克体重 0.2 毫克，一次口服或皮下注射。

第三节　体外寄生虫病

一、奶牛疥螨、痒螨病

螨病又叫疥癣，俗称癣病，是由疥螨和痒螨寄生于动物表皮内或体表所引起的慢性皮肤病，以接触感染、能引起患畜发生剧烈的痒觉以及各类皮肤炎症为特征。奶牛的螨病由疥螨科的疥螨属、痒螨科的痒螨属和足螨属的螨引起，其中，以疥螨属和痒螨属的螨危害大，牛一般多见痒螨病。常引起大面积发病，严重时可引起死亡，给畜牧业带来巨大损失。

1. 病原

螨的全部发育过程都在寄主体上完成，包括卵、幼虫、若虫、成虫4个阶段，以皮肤组织和渗出液为食。牛疥螨主要寄生于宿主皮肤的表皮层，虫体呈圆形，浅黄色，体长小于0.51毫米；牛痒螨主要寄生于宿主皮肤表面，呈长圆形，比疥螨大，肉眼可见，发育过程快于疥螨。

螨对外界环境有一定的抵抗力。疥螨在18～20℃和空气湿度为65%时，经2～3天死亡；而在7～8℃时，经过15～18天才死亡；卵离开宿主10～30天仍可保持发育能力。痒螨对外界不利因素的抵抗力超过疥螨，如在6～8℃和85%～100%空气湿度条件下，在畜舍内能存活2个月；在牧场上能活25天；在－12～－2℃经4天死亡；在－25℃经6天死亡。

2. 流行特点

螨病主要发生于冬季、秋末和初春。因在这些季节，阳光照射不足，家畜毛长而密。特别是在厩舍潮湿，畜体卫生状况不良，皮肤表面湿度较高的条件下，最适合螨的发育繁殖。夏季家畜被毛大量脱落、皮肤表面常受阳光照射、温度较高、皮肤经常保持干燥状态，这些条件均不利于螨的生存和繁殖，此时大部分虫体死亡，仅有少数潜伏在耳壳、系凹、蹄踵、腹股沟部及被毛深处，到了秋冬季节条件适宜时，螨又重新活跃起来，不但引起疾病的复发，而且成为最危险的感染来源。

3. 临床表现与特征

由于虫体活动时的机械性刺激及分泌的毒素引起痒觉，当进入温暖场所或运动后，痒觉增剧。由于皮肤的损伤，炎性渗出液加上脱落的被毛、皮屑和污垢混杂在一起，干燥后就形成了石灰色痂皮。毛囊和汗腺受到破坏，引起被毛脱落，皮肤角质层增生，皮肤变厚，失去弹性而成皱褶或龟裂。痒觉造成牛烦躁不安，严重影响采食和休息；加之寒冷季节皮肤裸露，体温大量散失，体内蓄积的脂肪被大量消耗。所以病畜日渐消瘦衰竭，严重时则发生死亡。

发生螨病时，病灶首先从局部开始．再向其他部位扩散。其中牛疥螨病先开始于牛的面部、颈部、背部、尾根等皮肤薄、被毛短而稀的部位，以后病灶逐渐扩大，严重时向全身扩散，但虫体总是在病灶边缘活动；患部皮肤皱褶形成不明显、渗出物少。牛痒螨病通常始发于颈、肩和垂肉等被毛长而稠密之处，继而蔓延到全身；患部由于皮肤增厚严重，皱褶形成明显，甚至有时形成龟裂，并伴有大量渗出物。

4. 临床诊断

对有症状明显的螨病，根据发病季节性（秋末、冬初和初春多发）、主要临床表现（剧痒、结痂、脱毛、皮肤增厚及消瘦衰竭）以及接触感染、大面积发生等特点可做出初步诊断。确诊需从健康与病患交界的皮肤处用凸刃刀片刮取皮屑至微出血采集病料，将病料带回实验室进行检查：将刮取的皮屑放入10%氢氧化钾或氢氧化钠溶液中煮沸，待大部分皮屑溶解后，经沉淀取其沉渣镜检虫体；亦可直接在待检皮屑内滴少量10%氢氧化钾或氢氧化钠制片镜检，但病原的检出率较低。（无镜检条件时，将病料放在黑纸上，置30～40℃温箱或用白炽灯照射一段时间；或置于平皿内，在热水上或在日光照晒下加热平皿后，将平皿放在黑色背景上，用放大镜仔细观察有无黄白色针尖大小螨虫在皮屑间爬动）。在诊断的同时，应避免人为地扩散病原。

5. 防治

治疗螨病的药物较多，方法有皮下注射、局部涂擦、喷淋及药浴等，以患病奶牛的数量、药源及当地的具体情况而定。

（1）预防。螨病重在预防，发病后再治疗，常常十分被动，造成很大损失。预防应作好以下工作：首先要加强饲养管理，保持圈舍干燥清洁，勤换垫草和“清理粪便”。用10%～20%石灰乳对圈舍定期消毒。流行季节，经常注意牛群中有无发痒、脱毛现象，发现病牛立即隔离并进行治疗；新引进牛要隔离观察一段时间后，方可合群。对流行地区的牛群，可有计划地定期进行药物预防。方法包括口服、注射、浇泼阿维菌素或伊维菌素药物，或用其他一些杀螨药进行药浴，可根据情况及条件进行选择。

（2）治疗。

①注射和口服治疗：伊维菌素（害获灭）或阿维菌素按剂量0.2毫克/千克体重使用，严重时，间隔7～10天重复用药一次（国内生产的伊维菌素或阿维菌素类药物很多，其中粉剂和片剂口服，针剂皮下注射）。

②涂药、喷洒治疗：

a. 溴氰菊酯（倍特）按剂量50毫克/千克体重喷洒2次，中间间隔10天；b. 螨净（二嗪农）按剂量750毫克/千克体重水乳液喷淋2次，中间间隔7～10天；c. 双甲脒（特敌克）按剂量500毫克/千克体重水乳液喷淋或涂擦2次，中间间隔10天；d. 巴胺磷按剂量200毫克/千克体重喷淋或药浴；辛硫磷喷按剂量500毫克/千克体重淋或药浴；e. 5%敌百虫水溶液涂擦或喷淋（现用现配）2次，中间间隔7天，但孕牛禁用，以防流产；f. 0.025%～0.05%蝇毒磷药液喷淋或涂擦；g. 1%～2%碳酸或克辽林溶液涂擦或喷淋；h. 2%～4%的烟叶浸汁、废机油或废柴油涂擦患部等。

（3）用药注意事项。为了使药物能充分接触虫体，治疗前最好用肥皂水或煤酚皂液彻底洗刷患部，清除硬痂和污物后再用药；要在专设场地隔离治疗；从患畜身上清除下来的污物，包括毛、痂皮等要集中销毁；饲养管理人员应注意消毒，避免通过手、衣服和用具散布病原；患畜较多时，应先对少数患畜试验，以鉴定药物的安全性，然后再大面积使用，防止意外发生；如果用涂擦的方法治疗，通常一次涂药面积不应超过体表面积的1/3，以免发生中毒；在治疗病畜的同时，可应用杀螨药物彻底消毒畜舍和用具；治疗后的病畜应置于消毒过的畜舍内饲养，并注意护理；由于大多数杀螨药物对螨卵的作用差，因此，需间隔一定时间后重复用药，以杀死新孵出的幼虫。

药浴要在夏季晴朗无风的天气进行，最好是在中午时段；阴雨、大风、气温低时，不能药浴；药浴液温度不得低于 30℃，最好保持在 36～37℃（过高会造成动物中毒，过低会影响药效）；药浴前 3～4 小时停止放牧，让动物充分休息和饮水，以保持体力和避免药浴时误饮药液；药浴液浓度计算要准确，用倍比稀释法（按一定的比例对一定浓度的溶液进行稀释以得到浓度较低的溶液。例如，用 10 毫升 1 摩尔/升的 HCL 稀释到 0.5 摩尔/升，那就直接加水 10 毫升即可）重复多次，并混匀药液；在药浴过程中，注意适时补加药物，以维持药液浓度，避免影响药效；药浴时间约为 1～2 分钟。注意浸泡头部，以保证效果；动物出药浴池后，让其在斜坡处站一会儿，让身上的药液流入池内；药浴后不得马上涉水，待动物体上的药液自然晾干；动物药浴后要注意保暖，防止感冒，药浴后要仔细观察，加强护理，一旦发生中毒，及时处理，工作人员也要注意自身的药物安全防护；对同一区域内的家畜最好集中时间进行药浴，不宜漏浴，对与家畜密切接触的相关动物也应同时给予药浴。

二、奶牛虱病

虱属于昆虫纲的虱目（吸血虱）和食毛目（食毛虱），系哺乳动物和禽鸟体表的永久性寄生虫，具有严格的宿主特异性。牛虱包括血虱和食毛虱两大类，寄生于奶牛的吸血虱主要有牛血虱、牛鄂虱和牛毛虱等。虱的危害除吸血外，还可传播其他一些病原体。

1. 病原

虱子寄生在动物体表。体扁平，表皮呈革状，灰白色或灰黑色；复眼退化或无，触角 3～5 节。无翅；足粗短；为不完全变态，其发育过程包括卵、若虫和成虫。雌虱腹部末端分叉，雄虱末端钝圆。虱卵呈黄白色，长椭圆形，大小为（0.8～1.0）毫米×0.3 毫米，有卵盖，上有颗粒状的小突起。

血虱和鄂虱都属于吸血虱，以血液为食；体背腹扁平，分头、胸、腹 3 部分，头部较胸部窄，呈圆锥形，黄褐色或蓝黑色，足 3 对，腹部由 9 节组成；吸式口器刺。毛虱以皮屑和碎毛为食；体型较小，头部钝圆，其宽度大于胸部，体部大部分黄白色，卵黄白色，长椭圆形；咀嚼式口器。

2. 流行特点

虱子在畜体上的分布，不同种有不同的寄生部位，并终生不离开宿主；对低温的抵抗力强，对高温与湿热的抵抗力弱（离开宿主体后，在 35～38℃条件下，经一昼夜死亡；在 0～6℃时可存活 10 天）。虱子的若虫、成虫都以吸食宿主血液或吸食碎毛、皮屑为生。虱的传播方式主要是直接接触感染，有时亦可通过混用的管理用具和褥草等间接感染。秋冬季节，家畜被毛增长，绒毛增多增厚，体表温度增加，造成有利于虱生存的条件，因而数量增多；而夏季家畜体表虱子数量显著减少。饲养管理与卫生条件不良的畜群，虱病往往比较严重。

3. 临床表现与特征

血虱和鄂虱以吸食血液为生，吸血时分泌含有毒素的唾液，引起牛体刺痒不安，影响采食和休息。有时还可传播其他疾病。毛虱以啮食毛及皮屑为生，危害类似于血虱。

患牛因啃咬患部和蹭痒，造成皮肤损伤、脱毛，可继发细菌感染或伤口蛆病；感染后由于经常舐吮患部，可造成食毛癖，在胃内形成毛球，导致严重疾病。常引起患牛消瘦，发育不良，毛、乳、肉等生产性能降低。

4. 临床诊断

在牛体表皮肤上和毛发里，发现虱或虱卵，即可确诊。

5. 防治

（1）预防。重点在于长期保持畜舍清洁卫生，经常打扫，定期消毒；保持通风干燥，勤换常晒垫草；畜体要经常刷拭。畜群中发现有虱病者，及时隔离治疗。对新引入的家畜要进行隔离检疫，确认无虱病后，方可混群。

（2）药物治疗。

①伊维菌素或阿维菌素按剂量0.3毫克/千克体重口服（片剂或粉剂）或皮下注射（针剂）。

②0.5%～2%敌百虫水溶液、溴氰菊酯或敌虫菊酯乳剂喷洒。

③0.01%～0.05%双甲脒溶液涂擦或喷洒两次，中间间隔7～10天。

④2%倍硫磷溶液，按剂量0.5～1.0毫升/千克体重喷洒畜体。

⑤0.5%～0.7%蝇毒磷水溶液，喷洒畜体。

⑥中药百部加白酒（或50%酒精）1 000毫升浸泡1～2天，涂擦患部；或用10%的百部煎剂也可。

⑦食盐50克溶于100毫升水中，再加适量煤油，混合后涂擦，可灭虱和虱卵。

三、牛蜱病

蜱又名壁虱、扁虱、草爬子、狗豆子，是一种体形极小的蛛形纲蜱螨亚纲蜱总科的节肢动物寄生物，包括硬蜱科、软蜱科和纳蜱科，世界已知约850余种。我国已记录硬蜱科102种（亚种）、软蜱科10种（尚未发现纳蜱科）。大多以吸食血液为生，叮咬的同时会造成刺伤处的发炎，还会带来传染病，如莱姆病、新疆出血热、森林脑炎等。寄生在牛身上的多为硬蜱，其中，牛蜱属、硬蜱属、扇头蜱属、血蜱属、璃眼蜱属、革蜱属与牛关系比较密切。

1. 病原

蜱虫体椭圆形，未吸血时腹背扁平，背面稍隆起，成虫体长2～10毫米；饱血后胀大如赤豆或蓖麻子状，大者可长达30毫米。表皮革质，背面或具壳质化盾板。虫体分颚体和躯体两部分。蜱有多种分类方法：根据成虫躯体背面有无壳质化盾板，可分为硬蜱和软蜱；根据蜱在生活史中更换宿主的次数，又分为单宿主蜱、二宿主蜱、三宿主蜱和多宿主蜱（90%以上的硬蜱为三宿主蜱，软蜱则基本上都是多宿主蜱）。

硬蜱呈红褐色或灰褐色，长椭圆形，从米粒大到大豆大（雌蜱吸血后）；颚体在躯体前端，从背面能见；颚基背面有1对孔区；躯体背面有盾板，雄者大，雌者小无盾板；基节腺退化或不发达发达；雌雄蜱区别雄蜱体小盾板大，遮盖整个虫体背面。软蜱色浅，颚体在躯体前部腹面，从背面不能见；颚基背面无孔区；体表有许多小疣，或具皱纹、盘状凹陷；雌蜱体大盾板小，仅遮盖背部前面区别不明显。

2. 流行特点

（1）活动场所与季节性。硬蜱多生活在森林、灌木丛、开阔的牧场、草原、山地的泥土中等。软蜱多栖息于家畜的圈舍、野生动物的洞穴、鸟巢及人房的缝隙中。雌蜱受精吸血后产卵，硬蜱一生产卵一次，软蜱则一生可产卵多次。

蜱类的活动受气温、湿度、土壤、光周期、植被、宿主等因素影响，一般对弱光为正反应，对强光为负反应，活动有明显的季节性。多数在栖息场所越冬。在温暖地区多数种类的蜱在春、夏、秋季活动，如全沟硬蜱成虫活动期在4～8月，高峰在5～6

月初，幼虫和若虫的活动季节较长，从早春4月持续至9~10月间，一般有两个高峰，主峰常在6~7月，次峰约在8~9月间。在炎热地区有些种类在秋、冬、春季活动，如残缘璃眼蜱。软蜱因多在宿主洞巢内，故终年都可活动。蜱的活动范围不大，一般为数十米。

（2）吸血习性。蜱的幼虫、若虫、雌雄成虫都吸血，并可侵袭人体。硬蜱多在白天侵袭宿主，吸血时间较长；软蜱多在夜间侵袭宿主，吸血时间较短。蜱的吸血量很大，饱血后可胀大几倍至几十倍，雌硬蜱甚至可达100多倍。

（3）寄生部位。蜱在宿主的寄生部位常有一定的选择性，一般在皮肤较薄，不易被搔动的部位。例如，全沟硬蜱寄生在动物或人的颈部、耳后、腋窝、大腿内侧、阴部和腹股沟等处。微小牛蜱多寄生于牛的颈部肉垂和乳房，次为肩胛部。波斯锐缘蜱多寄生在家禽翅下和腿腋部。

3. 临床表现与特征

蜱的嗅觉敏锐，对动物的汗臭和CO_2很敏感，当与宿主相距15米时，即可感知，由被动等待到活动等待，一旦接触宿主即攀登而上，借助于哈氏器（即用游离的前足）抓住动物，附着后开始吸血。如栖息在森林地带的全沟硬蜱，成虫寻觅宿主时，多聚集在小路两旁的草尖及灌木枝叶的顶端等候，当宿主经过并与之接触时即爬附宿主；栖息在荒漠地带的亚东璃眼蜱，多在地面活动，主动寻觅宿主；栖息在牲畜圈舍的蜱种，多在地面或爬上墙壁、木柱寻觅宿主。

当蜱数量增多时，因蜱大量吸血，引起病畜痛痒增强，烦躁不安，经常以摩擦、抓和舐咬患部，导致局部出血、水肿、发炎和角质增生。蜱的唾液腺能分泌毒素，使家畜产生厌食、体重减轻和代谢障碍；某些种的雄蜱唾液中含有一种神经毒素，能引起急性上行性的肌萎缩性麻痹，称为“蜱瘫痪”。一只雌蜱每次平均吸血 0.4 毫升，因此当大量寄生时，可引起贫血、消瘦和发育不良。如寄生于后肢，可引起后肢麻痹（神经毒素的作用）；如寄生于趾间，可引起跛行。即使把蜱捕捉后，跛行也会持续 1～3 天。

此外，蜱是许多种病毒、细菌、螺旋体、立克次氏体、支原体、衣原体、原虫和线虫的传播媒介或贮存宿主，可引起某些自然疫源性疾病和人畜共患病，如森林脑炎、莱姆病、出血热、Q 热、蜱传斑疹伤寒、鼠疫、野兔热、布鲁氏杆菌病等。蜱又是家畜各种血孢子虫病的终末宿主和必需的传播媒介。因此，硬蜱在兽医学上更具有特殊重要的地位。

4. 诊断

少量蜱的寄生并不呈现临床症状。当发生急性暴发病时，应根据疾病的特点和种类（如病畜烦躁不安，挠痒或舔舐皮肤，局部出血、水肿、发炎和角质增生等），怀疑蜱作为虫媒的可能。同时，在患畜体表特别是皮肤较薄部位（颈部、耳后、大腿内侧、腿液部等）查找，发现数量较多的虫体即可确诊。

5. 防治

（1）拟除虫菊酯类杀虫剂如溴氰菊酯（商品名倍特），剂量为 25～50 毫克/千克体重。

（2）有机磷类杀虫剂如二嗪农（商品名螨净），剂量为 250 毫克/千克体重；巴胺磷（商品名赛福丁），剂量为 50～250 毫克/千克体重。

（3）脒基类杀虫剂如双甲脒（商品名特敌克或阿米曲拉），剂量为 250～500 毫克/千克体重。

四、牛皮蝇蛆病

牛皮蝇蛆病是由皮蝇科皮蝇属的纹皮蝇、牛皮蝇或中华皮蝇的幼虫寄生于牛的背部皮下组织所引起的寄生虫病。这些牛的皮蝇蛆种类偶尔也能寄生于马、驴和其他野生动物及人。本病在我国西北、西南、东北和内蒙古牧区流行甚为严重，由于皮蝇幼虫的寄生，可使患牛消瘦，幼畜发育受阻，产乳量下降，皮革的质量降低，造成畜牧业经济的巨大损失。

1. 病原

我国皮蝇的种类在绝大多数地区为牛皮蝇和纹皮蝇，且以纹皮蝇为主要虫种（占70% ~85%）。皮蝇成蝇一般比较大，体表被有长绒毛，有足3对及翅1对，外形似蜂；复眼不大，有3个单眼；触角芒简单无分支；口器退化，不能采食，也不叮咬牛只。

（1）纹皮蝇成蝇体长13毫米，胸部毛呈灰白色或淡黄色，并且有4条黑色纵纹；腹部绒毛前端灰白色，中间黑色，末端橙黄色。雌蝇的产卵管常缩入腹内。卵长圆形，一端有柄，以柄附着在牛毛上，大小为（0.76 ~0.80）毫米×（0.22 ~0.29）毫米，一根牛毛上可黏附一列虫卵，卵一般产于牛的颈与肛门连线以下部分。寄生部位：一期幼虫寄生在咽、食道、瘤胃周围结缔组织和脊椎管中；2期、3期幼虫寄生在背部皮下。

（2）牛皮蝇成蝇体长15毫米，体表被毛比纹皮蝇稍长，胸部的前部和后部绒毛淡黄色，中间部分为黑色；腹部绒毛前端为白色，中间为黑色，末端为橙黄色。卵与纹皮蝇相似，但一根牛毛上只黏附一枚虫卵。寄生部位：1期幼虫寄生在腰底部脊椎管硬膜外的脂肪组织中；2期、3期幼虫寄生在腰背部（个别可在臀部、肩部）皮下。

2. 流行特点

皮蝇属于完全变态，发育过程需经卵、幼虫、蛹和成虫四个阶段，幼虫在牛体内寄生10 ~11个月，整个发育期约为一年。成蝇系野居，营自由生活，不采食，也不叮咬动物，只是飞翔、交配、产卵：一般多在夏季晴朗无风的白天侵袭牛只，在阴雨天和有风天气隐蔽。成蝇在外界只能生活5~6天，雄蝇交配后死亡，雌蝇产完卵后死亡。

成蝇出现的季节，随种类和各地气候条件不同而有差异。在同一地区，纹皮蝇出现的季节比牛皮蝇为早，纹皮蝇出现的季节一般在每年4~6月，牛皮蝇在6~8月。牛只的感染多发生在夏季炎热、成蝇飞翔的季节里。一天之内，9~17时均有活动，活动高峰期为13~16时。

3. 临床表现与特征

幼虫初钻入皮肤，引起皮肤痛痒，精神不安。在体内移行时造成移行部位组织损伤。特别是第3期幼虫在背部皮下时，引起局部结缔组织增生和皮下蜂窝组织炎，有时细菌继发感染可化脓形成瘘管。牛背部皮肤幼虫寄生以后，留有瘢痕，影响皮革价值。幼虫生活过程中分泌毒素，对血液和血管壁有损害作用，可引起贫血。严重感染时，患畜表现消瘦，生长缓慢，肉质降低，泌乳量下降。个别患畜，幼虫误入延脑或大脑寄生，可引起神经症状，甚至造成死亡。此外，皮蝇幼虫偶尔可引起变态反应，原因系自然死亡或机械除虫挤碎的幼虫体液被患畜吸收而致敏，当再次接触该抗原时，即发生过敏反应。表现为荨麻疹，间或有眼睑、结膜、阴唇、乳房的肿胀、流泪、流涎、呼吸加快等。

成蝇虽不叮咬牛，但雌蝇产卵时可引起牛只强烈不安，表现踢蹴、狂跑（跑蜂）等，不但严重地影响牛采食、休息、抓膘等，甚至可引起摔伤、流产等。

4. 临床诊断

幼虫出现于背部皮下时易于诊断。在牛背部皮肤下可触诊到隆起，上有小孔，内含幼虫，用力挤压，可挤出虫体，即可确诊。此外，病畜死后剖解，可在寄生部位寻找各期幼虫。另外，流行病学资料，如当地流行情况和病畜来源等，对本病诊断有重要参考价值。

5. 防治

要控制或消灭本病，要根据流行病学资料，因地制宜地制定出行之有效的防治措施。另外，我国牛的皮蝇蛆病分布广、寄生率高、寄生强度大，成蝇飞翔能力强（一次飞翔 2 ~ 3 千米），多呈区域性危害。

（1）消灭成蝇。在皮蝇蛆病流行的地区每逢皮蝇活动季节，可用1% ~2%敌百虫对牛体进行喷洒，每隔 10 天喷洒 1 次；或用 1 000 ~ 1 500毫克/千克体重拟除虫菊酯类药物喷洒，每 30 天喷洒 1 次，可杀死产卵的雌蝇或由卵孵出的幼虫。

（2）消灭寄生于牛体内的幼虫

①机械法：适用于在牛数不多和虫体寄生量少的情况。用手指压迫皮孔周围，将幼虫挤出，并将其杀死。由于幼虫的成熟时间不同，故每隔 10 天需重复操作。但需注意勿将虫体挤破，以免引起过敏反应。

②化学治疗：患牛数量较大和虫体寄生量大时应采用化学治疗。多用有机磷杀虫药和伊维菌素或阿维菌素类药物，但 12 月至翌年 3 月因幼虫在食道或脊椎寄生，虫体在该处死亡后可引起相应的局部严重反应，故此期间不宜用药。一般防治皮蝇蛆病多在 11 月份进行，各地要根据当地具体的流行病学资料确定，常用的药物种类、浓度和剂量如下。

a. 倍硫磷针剂剂量为成年牛 1.5 毫升、青年牛 1 ~ 1.5 毫升、犊牛 0.5 ~ 1 毫升，臀部肌肉注射。对皮蝇第 1 ~ 2 期幼虫的杀虫率可达到95%以上。本药效果好，使用方便。

b. 倍硫磷浇泼剂剂量为 10 毫升/100 千克体重，沿牛背中线由前向后浇泼。

c. 1%伊维菌素或阿维菌素剂量为 1 毫升/50 千克体重，一次注射；或剂量为 10 毫克/50 千克体重，一次口服。

d. 蝇毒磷剂量为10毫克/千克体重，臀部肌肉注射，对纹皮蝇的移行期幼虫有一定杀灭作用。

e. 2%敌百虫水溶液取300毫升，在牛背部或仅在牛皮肤上的小孔处涂擦，涂擦2~3分钟，经24小时后，大部分幼虫即软化死亡，其杀虫率可达90%~96%。本药对牛十分安全。涂擦时间可按各地皮蝇发育情况而定，一般从3月中旬开始至5月底，每隔30天处理1次，共处理2次或3次。

第三章　奶牛内科病

第一节　消化系统疾病

一、瘤胃积食

瘤胃积食又称瘤胃食滞、瘤胃阻塞，以食欲废绝，反刍停止，瘤胃涨满，正常运动机能紊乱，以及脱水和酸中毒，触诊硬实和胃蠕动音消失为特征。主要引起瘤胃壁扩张、瘤胃体积增大、内容物停滞和阻塞、瘤胃正常运动和消化机能紊乱，严重者可引起脱水和毒血症。反刍兽均可发生，发病率约占前胃疾病的2%～8%，多发生于早春至晚秋季节，病情严重时可致死亡。

1. 病因

瘤胃积食主要由于饲养管理失宜造成。本病的发生主要见于以下几种情况：①动物贪食过量的适口性好的青草、苜蓿、红花草、胡萝卜等饲料或因过度饥饿采食大量的谷草、稻草、豆秸、花生秧、甘薯蔓等，饮水不足，引起消化不良；②过食大麦、玉米等谷物后大量饮水造成饲料膨胀；③采食了大量未铡碎的地瓜蔓、花生秧，在瘤胃内缠绕成团而引起发病；④饲料缺钙或钙磷比例不平衡以及奶牛的运动不足；⑤奶牛异食，如吞食了产后母牛胎衣，垫草及塑料薄膜和牛毛。⑥舍饲的牛羊突然变换饲料，或放牧转为舍饲，采食干枯饲料而不适应；⑦耕牛采食后即使役，或使役后立即喂草加料，影响消化功能。

奶牛受到各种不利因素的刺激和影响，发生应激现象，也能引起瘤胃积食。另外，瘤胃积食也可由其他疾病所致，常继发于前胃弛缓、瓣胃阻塞、创伤性网胃炎、皱胃阻塞、变位、扭转等疾病过程。

2. 发病机制

由于消化异常，内容物消化程序严重破坏，菌群失调、腐败分解旺盛，机体内产生大量有毒物质和多量乳酸，引起 pH 值下降；瘤胃内环境的变化引起瘤胃内纤维分解菌和纤毛虫活性降低或死亡，菌群共生关系失调；腐解产物增多引起瘤胃炎、渗透性增强，导致机体脱水。酸碱平衡失调，腐解产物被吸收，引起自体中毒，发生兴奋、痉挛、血管扩张，血压下降以及循环虚脱的严重现象使病情恶化。

3. 临床症状

瘤胃积食病情发展迅速，通常在采食后数小时内发病，临床症状明显。

初期：病畜精神不安，目光凝视，回顾腹部，间或后肢踢腹，有腹痛表现。食欲废绝、反刍消失，拱背，鼻镜干燥，口腔酸臭，常空口虚嚼，起卧不安，有时出现磨牙、呻吟。听诊瘤胃蠕动音减弱或消失，肠音微弱或消失，粪便干硬呈饼状，间或发生下痢。触诊左肷部瘤胃，病畜不安，内容物黏硬，用拳按压，遗留压痕。有的病畜瘤胃内容物坚硬如石，左肷部叩诊呈明显浊音。直肠检查可见瘤胃扩张，体积增大，充满硬实内容物，有时内容物呈粥状，但是瘤胃显著扩张。

晚期：病情急剧恶化，奶牛泌乳量减少或停止。腹围显著增大，瘤胃积液，触诊有时出现振水音，呼吸急促且困难。心悸，脉搏极快，皮温不整，四肢、角根和耳冰凉，全身战栗，眼球下陷，黏膜发绀，体表静脉淤血，发生脱水与自体中毒，呈现循环虚脱，身体极度衰弱，常常卧地不起或陷于昏迷状态。

本病的病程经过与瘤胃内容物有直接关系。轻度的、由应激反应引起的，1～2 天即可康复。中等程度的瘤胃积食，经及时正确的治疗，3～5 天即可痊愈。但重症病例药物治疗往往无效，如不采用手术疗法，有些病程达一周以上的，因瘤胃陷于高度迟缓，内容物膨胀，呼吸困难，血液循环障碍，多预后不良。由于采食过多的精料而引起的，病情发展急剧，特别是采食过量淀粉类谷物，容易膨胀和酵解，出现代谢性酸中毒，2～3 天内死亡。一般中等程度病例，常伴发胃肠炎，拉稀。经治疗后，如果瘤胃开始蠕动，食欲与反刍有所恢复，病情逐渐好转，预后良好。

4. 诊断

瘤胃积食多于过食后发病，内容物充满而硬实，食欲、反刍停止，通过直肠检查可以确诊。要注意与下列疾病鉴别诊断。

（1）前胃迟缓。食欲和反刍减退，瘤胃内容物粥状，不断嗳气，主要是间歇性瘤胃鼓胀。

（2）急性瘤胃鼓气。病情急剧，后腹肷部明显隆起，紧张有弹性，叩诊为鼓音，呼吸困难。

（3）创伤性网胃炎。网胃区疼痛明显，肢式异常，运动小心，可通过上下坡运动区别。

（4）真胃阻塞。瘤胃积液，左下腹显著膨隆，真胃冲击触诊疼痛明显。

（5）牛黑斑病甘薯中毒。临床外部表现相似，但是呼吸困难，皮下气肿明显。

5. 防治措施

（1）预防。要建立良好的奶牛饲养制度，防止突然变换饲料或过食，按饲料日粮标准饲养；饲料须适应其消化机能。不能单纯饲喂如病因中所列的那些饲草，这些应与其他饲料混合，或事先予以加工。避免外界各种不良因素的刺激和影响，充分饮水，适当运动。

（2）治疗。本病治疗重点在于恢复前胃运动机能，增加瘤胃神经的兴奋性，促进瘤胃内容物运转，消食化积，防止脱水与自体中毒。

①瘤胃按摩法：适用于病情较轻病畜，首先禁食，然后进行瘤胃按摩，每次 5～10 分钟，每隔 30 分钟 1 次。也可在牛的口腔横衔木棒，反射的引起瘤胃蠕动促进反刍和嗳气，或先灌服适量温水，再按摩，效果更好。也可用酵母粉 500～1 000克，一天分两次内服，具有良好的化食消积作用。

②清肠消导法：首先缓泻：可用硫酸镁或硫酸钠 300～500克、液体石蜡油或植物油 500～1 000毫升，鱼石脂 15～20 克、75%酒精 50～100 毫升、常水 6 000～10 000毫升，一次内服。然后兴奋前胃神经，促进瘤胃内容物运转与排除：可用毛果芸香碱 0.05～0.20 克或新斯的明 0.01～0.02 克，皮下注射，但是心脏功能不全或妊娠期者忌用。

③促进反刍：在瘤胃内容物泻下后，应兴奋瘤胃蠕动，可用 10%氯化钠溶液 300～500 毫升，静脉注射；或先用 1%温食盐水洗涤瘤胃，再用 10%氯化钠溶液 100 毫升、10%氯化钙溶液 100 毫升、20%安钠咖注射液 10～20 毫升，静脉注射。或者病畜内服健胃剂：马钱子酊 15～20 毫升，龙胆酊 50～80 毫升，配合适量水内服。改善中枢神经系统调节机能，增强心脏活动，促进血液循环和胃肠蠕动，解除自体中毒现象。

④强心补液：5%葡萄糖生理盐水 2 000～3 000毫升，20%安钠咖注射液 10 毫升，维生素 C 0.5～1.0 克，静脉注射，每天 2 次，促进新陈代谢，防止脱水。

⑤调节体液平衡，纠正酸中毒：血液碱贮下降，酸碱平衡失调时，静脉注射 5%碳酸氢钠溶液 300～500 毫升，或 11.2%乳酸钠溶液 200～400 毫升。

⑥病畜继发瘤胃鼓气时，应及时穿刺放气，以缓和病情。严

重的瘤胃积食保守治疗无效，应果断地决定进行瘤胃切开术，取出内容物，并用1%温食盐水洗涤。必要时接种健康牛瘤胃液。加强饲养和护理，促进康复过程。

二、前胃弛缓

牛的前胃包括瘤胃、网胃和瓣胃，前胃弛缓又称脾胃虚弱，是由各种原因引起前胃兴奋性降低、收缩力减弱，瘤胃内容物运转缓慢，菌群失调，产生大量腐败分解有毒物质，从而引起消化障碍和全身机能紊乱的一种疾病。本病的特征是病畜食欲减退，前胃蠕动减弱，反刍、嗳气减少或丧失等。根据病程分为急性和慢性前胃迟缓，根据引起的病因可分为原发性和继发性前胃弛缓。

1. 病因

(1) 原发性前胃弛缓。与饲养管理和气候的变化有关。饲料过于单纯，草料质量低劣，纤维粗硬，刺激性强，难消化；饲喂过热饲料、冻结的块根、变质的青贮、霉败的酒糟或饼粕等；矿物质和维生素缺乏；不按时饲喂，饥饱无常；精料过多，饲草不足，突然加大精料、变换饲草、饲料等；圈舍阴暗潮湿，过于拥挤，不通风，环境卫生不良等；严寒、酷暑、饥饿、疲劳、断乳、离群、恐惧、感染与中毒等刺激引起应激反应，都容易引发前胃弛缓。

(2) 继发性前胃弛缓。病因比较复杂。常见于以下几种情况：①创伤性网胃腹膜炎，腹腔脏器粘连，瘤胃积食，瓣胃阻塞以及真胃溃疡、阻塞或变位，肝脏疾病，口炎、齿病等疾病可引发前胃迟缓；②肠道疾病以及外产科疾病等内科病，牛的流行热等传染病，牛的肝片吸虫等寄生虫病都能影响前胃机能，继发前胃弛缓；③骨软症、生产瘫痪、酮血症等引起消化功能紊乱而伴发前胃弛缓；④长期大量应用磺胺类和抗生素制剂，瘤胃内菌群共生关系受到破坏，发生前胃弛缓；⑤奶牛因吞食塑料袋、尼龙绳或吞食未经铡的玉米秆、过长的纤维缠结成团而易引发本病。

2. 发病机理

因消化机能紊乱，瘤胃内容物异常分解，产生大量有机酸，pH 值下降，导致菌群共生关系遭到破坏，纤毛虫的活动力减弱或消失，微生物异常增殖，产生大量有毒物质和毒素，从而导致消化道反射性活动受到抑制，食欲、反刍减退或停止，前胃内容物不能正常运转与排出；瓣胃内容物停滞，伴发瓣胃阻塞，消化机能更趋紊乱，并因蛋白质腐败分解，形成组胺、腐胺、尸胺等有毒物质，导致前胃应激性反应而陷于松弛状态。

3. 临床症状

前胃弛缓按其病情发展过程，可分为急性和慢性两种类型。

（1）急性型。多呈现急性消化不良，精神委顿，表现为应激状态。具体表现为病畜食欲减退或废绝，反刍弛缓或停止，体温、呼吸、脉搏及全身机能状态无明显异常；瘤胃收缩力减弱，蠕动次数减少或正常，时而嗳气，有酸臭味，便秘，粪便干硬、呈深褐色，瘤胃内容物充满，黏硬或呈粥状；由变质饲料引起的病例瘤胃收缩力消失，轻度或中等度膨胀，下痢；由应激反应引起的病例瘤胃内容物黏硬，而无膨胀现象。如果伴发前胃炎或酸中毒症，病情急剧恶化，呻吟，磨牙，食欲、反刍废绝，排出大量棕褐色糊状粪便，恶臭；精神高度沉郁，皮温不整，体温下降；鼻镜干燥，眼球下陷，黏膜发绀，脱水。

（2）慢性型。通常多为继发性因素所引起，或由急性转变而来，多数病例食欲不定。常常虚嚼、磨牙，异嗜，舔砖吃土，或摄食被尿粪污染的褥草、污物；反刍不规则、无力或停止；嗳气减少，嗳出气体带臭味。病情时好时坏，日渐消瘦，皮肤干燥，弹力减退，被毛逆立、干枯无光泽，体质衰弱。瘤胃轻度膨胀，蠕动音减弱或消失，内容物停滞、稀软或黏硬。肠蠕动音微弱或低沉，便秘，粪便干硬、呈暗褐色、附着黏液；下痢，或下痢与便秘交替，排糊状粪便，腥臭。常伴发瓣胃阻塞，精神沉郁，鼻镜龟裂，不愿移动，或卧地不起，食欲、反刍停止，瓣胃蠕动音消失，继发瘤胃鼓胀，脉搏快速，呼吸困难，眼球下陷，结膜发绀，全身衰竭、病情危重。

4. 诊断

本病的临床诊断通常根据发病原因，临床病征，即食欲、反刍情况，消化机能等病情分析和判定。应注意与下列疾病进行鉴别诊断。

（1）酮血症。主要发生于产犊后1～2个月内的奶牛，尿中酮体明显增多，呼出气带大蒜味，乳、尿酮反应呈阳性。

（2）创伤性网胃腹膜炎。姿势异常，体温中度升高，腹壁触诊有疼痛反应，白细胞总数升高。

（3）迷走神经消化不良。无热症，瘤胃蠕动减弱或增强，肚腹膨胀。

（4）真胃变位。奶牛通常分娩后突然发病，腹胁上方倒数第二肋间隙叩诊，结合听诊可听到特殊的钢管音。

（5）瘤胃积食。多因过食，瘤胃内容物充满、坚硬，腹部膨大，瘤胃扩张。

（6）瘤胃鼓胀。膨胀突然发生，瘤胃胀满，内充满多量空气，精神不安，呼吸急迫，经过急剧，触诊瘤胃具有弹性，叩诊呈鼓音。

（7）瘤胃酸中毒。瘤胃酸中毒是由于摄入过量碳水化合物饲料所引起的急性瘤胃积食，其病程短，病情重，全身反应明显，伴有严重的脱水、酸中毒和休克。

5. 防治措施

（1）预防。建立和健全饲养管理制度，坚持科学养牛是预防本病的关键。注意饲料选择、保管和调理，防止霉败变质，改进饲养方法；不可突然变更饲料，或任意加料；耕牛不能劳役过度，冬闲注意适当运动；避免不利刺激因素和干扰引起应激反应；注意牛舍清洁卫生和通风保暖；提高畜群健康水平，防止本病的发生。

（2）治疗原则。改善饲养管理，消除病因，增强神经体液调节机能，健胃、防腐止酵、消导、防止脱水和自体中毒。

原发性前胃弛缓，病初禁食1～2天后，饲喂适量优质干草或放牧，增进消化机能。同时促进瘤胃蠕动，可用氨甲酰胆碱，牛1～2毫克，羊0.25～0.50毫克；新斯的明，牛10～20毫克，羊2～4毫克。病危、心衰及妊娠母牛禁用，以防虚脱和流产。

防腐止酵：牛可用鱼石脂15～20克，酒精50毫升，常水1 000毫升，一次内服，每天一次。病初宜用硫酸钠或硫酸镁300～500克，鱼石脂10～20克，温水600～1 000毫升，一次内服；或用液体石蜡1 000毫升，苦味酊20～30毫升，一次内服，以促进瘤胃内容物运转与排除。

促进反刍：应用10%氯化钠溶液100毫升，5%氯化钙溶液200毫升，20%安钠咖溶液10毫升，静脉注射，可促进前胃蠕动，提高治疗效果。

调节瘤胃内酸度，恢复其微生物群系的活性及其共生关系，增进前胃消化功能。瘤胃内容物pH值降低时用氧化镁200～400天，配成水乳剂，并用碳酸氢钠50克，一次内服。pH值升高时，可用稀醋酸20～400毫升，或食醋适量，内服，具有较好的疗效。

晚期病例伴发瘤胃积液、脱水和自体中毒时，可静脉注射25%葡萄糖溶液500～1 000毫升；或用5%葡萄糖生理盐水1 000～2 000毫升、40%乌洛托品溶液20～40毫升、20%安钠咖注射液10～20毫升，静脉注射。并用胰岛素100～200国际单位，皮下注射。

中兽医辨证：脾胃虚弱，消化不良，着重健脾和胃，补中益气为主，宜用四君子汤加味：党参100克、白术75克、茯苓75克、炙甘草25克、陈皮40克、黄芪50克、当归50克、大枣200克。水煎去渣内服，每天一剂，连用2～3剂。

还可用导胃法和胃冲洗法排除瘤胃内有毒物质，收集健康牛瘤胃液4～8升，经口灌服接种，对更新微生物群系、提高纤毛虫存活率效果显著。

三、瘤胃鼓气

瘤胃鼓气又称瘤胃鼓胀，是因过量采食易于发酵的饲草或饲料，食物在瘤胃微生物作用下异常发酵，产生大量气体，引起嗳气运动停止，瘤胃和网胃急剧鼓胀，胃容积急剧增大，胃壁急性扩张，膈与胸腔脏器受到压迫，造成呼吸与血液循环障碍的一种疾病。本病以瘤胃急剧鼓胀、呼吸困难及黏膜发绀为特征。

由于气体在瘤胃内所处的状态不同，临床上可分为泡沫性和非泡沫性鼓气两种。泡沫性鼓气又称为原发性鼓气，即瘤胃食物与形成的气体呈顽固的、持久性的混合状态，多由于食入豆科植物、细嫩青草和谷物类饲料而发生；非泡沫性鼓气又称继发性鼓气是指瘤胃内形成的气体不形成泡沫，呈游离状，瘤胃食物与形成的气体互相不混合，呈分离状态，是由于奶牛嗳气的物理性障碍或前胃弛缓，使气体不能排出所引起的。

本病主要发生于牛和绵羊，各胎次的牛都有发生，犊牛下痢时也偶尔伴有鼓气现象。多集中在夏季发病。

1. 病因

本病根据病因可分为原发性和继发性。

（1）原发性。原发性瘤胃鼓气的特征是形成的气泡小，彼此不能聚结融合。原因是由于气体被一种稳定性的泡沫所代替，使瘤胃中正常发酵的气体化为泡沫而不能游离，并与瘤胃中的固态和液态内容物混合。分为饲料因素和动物自身因素。

①饲料因素：主要是采食了大量易发酵的青绿饲料，特别是舍饲转为放牧的牛羊群，最容易导致急性瘤胃鼓胀的发生。采食开花前的幼嫩多汁的豆科植物像苜蓿、紫云英、金花菜、三叶草、野豌豆等或是甘薯蔓、萝卜缨、白菜叶等。因采食量过多，迅速发酵，产生大量气体而引起。采食堆积发热的青草，或冰霜冻结的牧草，霉败的干草以及多汁易发酵的青贮料。奶牛和肉牛饲喂谷物饲料过多，粗饲料不足，或饼粕、酒糟等未经浸泡和调理；胡萝卜、马铃薯等块根饲料过多；矿物质不足，钙、磷比例失调，或误食毒芹、乌头、白藜芦等有毒植物，均可导致急性瘤胃鼓胀的发生。另外，饲料或饲喂制度的突然改变也易诱发本病。

②动物自身因素：原发性瘤胃鼓气特别是豆科植物引起的鼓气，因个体不同，敏感性也各有差异。有的呈高敏感性，有的呈低敏感性，这种个体特异性反应可能与遗传有关。易感母牛的唾液分泌显然要少于不易感母牛，而唾液的分泌量、唾液流出的速度和成分有影响瘤胃鼓气发生的倾向。

（2）继发性。继发于某些疾病之后是该病的一种临床症状。其特征是产生的气体呈游离状态，因呈非泡沫状，所以，与食物不相混合。主要是嗳气障碍，气体排出受阻所致。常继发于前胃弛缓、创伤性网胃腹膜炎、食管阻塞、痉挛和麻痹、瘤胃与腹膜粘连、瓣胃阻塞等疾病，前胃内存有泥沙、毛球等异物可引起排气障碍，致使瘤胃壁扩张而发生鼓胀。

2. 发病机理

瘤胃内容物起泡在引起原发性牧草鼓气中是极其重要的因素。豆科牧草中气泡的主要因子是叶的细胞质蛋白；幼嫩青绿植物的起泡因子与其含有相当数量的果胶有关。在有 Ca^{+} 和 HCO_3^- 存在时，果胶甲基酯酶能使果胶转变为果胶酸及二氧化碳；果胶酸与水结合后，可形成一种性质稳定的明胶，放出像黏液泡沫样的二氧化碳。

此外泡沫性鼓气还与瘤胃液的表面张力、黏稠度、pH 值及瘤胃菌丛的活性有关。植物中的皂角和微细的饲料颗粒能提高瘤胃液的表面张力，也能增加其黏稠度，这是气泡产生的根本条件；瘤胃内容物 pH 值在 6.0 时，瘤胃微生物所提供黏多糖能提高泡沫的稳定性，所产生的稳定泡沫以小气泡的形式与瘤胃内容物混合而封闭于瘤胃内。随着病程的延长，瘤胃和网胃肌紧张性和运动力丧失，瘤胃内容物异常发酵，当有毒气体如硫化氢、胺尤其是组胺的吸收，作用于心血管系统和呼吸系统，使病情加剧全身反应重剧。

3. 临床症状

根据病情发生过程，可分为急性瘤胃鼓气和慢性瘤胃鼓气。

（1）急性。通常在采食大量易发酵性饲料后迅速发病，临床症状急剧发展。表现腹围急剧增大，左肷部皮肤紧张，有弹性，并明显隆起，高于脊背，叩诊左肷部腹壁呈明显的鼓音。病畜腹痛不安，呻吟，反刍和嗳气完全停止，瘤胃蠕动消失，出现严重呼吸困难，头颈伸展、张口伸舌呼吸，口流泡沫，可视黏膜发绀，体表静脉努张，心悸，脉搏快数。后期病畜运动失调，站立不稳，步态蹒跚，脉搏微弱，血液循环障碍，呼吸衰竭，黏膜发绀，乳房皮肤也变暗蓝色，目光恐惧，出汗，间或肩背部皮下气肿，往往突然倒地、痉挛、抽搐，窒息和心脏麻痹而死亡。

泡沫性鼓气常见泡沫状唾液从口腔中逆出或喷出，瘤胃穿刺只能断断续续地排出少量气体。瘤胃液随着瘤胃壁紧张收缩向上涌出，阻塞穿刺针孔，排气困难。

（2）慢性。多为继发性因素引起，瘤胃鼓气多呈进行性或周期性发生。病情张弛，时而消胀，时而胀大，瘤胃中等度鼓胀，常在采食或饮水后反复发生。通常为非泡沫性鼓气，穿刺排气后，继而又发生鼓气，瘤胃收缩运动正常或减弱，排出气体具有酸臭味。病情发展缓慢，病程可达几周甚至拖延数月，往往发生间接性便秘和腹泻。食欲、反刍减退，病畜逐渐消瘦。生产性能降低，泌乳减少或完全停止。

病理变化：死后立即剖检的病例，可见瘤胃壁过度扩张，充满大量气体及含有泡沫的内容物。死后数小时剖检，瘤胃内容物无泡沫，间或有瘤胃或膈肌破裂。瘤胃腹囊黏膜有出血斑，甚至黏膜下瘀血，角化上皮脱落。肺脏充血，肝脏和脾脏被压迫呈贫血状态，浆膜下出血等。

4. 诊断

急性瘤胃鼓胀病情急剧，一般可根据病牛采食的品质发病较快及特殊的临床症状如腹部鼓胀，左肷部凸出，叩诊鼓音，呼吸极度困难，确诊不难。慢性鼓胀，病情弛张，反复产出气体，随原发病而异，通过病因分析，也能确诊。

5. 防治措施

（1）预防。制定合理的饲养管理制度是预防本病的关键。饲养管理人员应加强责任心，了解本病发生的基础知识，避免让牛过量采食开花前的豆科植物，及堆积发酵或被雨露浸湿的青草、幼嫩牧草和霉败变质饲料，尤其是豆科牧草，如紫花苜蓿、薯类、甜菜、及青豌豆等。同时加喂精料应适当限制，不宜突然多喂，饲喂后也不能立即饮水。若将奶牛从舍饲改为放牧饲养时需要一个适应性过渡阶段。

（2）治疗。排气、止酵、强心补液、健胃消导。

①排气消胀：诱发瘤胃内气体排出的最常用方法就是瘤胃按摩，即用拳头强力按摩瘤胃，每次进行 10 ~ 20 分钟，同时将病牛站在前高后低的斜坡上，以便气体排出。也可在病牛口中衔一根短木棍，木棍两端拴好细绳，结扎在角根后固定；或用一束稻草或麦秸，通过牛口，结扎在下颌上，以便牛口张开，舌头不断

运动，而利于嗳气。同时应用松节油 20～30 毫升，鱼石脂 10～15 克，95% 酒精 30～50 毫升，加适量温水一次内服。严重病例发生窒息危险时，首先应用套管针进行瘤胃穿刺放气，防止窒息。放气后瘤胃内投药。

非泡沫性鼓气：鱼石脂 15～25 克，95% 酒精 100 毫升，水 1 000毫升；或者用 0. 25% 普鲁卡因溶液 50～100 毫升、青霉素 100 万国际单位。

泡沫性鼓气：消灭泡沫内服消胀片（二甲基硅油 15 毫克/片），牛 30～60 片，羊 15 片，或应用植物油或液体石蜡 500～1 000毫升，常水适量，一次内服，都具有较好的功效。若因采食紫云英引起的鼓气，可用食盐 200～300 克，常水 4 000～6 000毫升，内服，都具有止酵消胀作用。

②排除内容物及酵解物质：可用盐类或油类泻剂，并兴奋副交感神经，促进瘤胃蠕动，有利于反刍和嗳气；或用 2%～3% 碳酸氢钠溶液进行瘤胃洗涤，调节瘤胃内容物 pH 值。严重病例，保守治疗无效时，应进行瘤胃切开术。在治疗过程中，应注意全身机能状态，及时强心补液，增进治疗效果。

③健胃：在排除瘤胃气体或进行瘤胃手术后，病畜内服适量健胃酊剂，如陈皮酊，龙胆酊等，或采用健康牛瘤胃液 3～6 升，并应用青霉素或土霉素适量，灌入瘤胃内，提高防治效果。

④中兽医辨证：破气行气，宽肠散满，和胃调中。方剂：广木香 25 克，青皮、陈皮各 50 克，炒枳壳 50 克，厚朴 75 克，苍术 50 克，二丑 50 克，莱菔子 100 克，乌药 50 克，川大黄 100 克，朴硝 200 克，甘草 25 克，水煎去渣，加香油 250 毫升，灌服。

⑤对心力衰竭、呼吸困难的危重病牛，在进行输液的同时，应配合强心剂和呼吸兴奋剂等药物进行抢救。对继发性瘤胃胀气除采取上述措施外，还应积极诊断原发性疾病。

四、瓣胃阻塞

瓣胃阻塞又称百叶干，由于前胃弛缓、瓣胃收缩力减弱、内容物充满且干涸，引起瓣胃扩张、坚硬，导致严重消化不良，内容物停滞压迫胃壁，进而引起胃壁麻痹，瓣叶坏死，最终引起全身机能变化，是牛的一种严重的胃脏疾病。常呈慢性经过，在前胃疾病中发病率最低。一般多见继发性病例，原发性病例较少见，因此在奶牛临床上易被人们忽视。本病多见于耕牛，奶牛也常发生。

1. 病因

本病可分为原发性和继发性两种。

（1）原发性阻塞。主要见于长期饲喂麸糠、粉渣、酒糟等含有泥沙的饲料，或粗纤维坚硬的甘薯蔓、豆秸、麦秸、花生秧、青干草等。如果饲料中混入泥沙则会更加严重。另外，放牧转变为舍饲，或饲料突然变换，饲料质量低劣，缺乏蛋白质、维生素以及微量元素，或因饲养不正规，饲喂后缺乏饮水以及运动不足等都可引起。

（2）继发性阻塞。常见于前胃迟缓、真胃阻塞、真胃变位、真胃溃疡、肠便秘、腹腔脏器粘连、生产瘫痪、黑斑病甘薯中毒、急性热性病以及血液原虫病等，这些疾病经过中往往伴发此病。

2. 发病机制

长期饲喂细碎硬固或干硬不易消化的粗饲料，致使瓣胃小叶反射兴奋性降低和胃肌抑制，瓣胃的逆蠕动收缩变弱，食物向皱胃排空减少而于其内停滞，水分被吸干而形成阻塞。

3. 临床症状

病初患牛前胃弛缓，食欲减退，便秘，粪呈饼状或干小呈算盘珠样，瘤胃轻度臌胀，瓣胃蠕动音微弱或消失。于右侧腹壁瓣胃区（第7～9肋间的中央）触诊，病牛感疼痛；叩诊浊音区扩张，精神迟钝，时而呻吟；奶牛泌乳量下降。后期病情严重，精神沉郁，鼻镜干燥、龟裂，空嚼、磨牙，呼吸浅快，心跳快疾，食欲和反刍废绝，瘤胃收缩力减弱。直肠检查可见肛门与直肠痉挛性收缩，直肠内空虚、有黏液，少量暗褐色粪块附着于直肠壁。

晚期病例，瓣胃叶坏死，伴发肠炎和全身败血症，体温升高，食欲废绝，排粪停止或排出少量黑褐色糊状带有少量黏液恶臭粪便，尿量减少或无尿。呼吸急促，心悸，脉搏数可达100～140次/分钟，脉律不齐，微循环障碍，皮温不整，结膜发绀，出现脱水与自体中毒现象。体质虚弱，神情忧郁，卧地不起，病情显著恶化。若全身症状恶化，可迅速引起死亡。死后剖检，瓣胃坚硬，内容物干燥似如干泥样，小叶坏死呈片层状脱落、溃疡，皱胃及肠道有不同程度的炎症，胆囊肿大，肝实质退行性变化。

病理变化：瓣胃内容物充满、坚硬，指压无痕，其容积增大2～3倍。重剧病例，瓣胃邻近的腹膜及内脏器官，多具有局限性或弥漫性的炎性变化。瓣叶间内容物干涸，形如纸板，可捻成粉末状。瓣胃叶上皮脱落、菲薄、溃疡、坏死或穿孔。此外，肝、脾、心、肾，以及胃肠等部分，具有不同程度的炎性病理变化。病程及预后本病的病程经过1～2周，轻症者及时治疗，可以痊愈。重症病例若通过瓣胃冲洗预后良好，但施保守疗法者，多预后不良。

4. 诊断

本病应根据病史调查，临床病征，瓣胃蠕动音低沉或消失，触诊瓣胃敏感性增高，叩诊浊音区扩大，粪便呈算盘珠样，数量很少或不排粪或排出较多的黏液等表现进行诊断。必要时进行剖腹探诊，可以确诊。

5. 防治措施

（1）预防。加强饲养管理，避免长期饲喂麸糠及混有泥沙的饲料，减少坚硬的粗纤维饲草，糟粕饲料不宜饲喂过多，增加青绿饲料和多汁饲料，并给予充足饮水和适当运动。预防前胃疾病的发生，一旦发生前胃疾病，应及时治疗。

（2）治疗。应以增强前胃运动机能，促进瓣胃内容物排出为治疗原则。应根据病牛全身情况，选择适当的治疗方案。

①保守疗法：初期患牛病情较轻时，增强前胃神经兴奋性，促进内容物运转与排出。可通过胃管或直接灌服温盐水 10～15 升，然后按摩左肷部，促进瘤胃收缩，排送盐水到瓣胃，使干涸内容物软化、排出，每日 2～3 次。或给患牛投服泻剂：硫酸镁或硫酸钠 400～500 克、水 8 000～10 000毫升，或液体石蜡油 1 000～2 000毫升，或植物油 500～1 000毫升，一次内服。同时应用10%氯化钠溶液 100～200 毫升、20%安钠咖注射液 10～20 毫升，静脉注射。同时可应用毛果芸香碱 0. 02～0. 05 克，或新斯的明 0. 01～0. 02 克，皮下注射，体弱、妊娠母牛、心肺功能不全的病牛忌用。

②瓣胃注射：注射部位在右侧第 8 肋间与肩关节水平线相交点，略向前下方刺入 10～12 厘米，判明针头已刺入瓣胃时，方可注入。药物：10%硫酸钠溶液 2 000～3 000毫升，液体石蜡或甘油 300～500 毫升，普鲁卡因 2 克，盐酸土霉素 3～5 克，配合一次瓣胃内注入。病牛发生败血症或其他并发症时，注意及时输糖补液，防止脱水和自体中毒，缓和病情。

③手术疗法：当保守疗法无效果时，应及时进行瘤胃切开手术或皱胃切开术两个途径冲洗。切开瘤胃掏出 1/3 瘤胃内容物，术者将直径 2 厘米的胶管通过瘤胃、网胃带入瓣胃后，灌注温水。关于经皱胃切开冲洗瓣胃梗塞内容物的手术途径，只有在皱胃阻塞、牛体型大经瘤胃切开不能触及到网瓣胃孔的情况下，才

采用此途径做瓣胃冲洗。如果皱胃没发生阻塞，皱胃切开后，皱胃壁处于塌瘪状态，手与导管无法进入皱胃腔内，这种情况下无法对瓣胃进行冲洗。

④中兽医辨证施治：脾胃虚弱，胃中津液不足，百叶干燥。宜清胃热，补血养阴，通畅润燥，藜芦润燥汤：藜芦 60 克、常山 60 克、二丑 60 克、当归 60～100 克、川芎 60 克、水煎后加滑石 90 克、石蜡油 1 000毫升、蜂蜜 250 克，内服。同时加强护理，充分饮水，给予青绿饲料，有利于恢复健康。

五、皱胃炎

皱胃炎即真胃炎是由于饲料品质不良或饲养管理不当等因素所引起的真胃黏膜组织的炎症。常伴发于前胃或肠道疾病以及全身中毒性疾病。其特征是消化不良。

1. 病因

本病主要是由于饲养管理不当引起。犊牛消化机能不健全，补饲草料过早，反复哺乳过多，饮水过热或过凉，胃肠道致病菌或寄生虫感染时更容易发病。奶牛多因长期饲喂糟粕、粉渣或霉变饲料，蛋白质和维生素摄入不足所引起。耕牛多因饲喂失调，饥饱无常，劳役过度或突然变更饲料引起。另外，采食某些化学物质或有毒植物，刺激性强的药物都可引发本病。

本病还可继发于瘤胃积食、瘤胃酸中毒、真菌性肠炎、营养代谢病和急性传染病等疾病。

2. 临床症状

本病多表现为消化障碍，烦渴，饮欲增强，根据病情可分为急性和慢性真胃炎。

（1）急性。病牛精神沉郁，垂头站立，被毛污秽，鼻镜干燥，结膜潮红、黄染，口腔黏液黏稠、散发甘臭，有的伴发糜烂性口炎。食欲减退或废绝，反刍间断无力或消失，空口咀嚼，磨牙呻吟。瘤胃收缩微弱，轻度鼓气，真胃区触诊，病畜疼痛明显。肠音弱，便秘，粪便呈球状，附着黏液，间或下痢。严重者出现全身症状：体温暂时性升高，皮温不整，腹痛症状明显。若发生胃穿孔、局限性腹膜炎时，病畜头颈伸展，上仰，弓背，后肢前伸，或突然卧地，哞叫，兴奋不安，猛冲，神经症状明显。末期病情急剧恶化，全身衰竭，脉搏微弱，神情抑郁，昏迷、虚脱死亡。

（2）慢性。病情发展缓慢，消化不良，体质消瘦，无神无力，异嗜癖，口黏膜苍白或黄染，唾液黏稠，舌苔厚，甘臭，瘤胃收缩力减弱，肠道弛缓，便秘，病后期体质虚弱，贫血，下痢，脱水。

病理变化：急性真胃炎，胃黏膜充血，肿胀，混浊，被覆一层黏液或黏液脓性分泌物；黏膜皱襞和幽门区呈现弥漫性或局限性血色浸润，红色斑点，胆囊有出血点。慢性真胃炎，黏膜呈灰青色、灰黄色或灰褐色，甚至大理石色，有出血斑或溃疡，黏膜组织有萎缩性或肥厚性炎症表现。

3. 诊断

本病无特征性症状，犊牛在饮水后腹痛不安，可初步诊断为真胃炎。成年牛主要触诊真胃区疼痛，可视黏膜黄染，便秘或下痢，有时呕吐，喜饮水。结合临床观察可初步诊断。注意与其他胃肠疾病鉴别诊断。

4. 治疗

本病治疗重在清理胃肠，消炎止痛。具体治疗如下。

（1）急性。首先绝食 1 ~2 天，给予温盐水饮水，犊牛可饲喂少量奶，逐渐增加，或饲喂容易消化的优质饲料，补饲微量元素，并口服适量抗生素，消炎。成年牛可用缓泻剂内服，然后用黄连素 2 ~4 天，蒸馏水 50 毫升，混合投入真胃内。每天 1 次，连用 3 ~5 天。病情好转后接种健康牛瘤胃液，调整瘤胃的微生物系统，改善消化机能。病情严重者强心输液，及时注射抗生素防止感染。胃酸分泌过度时，可用碳酸氢钠100～200天，混合稀粥内服，犊牛可使用适量次硝酸铋内服。

（2）慢性。重在改善饲养管理，饲喂营养丰富、易消化饲料，适当使用人工盐，酵母片，胃蛋白酶，龙胆酊，陈皮酊等健胃剂。也可根据病情使用缓泻剂。

（3）中兽医辨证治疗。和中健胃，导滞化积。焦三仙200天，莱菔子50天，鸡内金30天，延胡30天，川栀子50天，厚朴40天，大黄50天，焦槟榔20天，青陈皮60天，水煎内服。

六、真胃变位

真胃正常解剖位置改变称为真胃变位。通常将真胃变位分为左方变位和右方变位两种类型：真胃通过瘤胃下方移到左侧腹腔，置于瘤胃和左腹壁之间，称为左方变位；真胃转到瓣胃的后上方位置，置于肝脏和腹壁之间，称为右方变位。

1. 病因

（1）左方变位。真胃弛缓是变位的前提条件，而分娩是变位的促进因素。高产奶牛饲养不当，饲喂精料过度，瘤胃排入真胃的挥发性脂肪酸浓度过高，导致真胃弛缓；或采食泥沙，导致真胃溃疡和弛缓，致使真胃机能不良，扩张和充气，胃受压而被迫游走，往往先游走到瘤胃左方，然后再移到瘤胃左上方。母牛子宫妊娠后其胎儿逐渐增大和沉重，并逐渐将瘤胃向上抬高及向前推移，真胃内有相当多的气体，向左方移走，母牛分娩后瘤胃恢复原位而下沉，致使真胃被压挤到瘤胃左方，置于左腹壁与瘤胃之间。奶牛代谢障碍、低血钙、酮血症、瘤胃酸中毒、创伤性网胃炎等疾病都可诱发真胃弛缓，从而造成本病的发生。

（2）右方变位。发病原因与左方变位基本相同，认为由于真胃弛缓所致。如饲喂大量谷物、冬季舍饲而缺乏运动和分娩应激等。

2. 临床症状

(1) 真胃左方变位一般症状。大多在产后不久即可表现症状，多为头胎牛或二胎牛，吃草减少，可能拒食各种饲料或是逐日少量波动性地采食一些谷类饲料，有的牛有饥饿现象，但采食量较少。多数牛对粗饲草仍保留一些食欲，但少量采食后就不再反刍，病牛消瘦，腹围缩小，精神呆滞，眼球向眼眶内凹陷，脱水明显。瘤胃蠕动音弱，一般无腹痛症状，排粪少，排粘黑色粪便，臭味大，间或发生剧烈下痢。鼻镜一般保持湿润。

特征症状：对左侧髋关节水平线倒数 1～3 肋间范围内叩诊结合听诊可听到典型的钢管音，钢管音在发病过程中持续存在。直肠检查，右腹部上方空虚无压力，数周后瘤胃缩小，在瘤胃的左侧可以触摸到膨胀的真胃。

(2) 真胃右方变位一般症状。病牛不吃、不反刍，发病 3～4 天后病情加重，心律可达 90 次/分钟以上，排粪减少或排一点稀黑色粘粪，瘤胃往往扩张积液，经导胃后不久再度扩张。

特征症状：右腹部扩张，特别是最后肋骨上部及右肷部向外膨胀。叩诊与听诊：在右侧倒数 1～3 肋间范围内有高朗的钢管音，随病程延长钢管音越来越明显。

3. 诊断

采取听诊和叩诊相结合的诊断方法，一般于左、右侧腹壁出现特征性“钢管音”，以钢管音为主要依据，结合病史、临床症状作出诊断。另外，注意与其他疾病鉴别诊断。

4. 治疗

(1) 左方变位治疗。保守治疗对发病初期的左方变位牛，经过治疗部分病例可以治愈。

①药物治疗：四消丸 180～240 克，胃复安 40 片，液体石蜡油 1 000～1 500毫升，一次灌服。此外：10% 氯化钠 1 000毫升；

含糖盐水3 000 ~4 000毫升；庆大霉素160 万 ~240 万国际单位；维生素 C 2 ~4 克；10% 安钠咖 20 ~ 30 毫升，静脉注射一天一次，连用3 天。

②滚转整复法：先使患牛呈左侧横卧姿势，后再转成仰卧式(背部着地，四蹄朝天)，随后以背部为轴心，先向左滚转45°，回到正中，再向右滚转45°，再回到正中。如此来回地左右摇晃约3 分钟，突然停止在右侧横卧姿势，再转成俯卧式（胸部着地)，最后使之站立，检查复位情况。如尚未复位，可重复进行。应用此法时，应先使病牛饥饿数日，并限制饮水；对于变位已久，特别是真胃和腹壁或瘤胃发生粘连时，必须采取手术疗法。

③手术治疗：术前对瘤胃积液过多的牛应先进行导胃减压，对有脱水和电解质紊乱的牛应进行补液和纠正代谢性碱中毒。

a. 保定与麻醉：六柱栏内站立保定，速眠新麻醉注射液1. 5 ~2. 0 毫升肌肉注射，3% 盐酸普鲁卡因腰旁神经传导麻醉。

b. 切口定位：左肷部前切口，切口长20 ~25 厘米。

c. 手术方法：依次切开皮肤、皮肌、腹外斜肌、腹内斜肌、腹横肌和腹膜。用牵开器开张创口，于创口稍前方可显露鼓气积液的真胃。

预置真胃固定线：用2 米长的10#缝合线于真胃大弯上作第1 个浆肌层水平纽扣缝合，距第1 个水平纽扣缝合线4 ~5 厘米处再缝合第2 个、第3 个水平纽扣缝合线。3 个水平纽扣缝合线的线尾用止血钳暂时固定在创巾上。

在真胃大弯上先做一个荷包缝合线，线尾不抽紧，在线圈中央切开真胃，迅速向真胃腔内插入直径8 ~10 毫米的灭菌乳胶管，抽紧荷包缝合线，排出真胃内液体和气体，使真胃减压，便于整复。然后抽出排液管，抽紧荷包线，消毒后准备整复。

术者手持预置固定线线尾，经瘤胃下方绕到右侧腹腔，确定该预置缝线与右侧腹壁相对应位置后，用手指在腹内向外推顶，指示助手在右腹壁的对应处剃毛、消毒和局部浸润麻醉，并对皮肤作1厘米小切口。助手用止血钳经皮肤小切口向腹腔内戳入，使止血钳前端进入腹腔，同时，术者手指在腹腔内保护戳入腹内的止血钳前端，以防损伤腹内脏器。助手开张止血钳，术者将线尾送入止血钳的钳嘴内，助手钳夹缝合线，缓缓牵引，将缝合线拉出体外，暂不拉紧。然后在距第1根固定线皮肤出口处的4~5厘米处再作第2个皮肤小切口并按同法引出第2、第3根固定线。

术者手退入左肷部腹腔内，用手推送真胃经瘤胃下方进入右侧腹腔，同时，助手提起三根固定线，匀力向腹外牵拉，使真胃在推送和牵拉的配合下复位。术者检查固定线是否缠绕肠管或网膜，真胃复位是否正常。若缠绕上肠管应当放松固定线，解除缠绕后再拉紧。在确信真胃复位正常、固定线对内脏无缠结的情况下，助手拉紧3根固定线，分别在3个皮肤小切口内打结。

打结方法：先在皮肤小切口内各放入一根长1.5厘米烟卷粗的无菌纱布卷，将线结打在纱布卷上，剪去线尾，皮肤小切口缝合1~2针。然后对腹膜、腹横肌连续缝合，腹内斜肌、腹外斜肌间断缝合，皮肤结节缝合。

d. 术后护理：术后4~6天内，纠正脱水和代谢性碱中毒，使用抗菌素和氢化考地松以控制炎症的发展，使用兴奋胃肠蠕动药，以恢复胃肠蠕动，可适当应用缓泻剂，以清除胃肠内滞留的腐败内容物。

（2）右方变位治疗。采用手术疗法。

①术前准备：保定与真胃左侧变位方法相同。

②麻醉：速眠新注射液1.5~2.5毫升肌注，右肷部作腰旁神经传导麻醉。

③切口定位：右肷部中切口，切口长20~25厘米。

④手术方法：切开皮肤，依次切开腹外斜肌、腹内斜肌、腹

横肌和腹膜。打开腹腔后，常常从切口内流出较多的淡红色腹水，腹水中常混有纤维素絮块，表明真胃扭转后发生炎性渗出。遇此情况，在作腹腔探查时应详细、仔细和谨慎，以防扭转的部位破裂。术者手伸入腹腔内，寻找真胃，判明其真胃变位的方向及严重程度，若真胃鼓气、积液，可先对真胃放液减压，方法同上，然后整复真胃。为防止真胃再度变位，可在真胃大弯上作2~3个水平纽扣缝合线并在右侧腹壁上固定，其缝线引出腹壁的方法参考真胃左侧变位的真胃固定线引出法。闭合腹壁切口及术后护理要点同左侧变位。

七、胃肠炎

奶牛胃肠炎是指奶牛皱胃和肠道黏膜及其深层组织的炎性疾病。表现为体温升高、腹痛、腹泻、脱水、酸中毒或碱中毒等，病程发展急剧的，死亡率较高。按照病程可分为急性胃肠炎和慢性胃肠炎，按病因分为原发性和继发性胃肠炎，按炎症性质分为黏液性胃肠炎、出血性胃肠炎、化脓性胃肠炎和纤维素胃肠炎。

本病是牛羊的常发病，一年四季都可发生。

1. 病因

(1) 原发性病因。常因饲喂发霉、腐败的饲草料、豆渣、酒糟，冰冻的块根饲料，如甘薯、甜菜、胡萝卜等；久放或经雨水淋过的青草等。饲草质量低劣，混杂大量泥沙等异物，误食经农药或化学药品污染的精料或采食了有毒植物等，误咽了酸、碱、砷、汞、铅、磷等有强烈刺激或腐蚀的化学物质，食入了尖锐的异物损伤胃肠黏膜后感染等。

(2) 继发性病因。常发生于大肠杆菌病、沙门氏菌病、传染性病毒性腹泻、恶性卡他热等疫病经过中。当患有严重乳房炎、子宫内膜炎、创伤性网胃-腹膜炎和瘤胃酸中毒以及真菌性胃肠炎时，也可继发胃肠炎。

2. 发病机制

致病因素的强烈刺激，使肠道发生不同程度的病理变化，如充血、出血、渗出、化脓、坏死和溃疡等；肠道上皮细胞的损伤和脱落以及蠕动增强，严重影响肠道内食物的消化和吸收；肠道内的内容物异常分解，其产物进一步刺激肠壁并使粪便恶臭。急性肠炎，由于病因的强烈刺激，肠蠕动加强，分泌增多，引起剧烈腹泻；剧烈腹泻导致大量肠液胰液丢失，钾离子和钠离子丢失增多，液体在大肠内的重吸收作用降低或丧失而引起脱水、电解质丢失及酸碱平衡紊乱；由于黏膜肿胀，胆管被阻塞、胆汁不能顺利通过肠道，细菌得以大量繁殖，产生毒素，加之黏膜受损，可将毒素及肠内的发酵、腐败产物吸收入血液，引起自体中毒。伴随脱水、血液浓缩，外周循环阻力加大，加重心脏负担；在丧失心脏代偿作用后，迅速发生心力衰竭以至外周循环衰竭，陷于休克。慢性肠炎，由于结缔组织增生，引起分泌机能和运动机能减弱，引起消化不良、便秘及肠鼓气。肠内容物发酵、腐败产生有毒物质，有毒物质被吸收进入血液，引起自体中毒。

3. 临床症状

（1）急性胃肠炎病牛发病初期多呈现急性消化不良的症状，其后转化为胃肠炎。病畜精神沉郁，食欲明显减退或废绝，口腔干燥，口臭，舌苔厚重，反刍动物反刍减少或消失，病畜表现腹痛症状。本病特征症状为腹泻，水样腹泻，混有黏液或血液，恶臭，病初肠音亢进，逐渐减弱或消失，后期肛门松弛，排便失禁，下痢，里急后重。

（2）慢性胃肠炎病牛腹泻较轻，主要表现为精神不振、衰弱，食欲不定，时好时坏。异嗜，便秘或者便秘与腹泻交替，并有轻微腹痛，肠音不整。体温、脉搏、呼吸常无明显改变，最后呈现恶病质。

（3）胃、小肠炎症为主的病例，无明显腹泻，排便迟滞，粪球干小。可视黏膜黄染，腹痛，体温有时升高。

该病后期全身症状恶化，自体中毒，脉搏细弱，体温升高，可视黏膜暗红或发绀，机体脱水，眼球下陷，皮肤弹性差，血液浓稠。有的病例全身肌肉震颤。

病理变化：胃、肠黏膜充血，出血，渗出，化脓，溃疡，严重者可见坏死性病灶。肠内充满白色至黄绿色液体，肠壁菲薄而缺乏弹性，肠管扩张呈半透明状，有时肠管增厚，肠系膜充血，淋巴结肿胀。

4. 诊断

依据腹泻、重剧的全身症状、脱水和腹痛等症状，结合病史、饲养管理及流行病学的调查，即可做出诊断。

病因诊断和原发病的确定比较复杂和困难。主要依据流行病学调查，血、粪、尿的化验，草料和胃内容物的毒物检验，以区分单纯性胃肠炎、传染性胃肠炎、寄生虫性胃肠炎和中毒性胃炎。必要时可进行有关病原学的检查。

5. 防治措施

（1）预防。预防原则是加强饲养管理，保持环境卫生及疾病预防工作。禁止饲喂腐败、冰冻、发霉饲料。合理搭配精粗饲料的配制，不易消化的饲料应切短、碾碎。饲喂要定时、定量，防止暴饮暴食或空腹喝大量冰冷的水。保证牛舍通风干燥、空气新鲜、光线充足。给出生后的犊牛及时饲喂初乳。发现病情，及时治疗。

（2）治疗。急性胃肠炎病程短急，经过 2 ~ 3 天，治疗及时、护理好，多数可望康复；若治疗不及时则预后不良。慢性胃肠炎病程较长，病势缓慢，病程数周至数月不等，最终因衰竭而死。主要治疗措施有：

①清除肠胃内容物：可用盐类泻剂配合应用防腐剂，如常用硫酸镁（钠）500 ~ 600 克、鱼石脂 15 ~ 20 克、酒精 80 ~ 100 毫

升，添加常水3 000～4 000毫升。

②消炎并解除败血症：常用的抗菌消炎药物有：磺胺脒30～50克、碳酸氢钠40～60克，加常水适量，1次投服，每日2次，连用3～5天。

③扩充血容量并纠正酸中毒：常用5%葡萄糖生理盐水2 500～3 000毫升、5%碳酸氢钠注射液500毫升，20%安钠加注射液10～20毫升，1次静脉注射，每日2次，连用2～3天。

④改善肠胃机能：可用10%氯化钠注射液300～500毫升、10%氯化钙注射液100～200毫升、20%安钠加注射液10～20毫升，1次静脉注射。

⑤口服活性微生态制剂，如酵母片等调理胃肠菌群。

八、腹膜炎

牛腹膜炎是一种局限性或广泛性、急性或慢性的腹腔浆膜的炎症。以腹壁疼痛和腹腔有炎性渗出物为特征的一种疾病，为奶牛常发病，常常是其他特异性疾病的并发症。在奶牛业迅速发展的同时，由于饲养条件的改变，一些疾病的治疗方法不正确等原因导致临床上奶牛腹膜炎发病率逐年上升，不但影响了奶牛的健康和生产性能，严重的会导致奶牛淘汰，给养殖户带来较大的经济损失。按发病原因，可分为原发性腹膜炎和继发性腹膜炎；按渗出物种类可分为化脓性、出血性、纤维素性、腐败性腹膜炎。

1. 病因

原发性腹膜炎主要由于大量运动或某些理化因素的影响，奶牛机体自身防御机能降低，抵抗力减弱，大肠杆菌、链球菌和葡萄球菌等条件致病菌感染引起。

继发性腹膜炎，多见于消化道穿孔，消化道内容物漏入腹腔，如胃破裂、直肠破裂、膀胱破裂，如尿道阻塞，膀胱结石、膀胱穿刺等；生殖系统穿孔及破裂，子宫蓄脓、难产性破裂等；

腹壁透创、腹壁挫伤、腹壁手术后感染，手术中消毒剂刺激；腹部脏器炎症继发，如肠炎、子宫内膜炎、创伤性网胃炎。还有多种传染病，如大肠埃希氏菌病、沙门杆菌等，寄生虫侵袭也可引起腹膜炎。

2. 发病机理

病原微生物通过破损的胃肠壁、泌尿器官、生殖器官壁或通透性增加的上皮层，直接进入腹腔；在机体抵抗力下降的情况下，经过淋巴途径或血液循环途径或由邻近器官炎症的蔓延进入腹腔；在细菌毒素和炎症产物的刺激下，血管的通透性增加，含有丰富蛋白质和血细胞的渗出液渗入腹腔，导致机体脱水和电解质紊乱；渗出的大量纤维蛋白质，导致腹腔器官粘连，引起胃肠和相应器官功能障碍。腹膜含有丰富的神经末梢和痛觉感受器，经炎症刺激可引起持续性腹痛；膀胱破裂引起的可发生尿毒症；化脓性和腐败性腹膜炎，可引起脓毒败血症和内毒素血症；由于机体脱水和内毒素血症导致休克而死亡。

3. 临床症状

急性表现为精神沉郁，体温升高，眼窝凹陷，四肢集于腹下，拱背而立，强迫行走，步态小心，有时表现疼痛，呻吟。食欲减退或废绝，瘤胃蠕动音消失，轻度鼓气，便秘。腹部膨大，腹部穿刺液浑浊，混有纤维蛋白絮片、红细胞或脏器内容物。直肠检查发现在直肠中宿粪较多，腹壁紧张，腹腔积液时肠管呈浮动状。慢性型由急性转变而来，主要呈现慢性消化不良和毒血症。食欲减退，渐进性消瘦，前胃弛缓和瘤胃鼓胀反复出现，体温时而升高，时而恢复正常，便秘或腹泻。精神不振，泌乳量降低。

继发性腹膜炎在临床上有原发疾病的明显症状。牛创伤性网胃腹膜炎时，病牛食欲废绝，肘头外展，肘肌震颤，粪干黑，白细胞总数增加，中性粒细胞增加，核左移；血浆纤维蛋白原水平随急性腹膜炎的严重程度而增加。

4. 诊断

（1）病史调查有内脏器官破裂或其他原发病的病史。当发生局限性和慢性腹膜炎时诊断困难，因此，应对病史和其他症状进行了解和观察，并结合腹腔穿刺检查。

（2）临床症状当腹膜炎明显时，如病牛发热，腹壁紧张，便秘，鼓胀，胸式呼吸等可以诊断。

（3）病理学诊断渗出液颜色浑浊、不透明，相对密度高于1.018以上，蛋白质含量4%以上，李凡他反应阳性。

（4）特殊诊断穿刺腹腔常有多量橙黄色、浑浊的或混有絮状物液体流出。化脓性腹膜炎，渗出物成浓汁样。腐败性腹膜炎，渗出物呈污秽不洁状、恶臭。

（5）鉴别诊断与腹腔积液进行诊断。

5. 防治。

（1）预防。本病的预防，在于平时避免各种不良因素的刺激和影响，特别注意防止腹腔及骨盆腔脏器的破裂和穿孔。直肠检查、清洗子宫等都要小心进行，以免引起穿孔。腹腔穿刺以及腹壁手术均应按照操作规程进行防止腹腔感染。母畜分娩子宫整复、难产手术以及子宫内膜炎的治疗都要谨慎进行操作，防止本病的发生。

（2）治疗。治疗原则为抗菌消炎，制止渗出，增强病畜抵抗力。腹壁穿孔或腹腔内脏器破裂时，应立即实施手术。

①注射用青霉素钠3 200万国际单位，0.25%普鲁卡因注射液200毫升，0.9%氯化钠500毫升，一次腹腔注射，连用2~3天即可。

②增强机体抵抗力，可用10%氯化钙注射液100~200毫升，40%乌洛托品注射液20~30毫升，5%葡萄糖生理盐水注射液1 500毫升，一次静脉注射。改善血液循环，增强心脏机能。

可及时应用氨溴等。

③腹腔冲洗：首先穿刺放出渗出液，对于化脓性、腐败性腹膜炎尤为重要，减轻自体中毒体征。然后用温的生理盐水冲洗，若加入防腐剂杀菌效果会更好，如利用甲硝唑1：2 000的生理盐水冲洗腹腔，2 次/天。

说明：在治疗腹膜炎的同时应加强护理肠道，出现痢疾时加庆大霉素，有腹痛时可加安乃近、盐酸吗啡等药物，有肠道鼓气可内服鱼石脂、缓泻剂等。

九、创伤性网胃-腹膜炎

牛创伤性网胃腹膜炎俗称铁器病，是由于金属异物（针、钉、碎铁丝等）混杂在饲草、饲料内，被误食落入网胃，刺损胃壁，导致的急性或慢性前胃弛缓、瘤胃周期性鼓气、消化性不良性疾病。并因穿透网胃刺损膈和腹膜，引起急性弥漫性或慢性局限性腹膜炎，乃至穿透膈，伴发创伤性心包炎或心肌炎。成年牛、育成牛皆有发病，哺乳犊牛因吃进缝针也有发病。该病对牛的健康及其生产性能危害性很大，特别是病情危重的病例，可导致牛急剧死亡，造成重大经济损失。

1. 病因

本病的发生与饲料本身质量没有关系，而是由于饲料中混有金属异物所致。牛采食时很少挑剔，用舌头卷起大量草料入口，而且不经仔细咀嚼就吞咽下去。因此，异物很容易随饲料吞入胃内而引起本病。缺少饲养管理制度，饲养人员不具备饲养管理知识，常将碎铁丝、铁针、回形针、大头针、缝针、发卡、废弃的小剪刀、指甲刀、碎铁片等到处抛弃，混杂在饲草饲料中，造成奶牛采食或舔食吞咽下去，而造成本病的发生。

当金属异物随同饲料吃入并坠入网胃，由于网胃的收缩运动，腹压增高，例如，母牛妊娠后期分娩时的努责、奔跑、跳跃、过食之后瘤胃鼓气等，致使金属异物刺入网胃壁或造成胃壁穿孔，并发局部性或弥漫性腹膜炎。另外，当病牛营养不良、矿物质不足或不平衡、维生素 A 维生素 D 缺乏，引起消化机能紊乱时，可促进本病发生。

2. 临床症状

单纯性创伤性网胃炎（指异物未刺伤其他组织），全身反应不明显，检查体温 38～39℃，心跳 80～90 次/分钟，呼吸正常，个别牛发病初期体温稍有升高（39～40℃），主要特征是食欲紊乱，疼痛和姿势异常。

急性病例，食欲突然废绝，精神愁苦，反刍停止，乳产量突然下降，严重者泌乳停止。瘤胃蠕动音微弱，后停止；粪初正常，后干而少，呈褐色，上附黏液或血液，排粪时，不敢努责。临床上发现，除食欲废绝外，发病牛口内流出大量清亮液体，开始量少，后持续不断流液。因网胃和腹膜炎而产生疼痛，病牛被毛无光、逆立；低头伸颈，肘肌震颤，肘头外展，站立拱背而不愿行走，或运动时步态缓慢，小心谨慎，下坡时常发出呻吟，卧下时极其小心；腹部肌肉拘紧；排便、排尿次数减少，呻吟，疼痛；或空嚼磨牙或反刍无力，吞咽或逆呕食团返回口腔缓慢而极不自然。

当异物退回网胃时，症状随之减轻；当异物继续前移、刺伤其他组织时，症状加剧。当金属异物穿透网胃、膈达到心包时，金属异物对心包造成创伤，胃腔内病原菌感染心包膜，只是心包膜的壁、脏层感染后出现炎症反应，急性阶段为浆液性、纤维素性，随后转化为脓腐败性渗出。大量渗出物积聚心包腔内，使其心包腔内压增高，限制心脏舒张，致使静脉血回流受阻，心输出量减少，动脉压下降，中心静脉压升高至 25 厘米水柱以上，形成全身性血液循环障碍，往往因心力衰竭及毒血症死亡，造成化脓性心包炎。若病情延误或治疗不当，化脓性心包炎常常转化为慢性缩窄性心包炎。

由急性转为慢性时，食欲时好时坏，或吃草而不吃料，或吃精料而不吃草；瘤胃蠕动微弱，次数减少，反刍口数多少不定；常常出现瘤胃鼓气，鼓气时食欲废绝，鼓气消除后，又有食欲。病牛消瘦，产奶量持续下降。

3. 诊断

(1) 观察临床症状。食欲和反刍减少，表现弓背、呻吟、消化不良、胸壁疼痛、间隔性鼓胀。用手捏压甲部或用拳头顶压剑状软骨左后方，患畜表现疼痛、躲避，站立时外展。下坡、转弯、走路、卧地时表现缓慢和谨慎，起立时多先起前肢（正常情况下先起后肢）如刺伤心包，则脉搏、呼吸加快，体温升高。

(2) 检查血液。患病牛白细胞总数可增高到10 000～14 000个/立方毫米，其中，嗜中性白细胞由正常的36%增至50%～70%，而淋巴细胞则可由正常的56%降至30%～45%。淋巴细胞与嗜中性白细胞的比例呈现倒置。

此外，有条件的可用金属探测器检查，或用取铁器进行治疗性诊断

4. 病理变化

本病的病理变化依金属异物的性状而异。一部分病例只引起创伤性网胃炎，特别是铁钉或铁丝，可使胃壁深层组织损伤，局部增厚，发生化脓，形成瘘管或瘢痕。也有一部分病例网胃与膈黏连，或胃壁局部结缔组织增生，在增生的组织内常埋藏有金属异物，有的形成大小不等的脓肿，临床见到的网胃底壁巨大脓肿经穿刺排出稀薄恶臭浓汁，有的网胃壁上有数个鸡蛋大到拳头大的脓肿。

还有一部分由于网胃壁穿孔，形成弥漫性或局限性腹膜炎，乃至胸膜炎，常常发生腹腔器互相粘连，瘤胃与腹膜粘连，腹膜与腹横肌变性，或于膈、脾、肝、肺各部分发现一个或数个脓

肿。弥漫性腹膜炎病例，左侧腹腔积脓，严重的病例右侧腹腔也发生积脓，有时由纤维蛋白将腹腔分隔成数个大小不等的脓腔。心脏受损时，心包中充满多量化脓腐败性纤维蛋白渗出液；也可能发生肺炎、肺脓肿、肺和胸膜粘连等病理变化。

5. 防治措施

（1）预防。

①注意防止尖锐金属异物混入饲草饲料是防止该病发生最根本、最有效、最基础的方法。因此，必须切实加强饲草刈割、收获、运输管理，严禁使用废钢丝、铁丝编制的箩筐和容器；加工、调制饲料时，必须认真仔细地清除检净金属、塑料、木屑等异物；有条件的规模奶牛场，可采用电磁筛去除金属异物。

②定期实施瘤胃、网胃去铁。每年 1 ~ 2 次采用金属探测器对奶牛进行检查，对阳性牛用瘤胃取铁器实施瘤胃、网胃取铁，有效减少本病发生。

③采取牛瘤胃投入磁笼的方法，可预防本病发生。大理市部分澳大利亚进口奶牛，均采用瘤胃投放磁笼，对预防本病发生效果较好。

（2）治疗。分为保守疗法和手术疗法

①保守疗法通常用于发病初期，是在早期确诊的基础上应用的。方法是将牛立于斜坡或斜台上，保持前躯高后躯低的姿势，减轻腹腔脏器对网胃的压迫，促使异物退出网胃壁。同时，应用磺胺类药物，按 50 毫克/千克体重内服或用青霉素 1 600万国际单位与链霉素 6 克，每天上下午分别肌肉注射，连续用药 3 天，可治愈 70%，也可用特制网胃内金属异物打捞磁铁经口投入网胃中，吸出胃中游离的金属异物，但对已刺入网胃壁上的金属异物难以取出，这对预防创伤性网胃炎有一定作用。

此外，加强饲养和护理，使病牛保持安静，先禁食 2 ~ 3 天，其后给予易消化的饲料，并适当应用防腐止酵剂、高渗葡萄糖或葡萄糖酸钙溶液，静脉注射增进治疗效果。

②手术疗法主要用于病程长，确诊较迟，已发生腹膜炎或与其他器官发生粘连的病例。手术方法是：施行瘤胃切开术，用手经瘤胃从网胃中取出异物。

由于这种网胃性腹膜炎严重影响全身状况，并且其病理变化是不可逆的，手术的成功与失败不决定于手术本身，纵使手术成功地取出金属异物并获得创伤的第一期愈合，但这种病牛在以后还将严重地影响泌乳能力，同时，在手术后还必须需要使用抗生素及补液疗法特殊护理一个较长的阶段，这在经济上也是很大的花费。因此，对发病较长的奶牛，一般做淘汰处理，而无需再进行手术。

十、瘤胃酸中毒

瘤胃酸中毒主要是因过食富含碳水化合物的谷物饲料，在瘤胃内高度发酵产生大量乳酸，引起急性代谢性酸中毒。病畜出现消化障碍，瘤胃胀满，精神沉郁，运动失调，卧地不起，神智昏迷，酸血症，脱水和休克死亡。

1. 病因

本病的发生主要是饲养管理不当造成的。奶牛和肉牛饲喂大量谷物饲料，特别是粉碎过细的谷物，耕牛突然变更饲料，饲喂大量精料，或者偷食大量谷物或精料，饲养人员任意给动物添加饲料或喂料不均，大量精料在瘤胃内高度发酵，产生大量乳酸。或者气候骤然变化，牛羊出现应激，消化机能紊乱，瘤胃内微生物失调，迅速发酵也产生大量酸性物质，导致严重的瘤胃酸中毒。

2. 临床症状

本病的临床表现，根据采食饲料的种类和数量不同而有差异。一般来说，采食粉碎加工后的谷物发病比采食未加工的发病快，并且采食量越大，病畜危险性越大。最急性病例，常在采食后无明显症状，突然死亡。病情较轻的，表现精神恐惧，食欲和反刍废绝，瘤胃蠕动减弱，肚腹胀满，粪便呈现灰白色，松软或下痢，间或出现腹痛症状，后肢踢腹。

急性瘤胃酸中毒综合征表现：精神沉郁，目光呆滞，惊恐不安，步态不稳，食欲废绝，流涎，磨牙，空口虚嚼，胃蠕动消失，涨满，黏硬，粪便呈灰白色。多数病例出现体温正常或降低，36.5～38.5℃，亦有少数病例体温升高，呼吸频数，气喘，呼吸困难，心跳急速。重症病情恶化，心力衰竭，循环虚脱死亡。

神经症状：病畜精神迟钝，运动强拘，姿势异常，神志不清，眼睑反射减退或消失，瞳孔对光反射不敏感，有时狂暴不安，具有攻击性，视觉障碍，直奔或转圈，横冲直撞，以角抵墙，狂暴难于控制。后期后肢麻痹，瘫痪，卧地不起，头贴地昏睡，角弓反张，眼球震颤，兴奋与抑制交替发生，甩头，呈游泳状，继而抑郁，昏迷死亡。

病理变化：须在病畜死亡后1小时内进行剖检。发病后24～48小时内死亡的急性病例，瘤胃和网胃内容物充满粥状内容物，具有乳酸气味，黏膜上皮角化，易脱落，露出暗色斑块，底部出血。真胃内常有大量谷物颗粒，真胃与肠管黏膜出血性炎症。病畜血液黏稠，色暗，内脏静脉淤血、出血和水肿，肝脏肿大，质脆易碎，心脏内外膜出血，肾脏淤血。病程长的瘤胃壁和网胃壁发生坏死，胃壁增厚，暗红色，隆起，表面渗出浆液，组织脆弱，切面呈胶冻状，脑及脑膜充血，实质器官和淋巴结具有不同程度的淤血、出血和水肿。

本病常常伴发脱水和蹄叶炎、瘤胃炎、瘤胃积液，病畜眼球下陷，皮肤紧缩，血液浓稠，黏膜发绀，呼吸急促，尿少。多数病例四肢疼痛，跛行。血液碱储降低，酸度升高。

3. 诊断

根据过食富含碳水化合物的谷类饲料病史、临床病症和实验室检查，病畜瘤胃胀满，卧地不起，具有蹄叶炎和神经症状，瘤胃液的 pH 值降到 5. 0 以下和酸血症，血清转氨酶显著升高，碱储降低，尿液呈酸性反应等，可作出诊断。并需要注意与其他类似疾病的鉴别诊断。尤其是过食黄豆，呈现狂暴不安，神经症状显著，应和脑炎区别。

4. 防治措施

（1）预防。本病的预防主要是加强饲养管理，注意饲料的选择和调配，饲料日粮水平符合要求，不可随意加料，防止动物偷食等措施。

（2）治疗。本病主要通过以下几个方面进行治疗。

①解除体内乳酸：酸中毒较轻的病例，可先进行洗胃，或用氧化镁，1 克/千克体重，加温水 10 升，投入瘤胃内，并进行瘤胃按摩，促进乳酸中和。重剧性病例需要急救，全身情况好转后，施行瘤胃切开手术取出瘤胃内容物，并将瘤胃内大量的酸性积液导出，可除去大量的乳酸和有害发酵产物。

②纠正机体酸中毒：当病畜出现机体酸中毒和脱水症状时，使用抗酸药物治疗：5% 碳酸氢钠溶液静脉注射，纠正体内代谢性酸中毒，同时，应用 5% 葡萄糖氯化钠注射液 3 000 ~ 5 000 毫升，20% 安钠咖 10 ~ 20 毫升，增强心脏功能，补充循环血液量和稀释血液中乳酸的浓度，可获得良好的效果。内服酵母片 50 ~ 100 克，促进瘤胃内丙酮酸氧化脱羧，增强乳酸代谢。

③消除过敏反应：防止继发瘤胃炎、蹄叶炎和急性腹膜炎，过敏反应和休克，肌肉注射扑尔敏，牛 60 ~ 100 毫克，羊 10 ~ 20 毫克。或使用盐酸苯海拉明或盐酸异丙嗪治疗。抗休克注射地塞米松（孕牛忌用），牛 10 ~ 30 毫克，羊 2 ~ 5 毫克，可以消炎，抗过敏，防止病畜休克。

④镇静安神：病畜发生神经症状时，除应用硫代硫酸钠外，还需要及时应用0.25%盐酸氯丙嗪10～20毫升，肌肉注射；或使用安溴注射液100毫升，静脉注射，可镇静安神，调节神经系统的紊乱。当颅内压升高时，可使用20%甘露醇静脉注射，防止脑水肿，缓解神经症状。

⑤促进胃肠蠕动，增强胃肠机能：治疗过程中应该注意清理胃肠，防腐止酵，可使用止酵药物，健胃剂和兴奋胃肠蠕动的药物，可参考前胃弛缓的治疗。

十一、真胃阻塞

真胃阻塞也称饮食性皱胃积食，主要由于大量摄入磨细、含沙饲料而导致迷走神经调节机能紊乱，皱胃内容物滞留、胃壁扩张、体积增大、形成阻塞，导致消化机能障碍、瘤胃积液、自体中毒和脱水，常常导致死亡。本病主要发于牛，体质强壮的成年牛、耕牛、妊娠的肉用牛多发。

1. 病因

本病多由于饲料与饲养或管理使役不当而引起的。冬春缺乏青绿饲料，用谷草、麦秸、玉米秸、高粱秸或稻草喂牛，发病率较高；饲料中含泥土过多未经清除饲喂或因饲喂麦糠、豆秸、地瓜蔓、花生秧和其他秸秆，引起饲养失宜、饮水不足、劳役过度和神情紧张等，也是引发该病的病因。

原发性真胃阻塞，犊牛有的因大量乳凝块滞积而发生；成年牛有的因误食胎盘、毛球或麻线而发生；犊牛与羔羊因误食破布、木屑、刨花以及塑料布等，引起机械性真胃阻塞。

真胃阻塞病例都具有迷走神经性消化不良综合征表现，多继发于前胃迟缓、创伤性网胃腹膜炎、腹腔脏器粘连、真胃炎、肠便秘以及肝脾疾病。继发性真胃积食常见于巨大的肝脓肿对真胃的压迫，和犊牛长期大量服用磺胺类药物和抗生素的情况。

真胃阻塞有以下几种常见的类型。

(1) 真胃完全阻塞。真胃内充满干涸的饲草，真胃体积扩张2~3倍，内容物坚实，含水量少，用手指难以掏出。

(2) 真胃不完全阻塞。真胃底部以及幽门部有板结成块的积粪，皱胃的液体和少量内容物可以向后排空，板结成团块的积粪，影响真胃的正常运动，并影响前胃的运动。

(3) 真胃积沙。于真胃底部积沙，积沙量2~3千克。

(4) 真胃内异物在真胃完全阻塞和不完全阻塞的情况下，真胃内有金属异物，如铁丝等。

2. 临床症状

病初患牛表现：食欲、反刍减退或消失，喜饮水。瘤胃蠕动音减弱，瓣胃音低沉，肚腹无明显异常；尿量短少，粪便干燥。病情发展，病牛食欲废绝，反刍停止，肚腹显著增大，瘤胃内容物充满，腹部膨胀或下垂，瘤胃与瓣胃蠕动音消失，肠音微弱；常呈排粪姿势，但仅排出少量糊状、棕褐色的粪便，混有少量黏液或紫黑色血丝和凝血块，恶臭。尿量少而浓稠，深黄色。

瘤胃冲击性触诊，呈现波动。真胃体积增大，硬度增加而下沉，真胃穿刺可感到有阻力，回抽注射器，则抽不出内容物。真胃内容物测定，pH 值为1~4。

病畜真胃区视诊：可见右侧中腹部向后下方局限性膨隆；真胃区冲击式触诊，可感触到真胃显著扩张的轮廓及坚硬度。

直肠检查：内有少量粪便和成团的黏液，混有坏死黏膜组织。体形较小的牛，手伸入骨盆腔前缘右前方，能摸到向后伸展扩张呈捏粉样硬度的真胃体。

全身机能状况：精神沉郁，被毛逆立，体温正常，个别病例体温略微升高。重剧病例发生脱水和自体中毒时，心跳可达120次/分钟以上。血液常规检查见血沉缓慢，嗜中性白细胞增多及伴有核右移，但有少数病例白细胞总数减少，嗜中性白细胞比率降低。

病末期：病畜全身机能明显恶化，极度抑郁，皮肤弹力减退，鼻镜干燥，眼球下陷，结膜发绀，舌面皱缩，血液黏稠，体质虚弱，呈现严重的脱水和自体中毒症状。

犊牛和羔羊消化不良，犊牛由坚韧乳凝块而引起真胃阻塞，持续下痢，体质瘦弱，腹部膨胀而下垂，用拳冲击式触诊腹部，可听到一种类似流水的异常音响。

病理变化：真胃极度扩张和伸展，体积增大，超过正常两倍以上。局部缺血的部分，胃壁菲薄，容易撕裂，内容物过度充满。真胃黏膜炎性浸润、坏死、脱落，幽门区和胃底部散在出血斑点或溃疡。瓣胃体积增大，内容物滞积、黏硬，瓣叶上粘着干涸饲料，瓣叶坏死，黏膜大面积脱落。瘤胃充满大量粥状液体，腐臭，黏膜有炎性变化和出血现象。

3. 诊断

右腹部真胃区局限性膨隆，在此部位用双手掌进行冲击式触诊便可感到阻塞真胃的轮廓及硬度，这是诊断该病的关键方法。在肷窝进行叩诊在肋骨弓进行听诊，呈现叩击钢管清朗的铿锵音，真胃穿刺测定其内容物，即可确诊。同时，要和以下病例进行区别。

（1）创伤性网胃炎创伤性网胃炎时，有独特的姿势，如肘头外展，肘肌震颤，触诊左侧心区和剑状软骨区有疼痛，初期有体温升高，这些都是真胃积食所没有的。

（2）皱胃移位皱胃移位，瘤胃有蠕动，左侧移位时，在左腹肋至肘后一线以下的区域，可听到高调的叮铃声钢管音或流水声。而皱胃阻塞时瘤胃蠕动消失、坚硬，后期有拍水声，且症状逐渐加重，脱水、碱中毒明显。

（3）瓣胃阻塞瓣胃阻塞，触诊右腹部 7 ~ 9 肋间坚实、增大，脱水和电解质平衡紊乱程度较轻；真胃阻塞时，触诊变化在右腹下四分之一处，有时可超出右肋弓之外，脱水、电解质平衡紊乱程度较重。

4. 防治

（1）预防。加强饲养管理，日粮要平衡，控制精料喂量。麦秸、高粱秸要加工调制，喂时要给一定的多汁饲料和青绿饲料，要充分注意供应饮水，块茎类饲料要洗净泥沙后再喂。

（2）治疗。本病治疗重在消积化滞，防腐止酵、促进真胃内容物排除，防止脱水和自体中毒。

①消积化滞、防腐止酵：早期病例可使用胃蛋白酶 80 克，稀盐酸 40 毫升，陈皮酊 40 毫升，番木鳖酊 20 毫升，配合内服，每天 1 次，连续 3 天，真胃内注射生理盐水 2 000毫升。还可应用硫酸钠 300 ~ 400 克，植物油 500 ~ 1 000毫升，鱼石脂 20 克，95% 酒精 50 毫升，常水 6 000 ~ 8 000毫升，混合内服。本病后期发生脱水时，忌用泻剂。

②促进胃肠机能，防止脱水和自体中毒：强心输液用 10% 氯化钠溶液 200 ~ 300 毫升，20% 安钠咖溶液 10 毫升，静脉注射。当发生自体中毒时，可用撒乌安注射液 100 ~ 200 毫升静脉注射。发生脱水时用 5% 葡萄糖生理盐水 2 000 ~ 4 000毫升，20% 安钠咖溶液 10 毫升，40% 乌洛托品溶液 30 ~ 40 毫升，静脉注射。必要时，应用维生素 C 10 ~ 20 毫升，肌肉注射。适当应用抗生素或磺胺类药物，防止继发感染。

③严重病例，药物治疗效果不好。确诊后要及时施行瘤胃切开术，掏空瘤胃内容物，将胃管插入网-瓣胃孔，通过胃管灌注温生理盐水，冲洗瓣胃和真胃，达到疏通的目的。真胃切开术，切开部位在腹中线与右侧腹下静脉之间，从乳房基部起向前12 ~ 15 厘米，与腹中线平行切开 20 厘米。切开真胃后，清除真胃内容物。

十二、食管阻塞

食管阻塞又称食道梗阻，俗称草噎，是指食管被草料，硬块饲料或异物阻塞在食管腔内，不能顺利咽下到胃所引起的疾病。临床上以吞咽障碍，流涎，反流并发瘤胃鼓胀等为特征，各种动物均可发生。按其部位可分为咽部食道阻塞、颈部食道阻塞和胸部食道阻塞。

1. 病因

原发性食管阻塞主要是由于动物过度饥饿，当采食未碎制的块茎，块根饲料以及西瓜皮或苹果，大块豆饼，干燥成团的草料，病畜未充分咀嚼，急于吞咽造成；还有误食各种异物像砖石、金属、玻璃片等，尤其当采食时争抢，突然受到惊吓更容易发生；有的因为全身麻醉后未完全苏醒，食道神经麻痹状态下进食，导致阻塞。

继发性食管阻塞，常见于食管麻痹，食管狭窄和扩张，或食管炎症引起的食管痉挛状态下采食引起。

2. 临床症状

病畜在未进食前一切正常，采食过程中突然中断，恐惧不安，缩脖伸颈，空口咀嚼，张口伸舌，不断做吞咽动作，吞咽后很快从口鼻流出大量含有饲料碎片的白色泡沫状涎液，呈牵缕状。因食管和颈部肌肉收缩，引起反射性咳嗽。病畜呼吸急促，惊恐不安。一般说来，完全阻塞，采食、饮水后从口腔或鼻腔漏出或反流出来，并且流出的水中含有大量泡沫样唾液，出现空口咀嚼和吞咽动作，并且呼吸困难，不断流涎。

发生颈部食管阻塞时，常在左侧颈静脉沟处局限性隆起，以手触诊可摸到异物，并有疼痛反射。病畜吞咽后立即从鼻孔反流出食物和唾液。当胸部食管阻塞时，病畜能少量进食，但是都蓄积在颈部食管内，颈部食管沟呈圆筒状隆起，随后大量唾液和食糜也会从鼻孔返流，呕吐物不含盐酸，也无特殊臭味。颈部触诊摸不到阻塞物，但是，因食管中常积满唾液，触诊有波动感，用胃导管检查时当到达受阻部位时有受阻感，强行进管的话牛会疼痛，当阻塞物被捅入瘤胃时，牛的症状消失。当有刺的植物像仙人球进入瘤胃，当病牛反刍时，从瘤胃进入食道造成阻塞，这种阻塞不易发现，但在解剖时能看到下部食道有化脓性炎症反应。同时当阻塞物是玻璃片或是金属片时不能强行进管，以免造成食道穿孔。

牛食管完全阻塞时，不能嗳气和反刍，发生急性瘤胃鼓气，呼吸困难；不完全阻塞时无流涎，轻度鼓气，能饮水。

3. 诊断

根据病畜突然发生吞咽困难、流涎、伸颈抬头、瘤胃鼓胀等，结合临床症状和食管外部触诊，发生深部食管阻塞，进行胃管探诊是可靠的诊断方法，胃管到达阻塞部位，可感到明显的阻挡感。但是单纯从流涎和吞咽困难等症状，还应和其他疾病鉴别诊断。

（1）胃扩张。呼吸困难和呕吐，但是呕吐物具有酸臭味，酸性，腹痛症状更明显，足以鉴别。

（2）食管痉挛。临床症状相似，但是，胃管探诊，可进入胃内，无异物阻挡，痉挛严重者，可使用水合氯醛等解痉剂后插管，可顺利插入。

（3）食管狭窄。病情缓慢，吞咽困难。但是，饮水和流质食物可顺利咽下。

（4）咽炎。吞咽困难，但是，咽部的局限性症状和病理变化明显区别于本病。

（5）食管炎。炎症部位高度敏感，造成食管肌肉痉挛，引起食管阻挡，但是使用1%～2%普鲁卡因30～50毫升浸润于食管炎症局部，胃管可顺利通过。

4. 防治措施

（1）预防。做好饲料加工调制，块根饲料应加工切小，饼状饲料应粉碎泡软后再喂家畜，饲喂要定时定量，防止过度饥饿，采食过急。饲料要做好保管工作防止牛偷吃，牛舍运动场内的金属物体玻片应及时清理以防混入饲料中，有异食癖的动物要及时治疗，勿使其接触异物。要保持牛舍安静，以防在牛进食中受到惊吓。

（2）治疗。本病的治疗主要为消除阻塞物，将其送入瘤胃或取出，其次为治疗局部炎症。

①施压法：当发现奶牛食道阻塞时应先立即停止饲喂，可试用缰绳从左侧颈部穿过两前肢间并将缰绳末端缠绕在右后肢，适当收紧缰绳，使病牛的头向左侧后下方弯曲，接着把缰绳系在右后肢上，反复牵引牛做上下坡运动，这样阻塞物可自行送到瘤胃。

②砸碎法：多应用于颈部食道阻塞，阻塞物多为脆性易碎物，纤维少，如土豆、地瓜等物，将牛右侧横卧固定好，固定食道阻塞物，在阻塞物下面放一平坦木板，然后用锤子准确而有力地猛击阻塞物将其砸碎，或将阻塞部位上垫上棉花布片等物，用锤子砸碎。

③口取法：当阻塞物在颈部食管的起始部时，大动物可装置开口器，操作时将牛头和开口器固定牢固，一人从牛经外部两侧将阻塞物推到咽喉头部位固定住，另一人手伸到咽喉部位食道内可取出阻塞物或用双折圆头铁丝圈套在阻塞物上也可取出。

④疏导法：当确诊食管阻塞时，对动物使用解痉剂，松弛紧张的肌肉，然后用植物油或液体石蜡 50 ~ 100 毫升；可加入 0.5% ~1% 普鲁卡因 10 毫升，灌入食管，然后插入胃管将阻塞物慢慢向胃内推移。阻塞物应该为食物，异物不可。

⑤打气法：疏导法不见效果，可先插入胃管，装上胶皮球，

吸出食管内的唾液和食糜，并灌入少量温水，保定好病畜，头部降低，通过胃管打气，并趁势推动胃管，将阻塞物导入胃内。用力不能过猛，以免引起食管破裂。

⑥挤压法：牛、马采食马铃薯等块根饲料颈部阻塞时，可参照疏导法，先灌入少量解痉剂和润滑剂以润滑食道，浸软阻塞物，再将病畜侧卧保定，限制头部和前肢，用平板垫在阻塞部位然后以手掌抵住阻塞物下端，朝向咽部推挤，然后由口腔取出。

上述方法无效时，应果断进行食管切开手术，排出阻塞物。反刍动物继发急性瘤胃鼓气时，为防止窒息，应立即实行瘤胃穿刺放气，并向瘤胃内注入制止发酵的药物，病情缓解后再消除阻塞物。

另外，食管阻塞会在阻塞局部发生炎症，应结合抗菌消炎疗法。但忌灌服药物，1～2 天内停喂草料，可饲喂少量稀粥或麸皮水。

十三、肠变位

肠变位是由于肠管自然位置发生改变，致使肠系膜受到挤压绞榨，肠管血液循环发生障碍，肠管陷于部分或完全闭塞的重剧性腹痛病。肠变位主要包括：肠套叠，肠扭转和肠嵌闭。

1. 疾病概述

（1）肠套叠。是一段肠管伴同肠系膜套入与之相连续的另一段肠管内，形成双层肠壁重叠现象。

（2）肠扭转。肠管沿着自身的纵轴或以肠系膜基部为轴而作不同程度的偏转。

（3）肠嵌闭。一段肠管连同肠系膜坠入与腹腔相通的天然孔或破裂孔内。

2. 病因

本病的发生主要是由于肠管运动机能紊乱，迟缓或者痉挛性收缩，肠管充盈状态改变，鼓胀和松弛等。多继发于肠痉挛，肠鼓气，肠便秘等病。

肠套叠主要是机体遭受寒冷刺激，或肠道有异物而引起消化不良，肠管痉挛性收缩所致。体内寄生虫也是诱发因素之一。

肠扭转的发生与肠迟缓或肠痉挛等运动失调有着密切关系，动物体位突然变化是发病的外界因素。

肠嵌闭由于腹腔天然孔或病理破裂孔的存在，病畜跳跃、奔跑、分娩等因素引起腹内压力增大，肠管和系膜被挤入而引起。

3. 临床症状

（1）腹痛：病初中度间歇性腹痛，后转为持续性剧烈腹痛，病畜急起急卧，翻滚，前冲后撞，极度不安，踢腹、摇尾，后肢站立时，背部低沉，特别是胸腰椎关节部分。发病后期腹痛变得持续而沉重，病畜肌肉震颤，站着不动，腹部紧张，行走小心，有时腹痛暂时消失。有些病例仅表现腹部不适感和里急后重。

（2）消化系统变化。病畜食欲废绝，口腔干燥，肠音沉寂或消失，排粪停止，继发胃肠积液或积气。如果肠腔不完全闭塞，肠音不整，有时高朗或金属音。初期阶段排粪减少，粪便内带有一些黏液，随后排粪越来越少，排出的一点点粪中常带有血凝块或鲜血丝，也有的排出的少量粪便颜色呈煤焦油样，粪便恶臭。

（3）全身症状。肠腔完全闭塞时，病势急，病畜表现全身或局部出汗，肌肉震颤，脉搏细数，心悸，呼吸困难，结膜潮红或发绀，病畜精神委顿与虚脱。体温升高约1℃。后期目光惊惧，或呆然不动，卧地不起，舌青紫或灰白，末梢器官冰凉，脉搏细弱，血液暗红黏稠，病畜昏迷或休克。

（4）腹腔穿刺。病初腹腔穿刺液增多，淡黄色或稍微发红，后期变为血水色，有时出现絮状物。

（5）直肠检查。直肠检查，病畜通常可能表现剧痛不安，尤其是当触及病变部位时。直肠内常蓄积少量棕褐色胶冻样粪便，或带有血凝块的少量粪便。肠套叠时常常可发现腊肠样圆柱状肿胀的套叠肠段，表面光滑、肉样感，牵拉敏感。肠扭转病例可摸到肿胀的肠系膜扭转索。有时可摸到肠嵌闭的部位和孔道，同时可发现腹腔内出现大量积气、积液的肠管。

4. 诊断

本病的诊断根据病情和临床症状，结合直肠检查可发现肠系膜紧张、肠管积气、积液，牵引疼痛及圆柱状肿胀肠段，可以初步诊断。必要时可作剖腹探查术。

5. 治疗

肠套叠的初期可试用温水高压灌肠法进行复位，套叠部分短者可能自然复位。但是，套叠部分长者，由于肠管和肠系膜紧张，牵引导致剧烈腹痛，套叠肠段都有不同程度的淤血与水肿，温水灌肠复位多不能奏效，若不及时手术复位，则套叠肠段发生坏死，常导致中毒性休克。因此，确诊发生了肠套叠，就应进行紧急手术救治。肠扭转和肠嵌闭首先可进行常规治疗，镇痛，补液，强心，纠正酸中毒，然后通过手术复位。

附：腹壁切开手术

（1）保定。马、牛在六柱栏内站立保定，重危病畜侧卧保定，小动物采取仰卧保定。

（2）麻醉。马、牛站立保定下镇静：速眠新麻醉注射液，用量为0.8～1.0毫升，并配合3%盐酸普鲁卡因腰旁神经传导麻醉。

（3）切口定位。马、牛采用右肷部中切口，切口长20～25厘米，小动物采取脐前腹中线切口，切口长10～15厘米。

（4）术前。手术部位常规剔毛，消毒，手术切口0.8%盐酸普鲁卡因局部浸润麻醉。

（5）手术方法。切开：术者持手术刀，锐性切开皮肤、皮肌，钝性分离腹外斜肌、腹内斜肌，腹横肌，助手协助充分止血，遇到较大血管进行双重结扎，然后切开，将腹膜先切一小口，然后剪开，显露右侧腹腔。小动物腹中线切开：依次切开皮肤和皮下组织，用手术刀将腹白线切一小口，用手术剪剪开，显露腹腔。

腹壁切口的缝合：肠管病变解除后，用生理盐水冲洗，将肠管还纳回腹腔内，进行腹壁切口的缝合。腹膜、腹横肌进行连续缝合，腹内斜肌、腹外斜肌连续缝合，皮肤结节缝合，外打结系绷带。

十四、肠便秘

肠迟缓导致粪便积滞，称肠便秘。牛的肠便秘与饲养管理不当有关。发生的部位有结肠便秘、十二指肠便秘、空肠便秘、回肠便秘、盲肠积粪和盲肠扩张。严重的便秘常使肠管闭塞不通，导致肠阻塞。便秘时间愈久，治疗愈困难，严重的可发生自体中毒或继发其他疾病而使病情恶化。对奶牛便秘症状的鉴别诊断在兽医临床诊断过程中具有重要意义。

1. 病因及机理

各种因素使胃肠运动减弱时，胃肠内容物停留时间延长，由于增加了吸收液体的时间，粪便干硬而量少，引起便秘。便秘发生原因主要包括以下几点。

（1）日粮中粗纤维饲料不足或过多及饮水因素。长期饲喂单纯的粉状饲料就会引起便秘。粗纤维具有亲水性，能在肠道内保持水分，从而避免粪便过于干燥。此外，结肠细菌的纤维素酶部分地消化纤维素、半纤维素，形成有轻微导泻作用的挥发性脂肪酸；纤维素还可保留一部分胆酸盐于结肠内，使胆酸衍化为脱氧胆酸，影响结肠的水与电解质吸收，使粪便软化。另一方面，经常喂给大量难于消化的粗饲料，这些粗纤维刺激胃肠道感受器，初期可使胃肠蠕动的兴奋性增高，而当刺激因子持久存在时，兴奋性随之减弱，使肠内粪便滞留。

充足的饮水量是保障家畜正常消化的必要条件。饮水不足时，消化液分泌减少，胃肠蠕动减弱，食物在胃肠内得不到充分消化，就逐渐停滞而发生便秘。经常给予含泥沙的饮水亦可造成便秘。

胃肠道疾病急性卡他或慢性卡他时，由于消化液分泌减少或胃肠蠕动减慢，排便迟滞，粪球干小，表面附有黏液。慢性肠卡他时，当肠机能处于兴奋性减弱状态，也会发生便秘。胃扩张、小肠积食、大肠阻塞、瓣胃阻塞、真胃阻塞、结肠阻塞以及肠变位等，病变前部的胃肠内容物不能后送，胃肠蠕动减弱，出现排粪减少，粪便干硬等现象。

（2）药物及毒物的作用。含鞣质的物质（鞣酸、鞣酸蛋白、青杠叶中毒等）、铋制剂（次硝酸铋等），阿托品类药物中毒，这些具有收敛作用和能阻断节后胆碱能神经所支配的效应器中乙酰胆碱受体的物质，均可引起肠蠕动弛缓而发生便秘。

支配排粪的神经受损和排粪动力缺乏，排粪动作受盆神经、阴部神经及腹下神经支配，由于压力的机械刺激使感受器将冲动传至脊髓腰荐段的低级排粪中枢，再传入中枢神经系统的高级中枢，最后由中枢发出冲动经盆神经传至大肠后段和肛门括约肌，引起排粪，在腰荐受损如腰间椎挫伤引起的后躯麻痹，常可造成顽固性的直肠便秘。排粪动力主要依靠腹肌、膈肌、盆底肌肉、肛提肌及肠平滑肌。如果各有关肌肉衰弱而使排粪动力不足或缺乏，便可引起便秘。常见的原因有老龄、衰弱、消耗性疾病、恶病质、过度肥胖等因素，大量腹水、腹内肿瘤引起腹肌衰弱、膈神经麻痹、慢性肺气肿等因素以及运动不足。肠黏膜反应性降低及其他因素虽有足够肠道刺激，但不能引起肠道运动或排粪反射，见于肠黏膜的病变。低血钾症引起肌肉张力缺乏，反刍动物慢性铅锌中毒使肠道肌肉麻痹或痉挛。

2. 症状

排粪减少或不排粪是本病的主要特征。病牛病初有腹痛表现，两后肢交替踏地，成蹲伏姿势；后肢踢腹；拱背，努责，呈排粪姿势。病程延长以后，腹疼减轻或消失，不吃草，反刍停止，鼻镜干燥，结膜污秽或黄染。口腔干臭，有灰色或淡黄色舌苔。通常不见排粪，频频努责时仅排出一些胶冻状黏液。直肠检查时，肛门紧缩，直肠内空虚，有时在直肠壁上附着少量的干燥粪屑或蓄积少量胶冻样黏液。病后期病牛眼球下陷，可视黏膜干燥，皮肤弹性下降，目光无神，腹围增大，鼻镜干裂机体抵抗力很差，卧地后起立困难，心脏衰弱心律不齐，脉搏快弱。对右腹部进行冲击式触诊有明显振水音。用叩诊器对右腹部鼓气积液肠段叩诊，可出现明显金属声。病程一般 6 ~ 12 天，若不治疗多以脱水或虚脱而死。

3. 诊断

（1）诊断要点。具有便秘症状的疾病较多，诊断时主要依据问诊与临床检查，特别是观察排粪及粪便情况，即可进行类症鉴别，必要时进行直肠检查和药物性诊断，有助于确诊。但有时须与瘤胃积食、皱胃阻塞、瓣胃梗塞进行鉴别诊断：严重的瘤胃积食病牛，瘤胃向右腹部扩张，瘤胃压迫十二指肠，可引起假性肠梗阻，但瘤胃高度充满是区别肠便秘的要点；皱胃阻塞也有不排便的，在皱胃区触诊可触及到大如西瓜的坚硬皱胃；瓣胃阻塞缺乏肠便秘的临床特点，也能拍出一些球状粪便。

便秘综合症状肠蠕动音减弱或停止，排粪次数减少或停止排粪，粪块干燥硬固，表面多呈黑褐色，严重便秘常引起腹痛和发热。长时间便秘，由于自体中毒引起沉郁、厌食、虚弱和心功能不全。根据上述伴随症状的出现，可以判断便秘的持续时间和严重程度。

（2）诊断方法。口腔变化：便秘时，口腔干燥，口色正常或稍红，有薄层灰白或灰黄色舌苔，口腔有甘臭或稍有腐败臭，牙齿磨灭不整，硬腭往往肿胀。

听诊：瘤胃蠕动次数减少，每次蠕动持续时间变短，蠕动音减弱；瓣胃及真胃音消失，肠音减弱，有时可听到金属音；心音和肺音一般无变化。

排粪情况及粪便观察：排粪时费劲，排出的粪便稍干，粪表面发黑，呈小饼状或算盘珠状。病重时不排粪，如真胃阻塞时，可持续十几天不排粪。直肠麻痹时，直肠内蓄积多量粪便，常需将手伸入直肠掏取。

4. 治疗

治疗方法分为保守疗法和手术疗法。

依据奶牛结肠便秘的病情，应用疏通、减压、强心、镇痛、消炎、补液综合治疗的原则。采取内服、静滴肌注 3 种给药途径实施治疗。

内服用药：胃大舒 15 毫升 +1 500毫升，温水；清热解毒片 30 克，一次灌服，日 2 次，连用 3 天。

静脉给药：安溴注射液 200 毫升 +5% 葡萄糖注射液 400 毫升；攻克 12 克 +30% 安乃近 70 毫升 +0. 95% 氯化钠注射液 400 毫升；氢化可的松注射液 80 毫升 +5% 葡萄糖注射液 300 毫升；反刍特灵（核黄素）注射液 50 毫升 +0. 9% 氯化钠注射液 300 毫升；牛羊鹿宝针注射液 50 毫升 +5% 葡萄糖注射液 400 毫升；胆效（穿心莲）注射液 50 毫升；连用 3 天。

肌肉给药：胃尔康注射液 25 毫升，一天 2 次，连用 3 天。

手术疗法：凡临床确诊为肠便秘者，均应尽早采用剖腹探查术，确定便秘点后，进行隔肠按压，隔肠注水与隔肠按压或肠侧壁切开取出便秘点。

第二节　呼吸系统疾病

一、鼻炎

鼻炎是由于外界刺激或病原感染引起的患牛鼻黏膜至鼻甲部发生炎症，主要分为变应性鼻炎和肉芽肿性鼻炎。

1. 病因

肉芽肿性鼻炎通常是由于病牛鼻腔受到放线杆菌的感染而引起，引起该病的主要病原菌为利尼埃尔氏放线杆菌和牛放线杆菌。

利尼埃尔氏放线杆菌肉芽肿一般为单侧外鼻孔内肿块，呈红色、隆起、肉样、易出血。症状为单侧鼻孔内肿块进行性肿大，随着肿块增大出现吸气性呼吸困难至鼻孔完全阻塞。肉芽肿发生在鼻环损伤时鼻中隔附近的黏膜或软组织遭受异物或纤维性物质损伤的其他部位黏膜上。鼻腔深部、喉、咽或气管发生肉芽肿的患畜，表现出进行性吸气性呼吸困难和流鼻液。

在肉眼检查中，肉芽肿常与肿瘤相混淆，因此，需要采取活检组织做组织病理学和组织培养检查。切面上肉眼可观察到硫黄样颗粒，可作出初步诊断。利尼埃尔氏放线杆菌或牛放线杆菌引起的肉芽肿虽然常常在靠近外鼻孔的部位发现，但也可发生在上呼吸道和气管的任何部位，因此，这些条件病原菌存在于口腔和咽。当黏膜受损后软组织出现感染，这两种微生物可产生类似的肉芽肿。除发生在外鼻孔的肉芽肿外，其他部位的肉芽肿都需要进行内窥镜和射线照相检查。

2. 临床特征与表现

（1）变应性鼻炎也称夏季鼻塞，主要发生在春、夏季转到草场的牛。患牛不表现出疾病过程，但双侧鼻孔流出多量鼻液以及出现鼻瘙痒的症状，这种状况在一群荷斯坦—安格斯牛被认为是一种家族性疾患。

（2）肉芽肿性鼻炎弥散性鼻肉芽肿在我国奶牛不常见。如有发生多为鼻孢子虫感染所致。肉芽肿发生在鼻黏膜至鼻甲部，随着肉芽肿增大，鼻腔气道逐渐变窄，因此，症状呈现为进行性吸气性呼吸困难，流鼻液和鼻瘙痒。畜主往往发现病牛鼻出血。利用局部光照观察鼻孔，可见淡褐色或褐色的肉芽肿结节，利用内窥镜可进一步确定这种病变。通过实验室活检组织进行组织培养和组织病理学检查，可确定鼻肉芽肿的病因。

3. 预防

注意奶牛转运过程和季节天气变化幅度，采取必要措施减少剧烈变化而对奶牛产生的环境刺激因素。在饲喂牧草和饲料时，拣出饲料中掺有的尖锐物或其他可能损伤奶牛鼻黏膜的杂物，避免鼻腔损伤而容易导致病原的侵入与感染。

4. 治疗

治疗利尼埃尔氏放线杆菌引起的肉芽肿，包括切取活检组织到沿鼻黏膜切除肿块，同时施以碘化钠治疗，治疗过程避免剂量过大出现碘中毒。一般需要静脉注射碘化钠（30 克/450 千克体重），间隔 2 ~ 3 天再进一步治疗，或者先静脉注射后每天口服有机碘化物（30 克/450 千克体重）。对严重或复发病例，除碘化钠外，还需施用抗生素。青霉素、氨苄青霉素和磺胺已用于治疗尼埃尔氏放线杆菌的感染。可能时要做微生物培养和药物敏感试验。一般预后良好。

牛放线杆菌引起的肉芽肿治疗比较困难，因为这种微生物对碘化钠不敏感。可用链霉素（肌注，11 毫克/千克体重，每日两次）结合青霉素（肌注，22 000国际单位/千克体重，每日一次）进行治疗；另外，单独使用磺胺类药物或利福平（口服，

4.4 毫克/千克，每日两次)，或与碘化钠或抗生素结合施用也有效果。对软组织肉芽肿也可外科切除。对牛放线菌引起的病变，其预后要谨慎。

二、额窦炎

1. 病因

犊牛和成年牛的额窦炎可为急性或慢性，急性额窦炎常见，并常在粗暴去角之后发生。因为机械的污染和技术本身的问题，没有经验的人对犊牛和成年牛施行去角术的危险性最大。如果急性额窦炎发生在去牛角之后不久，在窦角状突起的伤口处可见流出的脓汁和厚痂。多数细菌，如化脓放线菌、多杀性巴氏杆菌、埃希氏大肠杆菌和一些兼性厌氧菌可引起急性额窦感染。如果伤口碎片或结痂阻塞角状突起的开口，造成无氧环境，破伤风是另一种可能的并发症。

2. 临床症状与表现

慢性额窦炎在牛去角后数月至数年发生，或者根本与去角术没有关系，因为该病也偶尔发生于去角手术良好的去角牛、无角牛或带角牛。像其他动物一样，上行性上呼吸道感染是慢性额窦炎的病因之一，常由多杀性巴氏杆菌引起，慢性额窦炎偶尔与陈旧的去角并发症有关，如轻度感染、颅骨片或死骨片，典型的是化脓放线杆菌感染或者化脓放线菌、多杀性巴氏杆菌、兼性厌氧菌或其他革兰氏阴性微生物的混合感染。

急性额窦炎的临床症状：发热（39.4～41.1℃），单侧或双侧流黏液脓性鼻液，沉郁，头痛，眼半闭，伸头和伸颈，鼻镜架在支撑物上，额窦叩诊敏感。

慢性额窦炎的临床症状：生产性能和体况持续或陆续逐渐降低，时常可见患牛单侧鼻孔鼻液流出，头颈伸长，眼半闭，低头，鼻镜靠在物体上显示疼痛。患牛常伴有持续性或间断性的发热。对于没有明显鼻液的病牛，常发生窦部骨鼓胀，筛骨与鼻腔的通道口发生阻塞。而病牛的这种窦骨肿胀具有间断性，当窦开口引流和鼻液流出后，窦骨肿胀减轻。触诊或叩诊发病牛的窦额骨上会引起疼痛，当检查者靠近患牛头部时，患牛表现出高度不安。窦骨肿胀可导致同侧眼球突出和同侧鼻道内的气体流动减少。有的病例由于窦骨糜烂，可能出现神经系统并发症如脓毒性脑膜炎、硬脑膜脓肿和垂体脓肿。另外，破伤风也可能是另一种并发症。偶尔慢性额窦炎牛由于眶后窦憩室感染性破坏造成眼眶软组织感染，发生眼眶蜂窝织炎、病理性眼球突出和面部脓肿。

3. 诊断

急性病例，依据临床症状、病史和窦部触诊或叩诊做出判断。并通过实验室进行细菌培养和敏感试验，以确保选择有效的抗菌药。

慢性病例根据临床症状和窦部触诊或叩诊即可做出诊断。然而，对于成年牛病例一定要排除肿瘤和其他类似疾病，如能对颅骨射线照相，将有很大的帮助。对于所有病例，有斯坦曼氏针钻入额窦采取脓性物质，进行细胞学检查和细菌培养都是不可缺少的手段。镇静和局部麻醉可减少患畜的痛苦，保证操作的顺利进行。

4. 治疗

急性额窦炎病例，要清洗牛角的伤口，用盐水或温和的消毒液清洗额窦，并选择适当的全身性抗生素治疗，施用 7 ~ 14 天。清洗和排除体液时，要先使患畜头倾斜，使清洗液灌满额窦，然后扭转头使清洗液排空。全身止痛药物如阿司匹林，可使患畜安静、舒服。

慢性病例需要在两处环钻钻开额窦，以便清洗和排出内容物。第一处在额窦角状突起部，第二处位于中线和两眼眶骨后部连线交叉处约 4 厘米处。第三个部位建议在眼眶后背侧和颞嵴内侧，但这个部位有一定危险，因为这能穿透受损软化的骨，偶尔可造成眼眶软组织感染。2岁以下的牛进行环钻额窦治疗时要更谨慎，因为青年牛额窦的口部和口内侧部分尚未形成，在这些动物建立口-口内侧引流道可能有损伤颅盖的危险。另外，可放置排液管连接两个环锯部位，以防止伤口提前闭合。环形钻孔直径最小为2.0~2.5厘米，否则将提前闭合。额窦内的液体脓汁是预后良好的现象，而脓性肉芽肿或实体组织的液体脓汁则提示预后要慎重。抗生素的选择一定要依靠实验室对细菌培养和药敏试验的结果，连续施用2~4周。

三、肺炎

肺炎是由多种因素引起的肺部炎症，按其解剖部位可分为小叶性肺炎和大叶性肺炎。小叶性肺炎又称支气管肺炎，是病原微生物感染或刺激物引起的以细支气管为中心并向其周围所属肺泡蔓延的症状。大叶性肺炎又称纤维素性肺炎或格鲁布性肺炎，是以肺泡内弥漫性纤维素渗出物为特征的一种急性炎症。病变始于局部肺泡，并迅速波及整个肺段或肺叶。

1. 病因

（1）小叶性肺炎。一般来说，小叶性肺炎是在细支气管炎的基础上发生的，因此，引起细支气管炎的致病因素都是小叶性肺炎的病因。①受寒感冒，特别是突然受到寒冷的刺激最易引起发病；②由于犊牛机体免疫能力低、抵抗力低，已受到病原微生物及病毒侵入而发病；③物理、化学及机械性刺激或有毒气体、热空气等刺激也可引起小叶性肺炎；④过敏原可引起牛只的过敏性小叶性肺炎；⑤在咽炎及神经系统发生紊乱时，常因吞咽障碍将饲料、饮水或唾液吸入肺内，或经口投药失误将药液投入气管内而引起小叶性肺炎。

（2）大叶性肺炎。引起大叶性肺炎的主要因素是病原微生物的感染和病毒感染以及非病原因素导致。引起奶牛大叶性肺炎的病原微生物有肺炎双球菌、巴氏杆菌、金黄色葡萄球菌、克雷伯氏菌、铜绿假单胞菌、霉形体和牛副流感Ⅲ型呼吸道合胞体等。非病原因素主要包括引起过敏反应的过敏原、受寒感冒、过度疲劳、胸部创伤、有害气体等强烈刺激因素。

(3) 主要影响因素。

①微生物因素：感染可能开始于病毒性呼吸系统感染，随后可能自愈，也可能因各种细菌、支原体的参与或两者共同参与使病情变得复杂（多因子性）。这些微生物栖息于支气管上皮细胞，因此它们引起纤毛破坏和黏液组分发生变化，因此，会发生杯状细胞激增和黏液分泌过多。这种肺炎的致病菌包括很多在正常犊牛咽部分离到的微生物，包括溶血性巴氏杆菌、多杀性巴氏杆菌和化脓隐秘菌。在一些混合感染病例，支原体也会参与其中。这些继发感染的病原体导致脓性分泌物在气道聚集，最终形成微脓肿、支气管扩张或者两者共同发生。病理变化是颅叶、中叶和副叶的实变伴随细支气管炎和肺泡炎，实变和化脓程度取决于参与的病原体的种类和数量。

②环境因素：舍饲犊牛受通风不良应激，这些感染性病原体引起肺炎的可能性增大；天冷时，空气的不流通导致犊牛所处的环境空气湿度增大，使病原体大量增殖，病原体密度增大；舍内空气质量差，有毒气体（如氨气）增加，危害黏膜纤毛的清洁功能；管理因素包括过度拥挤、不同龄的犊牛在舍饲情况下混合饲养，尤其是在旧畜舍。

2. 临床特征与表现

(1) 小叶性肺炎。病初呈急性支气管炎的症状，表现为干而短的疼痛咳嗽，随着病情的发展逐渐变为湿而长的咳嗽，疼痛减轻或消失，并有分泌物被咳出。体温升高 1.5～2.0℃，呈张弛热型，脉搏随体温的变化也相应改变。呼吸次数增加，严重患牛可出现呼吸困难。患牛精神沉郁，食欲减退或废绝，可视黏膜潮红或发绀。

（2）大叶性肺炎。患牛体温突然升高至40～41℃，呈稽留热型，精神沉郁，食欲减退或废绝，反刍停止，泌乳降低。脉搏加快，呼吸频率增加。初期出现短而干的痛咳，溶解期则变为湿咳。

3. 诊断

（1）小叶性肺炎。肺部听诊，病灶部肺泡呼吸音减弱，可听到捻发音，病灶周围及健康部位肺泡呼吸音增强。随着炎性渗出物的改变，可听到湿罗音或干啰音，当小叶炎症融合，肺泡及细支气管内充满渗出物时，肺泡呼吸音消失，有时出现支气管呼吸音。胸部叩诊，当病灶位于肺的表面时，可发现一个或多个局灶性的小浊音区，融合性肺炎则出现大片浊音区；病灶较深，则浊音不明显。

（2）大叶性肺炎。肺部听诊，充血期可听到捻发音或湿罗音；灰色肝变期，听诊患部肺泡音消失，可听到明显的支气管呼吸音；在溶解消散期时，机体特异性免疫增强，渗出物逐渐溶解，溶解物经淋巴管血管吸收，支气管呼吸音逐渐消失，又可听到捻发音和湿性啰音。最后，随着疾病的痊愈，呼吸音恢复正常。胸部叩诊，随着病程出现规律性的叩诊音：充血渗出期，因肺脏毛细血管充血，肺泡壁松弛，叩诊成过清音或鼓音；红色/灰色肝变期，细支气管和肺泡内充满炎性渗出物，肺泡内空气逐渐减少，叩诊呈大片半浊音或浊音，可持续3～5天；溶解消散期，凝固的渗出物逐渐被溶解、吸收，重新呈过清音或鼓音；随着疾病的痊愈，叩诊音恢复正常。

（3）鉴别诊断。对于小叶性肺炎，可根据咳嗽、呼吸困难、弛张热型，叩诊小片浊音区及听诊捻发音和啰音等典型症状，结合X线检查和血液学变化，即可诊断。对于大叶性肺炎，可根据典型性经过，稽留热型，叩诊呈大片浊音，听诊各病理阶段的特点，铁锈色鼻液，白细胞增多，X线检查呈大片阴影，不难诊断。在上述两种病的诊断中，应与支气管炎、胸膜炎进行区分。

①支气管炎：咳嗽频繁、热型不定，叩诊肺部无小片浊音区，呈过清音或鼓音，叩诊界后移。

②胸膜炎：热型不定，初期触诊胸壁敏感，听诊有胸膜摩擦音。当有大量渗出液时，叩诊呈水平浊音，听诊呼吸音和心音均减弱，胸腔穿刺有大量渗出液流出。

③小叶性肺炎：多为张弛热型，肺部叩诊出现大小不等的浊音区，X线检查表现斑片状或斑点状的渗出性阴影。

④大叶性肺炎：呈典型稽留热，病程发展迅速，并有明显的病理发生的阶段性，叩诊有大片浊音区，在病区内可听到清楚的支气管呼吸音，流出铁锈色鼻液。X线检查显示均匀一致的大片阴影。

4. 防治措施

（1）预防。由于引起小叶性肺炎和大叶性肺炎的主要因素相似，因此对这两个病的预防应注意以下几点。

加强奶牛的饲养管理，保持牛舍和运动场环境卫生；冬季做好御寒保暖工作的同时，又应当保持牛舍适当通风；牛群远离青贮塔，避免吸入有害气体；急性病例要早发现早治疗，对于患牛应加强护理，治疗时需严格执行操作规程，灌药时应谨防误咽和刺激呼吸道黏膜；对于微生物引起的肺炎，应及时隔离饲养患牛，并进行环境消毒；将患牛置于光线充足、空气清新、通风良好且温暖的畜舍内，供给营养丰富、易消化的饲草料和清洁饮水。

（2）治疗。

①小叶性肺炎治疗原则为加强护理、抗感染，制止渗出和促进渗出物吸收等对症疗法。

抗感染：临床上主要应用抗生素、喹诺酮类或磺胺类药物进行治疗，用药途径及剂量视病情轻重及有无并发症而定。对支气管炎症状明显的患牛，可将青霉素 160 万 ~ 480 万国际单位、链霉素1 ~ 2 克，肌肉注射。

制止渗出：可静脉注射 100 ~ 150 毫升的 10% 氯化钙或 10% 葡萄糖酸钙溶液，每日一次；也可静脉注射 10% 安钠咖溶液 10 ~ 20 毫升。

对症治疗：体温过高时，可用解热药，常用药物为安乃近。呼吸困难严重者，有条件的可输氧气。脱水病牛，应适当补液，但输液量不宜过多，速度不宜过快，以免发生肺水肿和心力衰竭。对病情危重、全身毒血症严重的患牛，可短期静脉注射氢化可的松或地塞米松（孕牛禁用）等糖皮质激素。当出现肺水肿时，可用利尿药。心力衰竭时可用强心剂。

②大叶性肺炎治疗原则为制止渗出，促进吸收，重症辅以强心补液。

a. 10% 安钠咖注射液 20 毫升。用法：一次皮下注射；b. 30% 安乃近注射液 40 毫升。用法：一次分别肌肉注射；c. 12% 复方磺胺-5-甲氧嘧啶注射液 100 毫升用法：一次肌肉注射，每日 2 次，连用 5 天，首次量加倍；d. 复方甘草合剂 120 毫升。用法：一次口服；一溴樟脑 4 克。用法：牛一次口服，羊用 1 克；e. 青霉素 160 万国际单位。用法：一次气管内注射；f. 清瘟败毒散：石膏 120 克、水牛角 30 克、桔梗 25 克、淡竹叶 60 克、甘草 10 克、生地 30 克、山栀子 30 克、丹皮 30 克、黄芩 30 克、赤芍 30 克、元参 30 克、知母 30 克、连翘 30 克。用法：水煎取汁，水牛角挫末冲入，候温一次灌服。

四、肺水肿

肺水肿是由于毛细血管内液体渗出漏入肺间质与肺泡所引

起，为肺充血的必然结果。由于肺泡空间数量的丧失程度不同，故其临床以呼吸困难程度各异为特征。由于肺内组织液的生成和回流平衡失调，使大量组织液在短时间内不能被肺淋巴以及肺静脉吸收回流，导致组织液从肺毛细血管内渗出，聚积在肺泡、呼吸性细小支气管以及肺间质中，从而造成了肺的通气与换气功能障碍。临床表现为极度吸气困难、急促，可视黏膜发白、发绀，张口呼吸。

1. 病因

肺水肿是许多疾病常见的一种最终结果，但常被其他障碍所掩盖而忽视。肺水肿的病因可按解剖部位分为心源性和非心源性两大类。

(1) 心源性肺水肿：正常情况下左右心脏的排血量保持相对平衡，但在某些病理状态下，如回心血量及右心排出量急剧增多或左心排出量突然严重减少，会造成大量血液积聚在肺循环中，使得肺毛细血管静脉压急剧上升。当升高至超过肺毛细血管内胶体渗透压时，一方面毛细血管内血流动力学发生变化；另一方面肺循环淤血，肺毛细血管壁渗透性增高，液体通过毛细血管壁滤出，形成肺水肿。临床上由于高血压性心脏病、冠心病及风湿性心脏瓣膜病所引起的急性肺水肿，占心源性肺水肿的绝大部分。心肌炎、心肌病、先天性心脏病及严重的快速心律失常等也可引起该病的发生。

(2) 非心源性肺水肿。

①肺毛细血管通透性增加 a. 感染性肺水肿：系因全身和(或) 肺部的细菌、病毒、真菌、支原体、寄生虫等感染所致。b. 吸入有害气体：如光气 ($COCl_2$)、氯气、臭氧、一氧化碳、氮氧化合物等。c. 血液循环毒素和血管活性物质：如四氧嘧啶、蛇毒、有机磷、组胺、5-羟色胺等。d. 弥漫性毛细血管渗漏综合征：如内毒素血症、大量生物制剂的应用等。e. 严重烧伤及

播散性血管内凝血。f. 变态反应，加药物特异性反应、过敏性肺泡炎等。g. 尿毒症：如尿毒症性肺炎即肺水肿的一种表现。h. 急性呼吸窘迫综合征：是各种原因引起的最为严重的急性肺间质水肿。

②肺毛细血管压力增加　输液或输血过多过快，使血容量过度或过快地增加，致肺毛细血管静水压增高而发生肺水肿，又称为静脉淤血综合征。

2. 临床特征与表现

肺水肿常常迅速发生呼吸困难，黏膜充血、发绀，颈静脉怒张。病牛由兴奋不安转为沉郁。咳嗽短浅、声弱而呈湿性，鼻液初呈浆液性，后期鼻液量增多，常见从两鼻孔内流出黄色或淡红色、泡沫样鼻液。严重呼吸困难者，头直伸，张口吐舌，鼻孔张大，喘息，腹式呼吸明显。也有表现为两前肢叉开，肘头外展，头下垂者。心跳加快至100次/分钟以上，心音初增强而后减弱。

肺部叩诊音不同，充血初期并无异常，有水肿时为鼓音，当肺泡被大量水肿液充满时则呈现浊鼓音或半浊鼓音。肺部听诊，充血时有粗糙的水泡杂音、无啰音，肺水肿时，肺泡音减弱，能听到小水泡音和捻发音。

3. 诊断

肺水肿体积增大、较重，失去弹性，按有压痕。气管、支气管和肺泡常积聚大量淡红色、泡沫状液体。切面流出大量淡红色浆液。

在临床诊断时，应与肺炎相鉴别。

（1）肺炎。体温升高至40～41.5℃，呈弛张热，叩诊时肺部出现散在性小浊音区，听诊时浊音区肺泡音减弱或消失，其周围肺泡音增强，有时能听到啰音。细菌性肺炎常伴有毒血症，对抗菌药物治疗反应最好。

（2）过敏反应。由过敏反应引起的肺水肿有自愈倾向。

4. 防治措施

（1）预防。预防是控制该病最好的方式。加强饲养管理，注意牛舍通风，避免刺激性气体的刺激，夏季应做好防暑降温工作，防止奶牛受热应激；加强对农药保管，防止奶牛误食、误饮有机磷等杀虫剂而引起中毒；对因产后瘫痪等疾病而引发的躺卧母牛，或因蹄病而卧地不起的病牛，应加强护理，每日应人工翻动体躯1～2次，以防止沉积性肺淤血的发生；对于放牧牛群，在转入茂盛草场前数天和进入该草场后7～10天，对敏感牛饲喂莫能菌素［200毫克/（天·头）］或拉沙里菌素［200毫克/（天·头）］，这些药能够抑制色氨酸转化为3-甲基吲哚。

（2）治疗。治疗原则是降低肺内压，缓解呼吸困难，严格控制输液量，增加排尿量，减少渗出以防水肿加重。

①治疗药物则选用速尿0.5～1.0毫克/千克体重，一次肌肉注射，每日两次。②阿托品、安钠伽0.048毫克/千克体重，一次肌肉注射，严禁注射量过大，否则会导致中毒。③因肺水肿时伴有细菌感染，所以，应选用广谱抗生素，肌肉注射。④补充电解质，但要注意静脉注射量，切勿用量过大，加剧病症。

五、肺气肿

牛肺气肿是由于终末细支气管远端，如呼吸性细支气管、肺泡、肺泡管、肺泡囊、气道等弹性减退，肺过度扩张，使肺的体积膨胀，伴有过度膨胀、充气，气道壁破裂的病理症状。常见的有肺泡性气肿及肺间质性气肿，为奶牛肺部疾病最为常见的一种临床病理变化，临床表现以呼气困难、呼气时长而用力，安静时呼吸浅快、几乎听不到呼吸音为特征。

1. 病因

肺气肿在典型的间质性肺炎、寄生虫性肺炎以及由急性过敏反应引起的肺水肿中是一种重要的损害。以下多种原因可引起该病：①大量采食青草、甘蓝、芜菁、紫花苜蓿和油菜或者饲料的突然改变；②饲喂色氨酸，且在瘤胃内转变为吲哚乙酸，并进一步脱羧基形成对肺泡上皮细胞呈现毒性作用的3-甲基吲哚，后经瘤胃黏膜吸收进入血液，可引起肺气肿；③牛舍环境差，吸入的空气混有刺激物质；④饲料霉变或含有小多孢子菌、烟曲霉均可诱发肺气肿；⑤病毒和细菌性疾病，如大肠杆菌性乳房炎引起毒血症或患有流行热的病牛有肺气肿；⑥金属异物刺伤肺脏引起肺脓肿时，可引起肺气肿；⑦有的饲料毒素对肺毒害，如牛白薯黑斑病中毒时，有严重的肺气肿；⑧有毒气体如氯气中毒、金属焊接时冒出的烟气吸入等，可引起肺气肿。

肺实质组织和弹性组织过度伸展是肺泡过度扩张的基础。各种致病因素直接作用于机体，引起了肺泡组织失去弹性；支气管痉挛及支气管炎使气道阻塞，但空气仍能通过其间的通道进入肺泡，聚积并引起肺泡管、肺泡囊、肺泡壁膨胀，由于弹性降低，易受膨胀气体的压力而破裂。当呼吸性细支气管因压缩性萎缩和肺结缔组织被空气扩张，则引起肺间质性气肿，这最常见于牛。

肺组织弹力降低、气肿，将引起肺排气不全和二氧化碳的蓄积，加之毛细血管在肺气肿组织压迫下血流减慢，因此肺中气体与外界交换面积减少，致使机体供氧不足。为了满足机体对氧气的需求，在中枢神经的调节下，引起了代偿性呼吸加深加快，进一步加剧了慢性肺气肿的形成。

2. 临床特征与表现

急性肺气肿突然发作，病牛精神沉郁，食欲减少至废绝，流泪，鼻漏呈浆性或脓性，站立不安，不愿卧地，可视黏膜发绀，体温多数升高至40.5℃，从口内流出白色泡沫状物，产奶量骤减，心搏增至每分钟100～160次，心节律不齐，心音模糊。典型症状是呼气困难，呼吸次数增加至每分钟40～80次，少数达100次以上，气喘，腹部扇动，鼻孔开扩，举头伸颈，张口吐舌，舌呈暗紫色，胸部叩诊可呈鼓音，肺部听诊有摩擦音和唠音，于背部两侧皮下出现气肿，触诊呈捻发音，气肿可蔓延至胸颈部、肩部和头部。

3. 诊断

临床诊断根据病史、临床症状并结合实验室对死亡病例的肺脏病理变化的观察检测而做出诊断。

当发生肺气肿后，病牛有时会伴有并发症。

（1）自发性气胸。自发性气胸并发于阻塞性肺气肿者并不少见，多因肺实质内肺大疱破裂，气体进入并蓄积在胸膜腔内所致，临床表现较重时，必须积极抢救。

（2）呼吸衰竭。阻塞性肺气肿往往呼吸功能严重受损，在某些诱因如慢性支气管肺炎、分泌物干结阻塞、外科手术等的影响下，通气和换气功能障碍进一步加重，可诱发呼吸衰竭。

鉴别诊断：与肺水肿及支气管肺炎进行区别：①与肺水肿的区别肺气肿常伴有肺水肿，并且肺下部有实变和湿啰音，极易与肺充血及肺水肿相混淆。但后两种吸气困难，而肺气肿则变现为呼气困难，并发肺水肿时则表现为呼气和吸气急促、气短。②与支气管肺炎的区别因感染或变态反应引起急性细支气管炎并导致支气管痉挛，临床表现出呼吸困难，有明显的双重呼吸，体温正常，全身反应不明显，常认为是急性肺气肿。

4. 预防

加强饲养管理，牛舍内保持通风、清洁，防止尘埃飞扬，严禁饲喂霉败饲料。饲喂干草时，草捆不要在牛棚内打开，要在饲喂前于牛棚外散开，防止干草内的尘土及微生物在牛棚内散，或尘埃较多，应将干草弄湿。为防止突然饲喂青草、紫花苜蓿、甘蓝等饲料而诱发本病，可在料中加喂莫能霉素，以抑制色氨酸转化为3-甲基吲哚。

5. 治疗

对肺气肿尚无特效疗法。继发于传染性肺炎的肺气肿，对原发性损害进行有效治疗，随原发病的痊愈，肺气肿通常将自行消退。具体治疗方法：①输氧当严重缺氧并危及生命时，应输氧。输氧速度应控制在5～6升/分钟为宜，持续3小时，初输氧时，速度先慢，一般为3～4升/分钟，后逐渐加速。②利尿肺气肿时常伴有肺水肿，为减轻肺水肿，若机体体液状态良好，可使用速尿，剂量为5～10毫克/千克体重或25～50毫克/45千克体重，每日1或2次肌肉注射。③解除支气管痉挛，缓解呼吸困难可用阿托品0.05毫克/千克体重，一次肌肉注射，每日两次。④消炎、抗过敏可用地塞米松10～20毫克，一次肌肉或静脉注射，每日一次，连用3天（孕牛慎用）。⑤消炎、抑菌、防止继发感染可选用广谱抗生素治疗5～7天。

六、咽喉炎

咽喉炎是咽炎与喉炎的总称。咽炎是指咽黏膜及其淋巴组织的炎症，临床上，本病的一般特征是病牛吞咽障碍、流涎、疼痛、咳嗽和厌食。喉炎是喉黏膜及其黏膜下层组织的炎症，临床上，本病的一般特征为剧烈咳嗽、喉部肿胀、疼痛等。两者病情急剧发展，均可能发生呼吸阻塞而引起的呼吸困难甚至窒息。由于临床上两病经常并发，因此，本文将两者并称咽喉炎进行介绍。

1. 病因

引起咽喉炎的因素多、情况复杂，根据咽喉炎的发病原因可分原发性和继发性。

（1）原发性咽喉炎指主要是由咽部或喉部损害直接引起的咽喉炎。奶牛吞食过硬饲料、异物，饲喂霉变饲料，饲料过热烫伤咽部以及食入或吸入浓度大，刺激性较强的物质损伤喉部，如强酸、强碱以及有毒气体等，致使咽部或喉部黏膜受到刺激和损伤；由于受到寒冷刺激、感冒或过劳，致使奶牛机体抵抗力下降，咽喉部位发生病毒或细菌性感染而导致咽喉炎的发生。引起该病的病毒病原以牛副流感Ⅲ型和腺病毒为主，细菌病原则以链球菌、葡萄球菌、坏死杆菌、沙门氏菌及大肠杆菌等条件性致病菌为主。

(2) 继发性咽喉炎指主要是由其他部位损害而间接引起的咽喉炎。可继发于流感、结核、牛恶性卡他热以及口蹄疫等传染病。

根据病程情况，可分为急性咽喉炎和慢性咽喉炎

急性咽喉炎，常为原发性咽喉炎中的病毒或细菌感染所引起，冬春季最为多见。也常见继发于急性鼻炎、急性鼻窦炎、急性扁桃体炎，且常是流感等传染病的并发症。慢性咽喉炎，主要是由于急性咽喉炎治疗不彻底而反复发作，转为慢性，或是因为患各种鼻病，鼻窍阻塞，长期张口呼吸以及物理、化学因素等经常刺激咽部所致。全身性的慢性疾病，如贫血、下呼吸道慢性炎症和心血管疾病也可继发本病。

咽部不适，干、痒、胀，分泌物多而灼痛，吞之不下，以上症状在遭受刺激、转运，食用刺激性食物后、疲劳或天气变化时加重。患有慢性咽喉炎的病牛其呼吸及吞咽均畅通无阻。

2. 临床特征与表现

咽喉炎一般常见以下临床症状。

(1) 病牛采食减少，咀嚼缓慢吞咽食物时头颈伸展，十分困难，或随口吐出。往往离开饲槽，停止采食，严重病例食糜和饮水从鼻孔逆出。

(2) 大量流涎病牛唾液腺受到炎症刺激，分泌增多。由于咽下困难，大量唾液和黏液积存在口腔内，当动物低头时，突然流出。舌苔厚重，口内恶臭。颌下淋巴结肿胀。

（3）有时可见病牛咳嗽咽喉炎容易伴发喉炎，病牛吞咽时可引起咳嗽，咳嗽多为湿性，并有疼痛表现，咳出食糜和黏液。

（4）炎症过程中，咽部黏膜炎性分泌物增加，当炎症蔓延到喉部时，也有大量渗出物，渗出物从鼻孔流出，一侧或两侧性，其中混有食糜和唾液。鼻端污秽不洁。

（5）一般病例，咽部外无明显变化，重剧性咽喉炎，咽喉部的周围组织发生炎性浸润，肿胀，会厌及鼻咽侧壁黏膜潮红，附着分泌物，外表触诊温热，疼痛。咽部淋巴结肿大，病牛呼吸困难。

（6）全身症状病牛患蜂窝织炎性咽喉炎时，病牛体温升高到40～41℃，心悸，精神沉郁，倦怠无力，头颈伸展，呼吸迫促。

（7）慢性咽喉炎全身症状不明显，病情缓慢，鼻孔流出脓性鼻液，采食时咳嗽，吞咽时疼痛，少量饮水和食糜可从鼻孔逆出，颌下淋巴结略微肿胀。

3. 诊断

咽喉炎病例常有口腔和鼻腔的卡他性炎症，咽部周围淋巴结肿胀，化脓，声门水肿，喉炎甚至支气管炎和异物性肺炎。咽部检查使用开口器打开病牛口腔，用咽喉镜观察病牛的咽部黏膜，可见：

（1）卡他性咽喉炎。急性的咽部黏膜潮红，充血肿胀，有点状或条纹状红斑。慢性的黏膜苍白、肥厚、形成皱襞，被覆黏液。有的病例，咽部黏膜糜烂，形成糜烂性咽喉炎。

（2）蜂窝织炎性咽喉炎。咽部黏膜下疏松结缔组织弥漫性化脓性炎症。

病牛咽喉炎的示病症状明显，咽部病理变化易于观察，诊断简单，但在临诊中，应注意鉴别：

①咽喉异物：多突然发生，可通过咽部检查或X线透视

区别。

②咽部肿瘤：咽部无炎症变化，触诊无疼痛现象，缺乏急性症状。

③腮腺炎：咽部肿胀，多发生于一侧，头向健侧歪斜，舌根无压痛，无鼻液，无食糜逆流。

④喉卡他：病牛咳嗽，流鼻液，吞咽正常，多为一侧性，局部肿胀，触压时流出鼻液，无疼痛表现。

⑤食管阻塞：吞咽时无疼痛，反刍动物瘤胃鼓气，咽下食物和饮水大量逆流而出。

4. 防治措施

（1）预防。预防本病首先要消除病因，加强饲养管理，防止饲料或其他异物损伤咽部黏膜。

（2）治疗。

①外部处理咽喉炎初期可在咽部外冷敷，后期温敷，每天3~4次，并用樟脑酒精或鱼石脂软膏涂抹咽部皮肤。可采用复方醋酸铅散涂敷咽喉外部，复方醋酸铅散：醋酸铅10克，明矾5克，樟脑2克，薄荷脑1克，白陶土80克做成膏剂外敷。

②内部处理2%~3%食盐水或碳酸氢钠溶液咽部喷雾，或用0.1%高锰酸钾、0.1%雷佛努尔溶液冲洗口腔和咽部，也可用软胶管向咽部注入少量碘甘油。a. 中药青黛散：青黛50克、黄柏50克、孩儿茶50克、胆矾25克、冰片5克。冰硼散组方：冰片、硼砂、元明粉各3份，朱砂1份，将少量药喷至咽部。b. 西药：磺胺药物，剂量10~15克，并加入小苏打5~10克，包好系于口角。重剧性咽喉炎发生呼吸困难时，用青霉素肌肉注射，2次/天，还可以使用0.25%普鲁卡因20~50毫升、青霉素40万~80万国际单位进行咽喉部的封闭。

七、异物性肺炎

吞咽障碍及强行灌药是异物性肺炎最常见的原因。咽炎、咽麻痹、食道阻塞和伴有神经症状的脑病，由于吞咽困难，容易发生吸入或误咽现象，从而引起异物性肺炎。异物进入肺内，最初是引起支气管和肺小叶的卡他性炎症，随后病理过程剧烈增重，最终陷于肺坏疽。

1. 病因

当饲料、奶或药物进入气管的量超过了动物从呼吸道清除的能力，并造成脓毒性支气管肺炎时则发生吸入性肺炎。白肌病和医源性吸入性肺炎是犊牛最常见的两种病因。白肌病为硒/维生素 E 缺乏所致，可影响舌、咀嚼肌和与吞咽有关的肌肉，当犊牛试图吃奶时导致乳或代乳品的吸入。犊牛医源性吸入性肺炎常发生于误将胃管或食管喂食器插入气管后。吸入性肺炎也常发生于胃管、食管喂食器或者投药枪对咽部的损伤时，导致吞咽困难或神经性吞咽障碍。外行人员粗鲁地或不熟练地使用胃管、喂食器或投药枪是引起多数医源性吸入性肺炎的原因。

乳热（分娩低钙血症）是成年牛最常见的吸入性肺炎的原因，严重低血钙母牛，不仅躺卧不起，而且也可侧卧造成瘤胃鼓气。瘤胃食物的反流可导致误咽，因为半昏迷状态的牛不能够清除咽和呼吸道中的反流食物。胃管、磁石吸附体和投药枪，可损伤经过咽部的迷走神经分支，这种神经性损伤可造成吞咽困难、嗳气和反刍障碍，造成吸入性肺炎。不熟练的人插胃管时误入气管，像在犊牛一样，也是造成成年牛吸入性肺炎的原因。梗阻对染现在已罕见于奶牛，但确实也是诱发吸入性肺炎的重要原因。对因蔬菜或饲料梗阻的牛，要认真分析有无吸入性肺炎的早期症状。

神经性疾病是构成牛吸入性肺炎的另一种潜在原因。李氏杆菌和其他一些影响有关吞咽、咀嚼和咽食的颅神经的疾病，也可造成吸入性肺炎。肉毒中毒是能导致吞咽困难继发吸入性肺炎的中毒症。

2. 临床特征与表现

异物性肺炎的患牛初期呈现支气管肺炎的症状，呼吸急速而困难，腹式呼吸，并出现湿性咳嗽。体温升高，脉搏快弱，有时战栗。病的后期呼气有腐败性恶臭味，两鼻孔流出有奇臭的污秽鼻液。把这些鼻液收集在玻璃杯内，可分为 3 层，上层是粘性，有泡沫，中层是浆液性的，并含有絮状物，下层是脓液，混有很多肺组织块。显微镜检查时，可看到肺组织碎片、脂肪滴、脂肪晶体、棕色至黑色的色素颗粒、红白细胞及大量微生物。如鼻液加 10% 氢氧化钾溶液中煮沸，离心获得的沉淀物，在显微镜下检查，可见到由肺组织分解出来的弹力纤维。肺部检查，胸痛及啰音明显。初期，由于广泛的肺组织处于炎症浸润阶段，叩诊呈浊音。后期出现肺空洞，可发现灶性鼓音。若空洞周围被致密组织所包围，其中，充满空气，叩诊呈金属音；若空洞与支气管相通则呈破壶音。

3. 诊断

（1）异物性肺炎。吸入性肺炎的症状随吸入物质的量和性质不同而变化，如由于疏忽使得大量的液体进入气管，可立即导致呼吸困难、呼吸窘迫、发绀和反复咳嗽，患牛死亡前的数分钟至数小时内从鼻孔或口腔中排出一些泡沫状液体物质。少量奶（犊牛白肌病）或饲料吸入下呼吸道，由于吸入物中污染微生物的繁殖，引起脓毒性或坏疽性肺炎。该型病例的症状呈进行性发展，包括对抗生素反应不良的发热，呼吸困难，呼吸加快，肺前腹侧部啰音或支气管音（如在吸入时动物侧卧，主要病理变化部位可能出现在一侧肺）和抗生素治疗无效。不像典型的传染性肺炎那样出现一群动物感染，吸入性肺炎只是单个发病。然而，当一群犊牛发生白肌病时，也可同时出现数头吸入性肺炎的患畜。

个别牛乳热或其他问题患牛继发瘤胃内容物吸入时，发生进行性坏疽性肺炎，伴有发热，呼吸困难和毒血症。患牛很快出现感染肺组织实变，支气管音和啰音（一般在前腹侧肺区）。当吸入量相对较少时，广谱抗生素治疗有效。但多数病例的病程为进行性恶化，最后死亡。有时，由于吞咽困难吸入唾液或少量水和食物是可以用广谱抗生素治疗的，对因咽损伤造成的吞咽困难，继发一定程度的吸入性肺炎的病例，已有很好的治疗效果。因为吸入物的量常常不清楚，在患牛尚未出现严重呼吸困难和发绀，就要进行治疗。

X 线检查：若见到透明的肺空洞及坏死灶的阴影，更易确诊。但须与腐败性支气管炎作鉴别。腐败性支气管炎缺乏高热，并且在鼻液中无弹力纤维。

（2）增生性肺炎。剖检可见弥散性肺水肿及混合性肺泡—间质型病变。肺部听诊非常宁静，所有区域肺音降低。如果先前的巴氏杆菌性肺炎造成前腹侧肺叶实变，腹侧可以听到支气管音，而其他部位声音降低。一般涉及双肺，但偶尔一侧具有更严重的病变。除非及时治疗，病犊通常在 24 小时内死亡。大部分尸体剖检见肺弥漫性变重、湿润、变坚实，伴有正在消散或已经消散的前腹侧巴氏杆菌性肺炎。

4. 防治措施

（1）预防

①异物性肺炎：坏死性或不能吸收的化学物质（如矿物油）吸入后为致死性，治疗无效。只有当存在的问题有预兆并且为一般性问题时，方能预防吸入性肺炎，因此，对遭受梗阻、吞咽困难和其他抑制问题的患畜，停食可能有所帮助。如果意外出现吸入，不可能预防，如乳热症或新手试图用食管喂食时的医源性吸

入性肺炎。加强妊娠母牛和犊牛的饲养管理，冬季多喂干草。在白肌病流行地区，入冬后对妊娠母牛每2周肌肉注射维生素E 200～250毫升，每20天肌肉注射0.1%亚硒酸钠液10～15毫升，共注射3次。

②增生性肺炎：使患牛远离任何氮气源，如只有靠近青贮塔斜槽或粪池的牛患病，把他们移开，只有当患牛需要改善通风和环境时，才能被转移，否则，任何移动都构成严重应激。

(2) 治疗

①异物性肺炎：针对吸入物中正常存在的微生物，联合应用广谱抗生素作为吸入性肺炎的治疗，非类固醇抗炎药物作为支持性治疗。如果症候得到改善，抗生素最少连用2周。持续性发热，沉郁，呼吸困难和毒血症为不良症状，并且一般是死亡结局的信号。对症治疗时，如出现呼吸困难，可用2.5%安茶碱，肌肉注射。犊牛5～10毫升，心力衰竭时，应用强心剂，并发肺炎时，应用抗生素。

②增生性肺炎的治疗：阿托品（0.048毫克/千克体重或2.2毫克/45千克体重，每日2次）；地塞米松（10～20毫克，每日1次），用3天，怀孕患牛除外。广谱抗生素用5～7天，预防继发性细菌性肺炎。

八、支气管炎

支气管炎是由各种原因引起的动物支气管黏膜表层或深层的炎症，临床上以咳嗽、流鼻涕和不规则热型为特征。各种动物均可发生，幼龄和老龄动物比较常见，寒冷季节或突然变冷时容易发病。一般根据疾病的性质和病程，可分为急性支气管炎和慢性支气管炎两种。急性支气管炎是由感染、物理、化学刺激或过敏原等因素引起的支气管黏膜的急性炎症，临床特征为咳嗽和流鼻液，常见于寒冷季节或突然变冷时。慢性支气管炎是指气管、支气管黏膜及其周围组织的慢性非特异性炎症。临床上以持续性咳嗽为主要症状或伴有喘息及反复发作的慢性过程为特征。

1. 病因

（1）急性支气管炎。病原感染。可能是病毒、细菌直接感染所致，如牛恶性卡他热病毒，也可能是由上呼吸道感染的病毒或细菌（流感病毒、肺炎球菌、巴氏杆菌等）蔓延而引起的。饲养管理粗放，如牛舍卫生条件差、通风不良、闷热潮湿、气温骤变、过度疲劳、车船转运以及饲料营养不均衡等导致机体抵抗力降低，容易引起病原微生物感染，而导致本病的发生。

理化物质的刺激：吸入过冷的空气、粉尘、二氧化硫或氨气等刺激性气体均可直接刺激支气管黏膜而发病。投药或吞咽障碍时由于异物进入气管，可引起吸入性支气管炎。

过敏反应：多种致敏原（如花粉、有机粉尘、真菌孢子、细菌蛋白质等）均可引起支气管的过敏反应。

（2）慢性支气管炎。大多数慢性支气管炎由急性转变而来，常见于致病因素未能及时消除，长期反复作用，或未能及时治疗，饲养管理不当。老龄动物由于呼吸道防御功能下降，喉头反射减弱，单核巨噬细胞系统功能减弱，慢性支气管炎发病率较高。某些营养物质如维生素C、维生素A缺乏，会影响支气管黏膜上皮的修复，降低溶菌酶的活力，也容易发生本病。另外，本病可由心脏瓣膜病、慢性肺脏疾病或肾炎等继发引起。

2. 临床特征与表现

气管炎以流鼻液和咳嗽为特征。

（1）急性支气管炎。咳嗽是急性支气管炎的主要症状。初期咳嗽表现为短、干和痛，3~4天后因渗出物增多而变为湿咳而长咳。患牛鼻腔常流出浆液性或黏液性鼻液，病初流浆液性鼻液，以后变为浆-黏性或黏-脓性鼻液，咳嗽后鼻液增多。全身症状较轻，体温正常或升高0.5~1℃，一般持续2~3天后下降，呼吸、脉搏稍增数。并发传染病时，发热高，且有重剧的全身症状。患有急性支气管炎的病牛，支气管黏膜血管舒张，并充满血液。剖检可见黏膜发红呈斑点状、条纹状、局部性或弥漫性的布满支气管的部分或大部分，其他各个部位也可见淤血。病初黏膜肿胀并稍微干燥，后来随着渗出物的渗出，开始是浆液性渗出物，疏松地覆盖于黏膜上，而后则出现黏性的或黏液脓性渗出物。黏膜下层水肿，有淋巴细胞和分叶核细胞浸润。

(2) 慢性支气管炎。患有慢性支气管炎的病牛通常表现为长期的顽固性咳嗽，尤其在夜间或早晚气温较低时运动或采食，或是饮冷水和剧烈运动时，发生剧烈的咳嗽，一般无体温变化。患牛鼻液少而黏稠，病情时轻时重，当气温骤变或劳累时，则症状加重。胸部听诊时，长期有干性啰音，叩诊一般无变化，全身症状一般不明显。晚期，由于发生支气管炎和并发肺气肿，可长期呈现呼吸困难，并发肺气肿时，则肺界后移并呈现过清音。

由于病原等因素长期反复的刺激患牛支气管黏膜，引起炎症性充血和浆液的渗出，上皮细胞增生和变性以及炎性细胞浸润。因此，剖检可发现黏膜或多或少变为斑纹状，而有时呈现弥漫性充血、肿胀，并被少量的黏性渗出物或黏液脓性渗出物所覆盖。当病程延续时，炎症病变就侵入到支气管黏膜下层和支气管周围组织，即发生支气管周围炎。这种炎症细胞浸润与随之而发生的结缔组织增生，能降低其壁的收缩性并容易变形，其结果则发生支气管狭窄与扩张。经常而持续的咳嗽就给慢性肺泡气肿的发生和发展创造了良好条件。

3. 诊断

根据本病特征的咳嗽、气管敏感、呼吸加快及肺部听诊的肺泡音增强，较易诊断。

急性支气管炎：胸部听诊时，肺泡呼吸音普遍增强或者听到断续性呼吸音，可听到干性或湿性啰音。当支气管黏膜肿胀或分泌物特别黏稠时，听诊出现干性啰音，通常为患病初期；当支气管内有多量稀薄的渗出液时，则听到湿性啰音，一般为大、中水泡音，通常为患病后期。啰音的强弱与呼吸强弱及病变部位的深浅有关。胸部叩诊一般无变化。体温正常或升高 0.5～1℃，一般持续 2～3 天后下降，并发传染病时，发热高，且有重剧的全身症状。患有急性支气管炎的病牛，支气管黏膜血管舒张，并充满血液。剖检可见黏膜发红呈斑点状、条纹状、局部性或弥漫性的布满支气管的部分或大部分，其他各个部位也可见淤血。

慢性支气管炎：胸部听诊时，长期有干性啰音，叩诊一般无变化，全身症状一般不明显。晚期，由于发生支气管炎和并发肺气肿，可长期呈现呼吸困难，并发肺气肿时，则肺界后移并呈现过清音。胸部叩诊一般无变化，体温正常。剖检可发现黏膜或多或少变为斑纹状，而有时呈现弥漫性充血、肿胀，并被少量的黏性渗出物或黏液脓性渗出物所覆盖。

鉴别诊断应与牛出血性败血症及支气管肺炎区别。

4. 防治措施

（1）预防受寒感冒是引起本病的主要原因。因此，为防御牛舍贼风和寒冷袭击，应做好防寒保暖工作。

对病畜应加强护理，预防气候突变，门窗应遮掩草帘，墙壁洞穴应填塞，防止受凉；牛舍应保暖通风，给予清洁温水及富含营养且易消化的饲料，同时应保持牛舍卫生和空气新鲜；加强牛的饲养管理，禁喂发霉草料和干燥的细粉状饲料；急性病要及时治疗，在治疗时严格执行操作规程，投饲与灌药时应谨慎防止误咽。此外，本病也可继发流感、口蹄疫、恶性卡他热病，应在相应疾病的流行季节重视慢性支气管炎患牛的疫苗免疫和健康情况。

（2）治疗治疗原则是祛痰镇咳，抑菌消炎，必要时实施抗过敏疗程法。对病畜应除去致病因素，使患病畜安静，保持温暖，防止受寒，喂以易消化的饲料，勤给清洁饮水，适当运动。

①西药治疗治疗原则是镇咳、抑菌、消炎，临床上常用的药物是抗生素及磺胺药。

青霉素250万国际单位、链霉素3克溶于生理盐水20毫升，1次肌肉注射，每天2~3次，连注3天；磺胺类药物中以磺胺二甲嘧啶较好，剂量为200毫克/千克体重，口服，每天1次，连续3~5天。在治疗中，应随时观察机体全身变化，如体温不能更快恢复，可改用广谱抗生素如四环素、新霉素、卡那霉素等药物治疗。当体温恢复正常后，不能立即停药，仍须继续治疗3天以巩固药效。根据病牛全身状况，适当应用5%葡萄糖生理盐水1 000~1 500毫升、25%葡萄糖液500毫升、20%安钠咖10毫升，1次静脉注射，每天1次或2次；氯化钠25克、碳酸氢钠25克，加水1次灌服，每日2次，都是有益的。

②中药治疗中药治疗以消除致病因素，祛痰、镇咳、消炎为主。如将病牛置于温暖、无贼风，温差变化不大，通风良好的厩舍内，饲喂无灰尘而易消化的有营养饲料。

祛痰可用氯化铵10~20克；吐酒石0.5~3克。镇咳可用复方樟脑酊20~25毫升；复方甘草合剂100~150毫升。慢性支气管炎的治疗，可选用中药参胶益肺散：党参、阿胶各60克，黄芪45克，五味子50克，乌梅20克，桑皮、款冬花、川贝、桔梗、米壳各30克，共为细末，开水冲服。

③对症治疗

在实际应用中，根据患牛不同的症状与程度，常采用西药与中药相结合的治疗方法。

抑菌消炎：为抑制细菌生长，促进炎症消散，可向气管内注入抗生素，青霉素100万国际单位或链霉素1克，溶于1%普鲁卡因溶液15~20毫升内，缓慢注入气管中，每日1次，连用3~

6次为1疗程；为缓解呼吸困难，可肌肉注射氨茶碱1～2克，每日2次。

第三节　神经系统疾病

一、脑膜炎

脑膜炎是指脑及脑膜的炎症。本病的炎性病变通常是由软膜开始，沿血管及淋巴管而蔓延至脑实质，故为脑血管和神经组织炎性损伤性疾病。其临床特征是先兴奋继而神经机能丧失而沉郁。

1. 病因

（1）病原微生物感染本病的病因系由病毒、细菌等病原微生物引起。如患狂犬病、伪狂犬病和日本乙型脑炎时的脑炎；由恶性卡他热病毒引起的脑炎；由昏睡嗜血杆菌引起的牛传染性血栓阻塞性脑膜炎以及由单核细胞增多性李氏杆菌引起的脑炎等。

犊牛特别是新生犊牛脑炎发生较多，尤以在管理差的牛场；犊牛未获得足够量的初乳，没有一定量的免疫球蛋白来抵挡条件性微生物的侵害，就有可能造成地方性流行。其主要病原微生物是大肠杆菌、沙门氏杆菌和克雷伯氏菌。由此感染所出现的细菌性败血症是犊牛脑膜炎最常见的病因。此外，传染性鼻气管炎、病毒性腹泻—黏膜病也有脑炎症状。

成年牛脑炎发生较少，大多数呈散发。除上述病原外，当母牛患乳房炎、子宫炎、创伤性网胃腹膜炎时，由于细菌转移与扩散可引起脑炎，由真菌性乳房炎和真菌性瘤胃炎所致的败血症，可引起真菌性脑炎；当患慢性额窦炎及慢性垂体脓肿时，由于炎症直接蔓延也可导致脑膜炎。当成年牛群发生多头急性脑膜炎时，应该怀疑昏睡嗜血杆菌感染。必须强调的是，在成牛中，昏睡嗜血杆菌引起的是脑膜炎，而不是栓塞性脑膜脑炎。在少数情况下，6～24 月龄的小母牛可见到栓塞性脑膜脑炎。

(2) 饲养管理主要是由于饲养管理不合理而引起的。如精饲料喂量过多和饲喂发霉、变质饲料，急性消化不良及中毒性肠炎等，由于内源性中毒，可发生脑膜炎。天气酷热、厩舍通风不良、日光持续性直晒及脑震荡等，皆可促使本病的发生。

犊牛常因初乳量不足而造成免疫球蛋白的缺乏；脐带消毒不严而源于脐部感染；或者喂乳卫生较差而经口感染等，终将导致发病。

2. 症状

脑膜炎通常有发热、厌食、沉郁和心率加快等症状。发病开始表现兴奋和狂躁，反应过敏，不时空嚼，流涎且混有泡沫，频频回头，以角抵触，或攀上食槽，或各处狂奔，目光凶凶，甚至嘶鸣，眼球突出，头颈高扬，前肢悬起，刨地举尾，无目的直行、转圈，撞击人、畜和障碍物，全身震颤或痉挛，最后转为迟钝，步态踉跄，站立不稳，姿势不自然，知觉钝麻，倒地，眼球向上翻转呈惊厥状，或呈沉郁、昏睡状态。麻痹失明，卧地不起。

患脑膜炎的新生犊牛，当脑膜炎先于其他器官感染时，出现高热、嗜睡、癫痫、失明、头颈伸直，步态僵硬，严重者休克和虚脱。当脑膜炎和其他器官感染如脐带炎和脓毒性关节炎并发时，将其脑炎的特异症状掩盖，病犊仅见食欲减退至废绝，腹泻，对称性、多发性关节炎，常见球关节、腕关节及跗关节肿胀，跛行，失明，有的病犊因败血症可导致迅速衰竭而休克。

病理变化：肉眼可见变化是脑脊髓液量增多及充血。脑组织由于浆液浸润而呈湿润外观，脑回有时展平，数多的小血管向脑质内走入，脑有软化区，形成空洞和皮质分层坏死。死于由大肠杆菌引起的脑膜炎病犊，除上述变化外，可见腕关节、跗关节肿大，关节液增多，呈淡黄色，关节面溃烂。

3. 诊断

（1）临床诊断症状明显者，诊断容易，此时应注意精神、眼眸，瞳孔、颈的强直、牙关紧闭及脑神经的麻痹等，而症状不明显仅表现一般症状时，诊断比较困难。

（2）实验室诊断脑脊髓液蛋白含量增高（正常值≤40 毫克/100 毫升）、白细胞增多（正常值≤6 有核细胞数/微升），其中，以嗜中性白细胞为多。应通过脑脊髓液和血液培养、分离和鉴定来确定病原微生物。

（3）鉴别诊断应细心检查，综合分析，做好类症鉴别诊断。应与李氏杆菌病、昏睡嗜血杆菌、恶性卡他热等疾病鉴别。

①李氏杆菌病头向一侧偏斜，一侧性颜面神经麻痹，一侧性眨眼反射，不流泪，圆圈运动。

②昏睡嗜血杆菌患脑膜炎，体温升高达 41.2℃，高度沉郁可持续 12～24 小时，嗜睡，呈流行性。

③牛恶性卡他热除脑膜炎外，流鼻涕，鼻镜糜烂和结痂，口腔黏膜溃烂，角膜混浊和白细胞减少症。

④破伤风机敏性增强，刺激可引起肌肉痉挛性和强直性收缩，牙关紧闭，四肢强直。

⑤毒素引起的脑机能改变常常伴有重度的胃肠障碍和其他症状，病史调查可有助于诊断。

4. 防治

（1）预防。任何性质的脑膜炎都有生命危险，故预后慎重。通常病程越长，预后越不良。如治疗与护理不当，死亡率极高。因此，应加强饲养管理，供应优质平衡的日粮。加强防疫消毒工作，防止传染病的发生与蔓延，对犊牛充分做好助产，严格消毒脐带，减少脐带感染的机会。在管理上应做好防暑降温，严防烈日暴晒。对传染性疾病及时治疗，避免败血症及化脓性传染。昏睡嗜血杆菌病流行牛场，牛群中可接种抗该菌的疫苗。

(2) 治疗。治疗原则是抗菌、消炎、阻止炎症扩散；安神、解除兴奋；促使渗出吸收，降低颅内压。

抗菌、消炎，主要是应用广谱抗生素。庆大霉素 2.2 毫克/千克体重，一次肌肉注射或静脉注射，每日 2 次或 3 次；氨苄青霉素 11～22 毫克/千克体重，一次肌肉注射，每日两次；丁胺卡那霉素 4.4～6.6 毫克/千克体重，每日两次；甲氧苄氨嘧啶（TMP）22 毫克/千克体重，每日两次。

对高度兴奋病牛，解痉、镇定。水合氯醛 0.08～0.12 毫克/千克体重，配成 10% 无菌液一次静脉注射；氯丙嗪 1～2 毫克/千克体重，一次肌肉注射；安定 5～10 毫克，一次肌肉注射。为了降低颅内压，可用甘露醇或山梨醇 150～300 毫升一次静脉注射。

对病牛单独饲养在安静、通风、干净场所内，精心护理，并采取对症治疗。

二、中暑

中暑在临床上就是日射病和热射病的统称，是由于纯物理因素引起体温调节功能障碍的一种急性疾病。日射病是由于炎热的季节，强烈的日光直射奶牛的头部，引起脑及脑膜充血，以及脑实质的病变，导致中枢神经机能障碍的一种疾病。热射病是家畜在潮湿、闷热、通风不良情况下，引起机体散热障碍，体内积热，家畜体温升高而引起的脱水和脑神经紊乱的疾病。本病发生于炎热季节，以 7～8 月份多发，临床上以突然发病、病程急剧、出汗、体温升高和一定的神经症状为特征。

本病各种动物均可发生，但以牛、猪、犬、马、鸡多发。

1. 病因

本病发生的直接因素是环境温度过高和阳光直射，但相关因素对本病的发生也具有促进作用。

(1) 环境温度过高，特别是伴有高湿的条件下。环境温度过高、湿度过大、风速小，动物机体散热障碍，导致体内积热，是热射病发生的重要因素。

(2) 阳光直射，特别是在烈日下重役，运动、长途运输等条件下，导致脑部温度升高，引起日射病。

(3) 奶牛品种以及体质与本病的发生具有密切关系。纯种荷斯坦以及体质肥胖，幼龄和老弱奶牛对热的耐受能力低，易发生中暑。

(4) 饲养管理不当是本病发生的重要诱因，饲养管理不当特别饮水不足，食盐摄入不足可促进本病的发生。

2. 症状

中暑发病急剧，主要表现为神经功能障碍、体温升高、大量出汗，同时还表现为循环、呼吸功能的衰竭。

(1) 发病情况本病常于高温环境或阳光直射条件下突然发病，病情发展急剧。患病动物喜欢凉爽环境，至树阴道旁，不愿离开，具有明显的饮欲，主动寻找水源。

(2) 神经症状发病初期，动物兴奋不安，出现强迫运动，前冲或转圈，鸣叫。很快转入抑制状态，精神高度沉郁，反应迟钝，不听使唤，站立不稳。严重时出现昏迷，卧地不起、意识丧失、四肢划动等。

(3) 体温升高动物体温升高，比正常体温高 2℃以上，甚至 4℃。初期大汗淋漓，但随水分的丧失和血液浓稠，很快停止出汗，皮肤变为干热。

(4) 循环系统心搏加快，脉搏疾速，可视黏膜充血、呈树枝状，体表静脉怒张。

(5) 呼吸系统呼吸高度困难，鼻翼开张，张口呼吸，严重时出现节律不齐，甚至出现毕欧式呼吸或陈—施二氏呼吸。濒死前口吐白沫，鼻孔流出粉红色泡沫。

（6）临床病理学血细胞比容升高，血清 K^+、Na^+、Cl^- 含量降低。

病理变化：脑及脑膜血管高度充血，并有点状出血，脑脊液增多，脑组织水肿；肺充血、水肿，肺体积增大，切面隆起，流出大量血祥泡沫，气管内有血样的泡沫。心冠脂肪、心肌、心内膜有出血性变化。

3. 诊断

根据天气炎热、湿度较高或阳光直射的病史，结合临床上体温升高、一般脑症状、呼吸和循环衰竭、大量出汗或皮肤干热、静脉怒张，不难进行诊断。但应注意与急性心力衰竭、肺充血及水肿，脑充血等疾病相区别。

（1）急性心力衰竭的重要体征为可视黏膜发绀、体表静脉怒张和心搏动亢进，体温不高可与本病进行鉴别。

（2）肺充血和水肿表现为高度呼吸困难，黏膜发绀、流泡沫状鼻液，缺乏中枢神经系统症状可与本病相区别。

（3）脑充血与本病的症状非常相似，但不具有高温、高湿的环境因素和大量出汗的表现，体表静脉亦不明显，据此可进行鉴别。

4. 防治

（1）预防本病是动物在夏季常见的一种重剧性疾病，病情发展急剧，病死率高。因此，在炎热季节应做好饲养管理和防暑降温工作，保障动物机体健康。

①改善饲养管理，降低动物舍内温度，保持适当饲养密度，供应充足饮水并补喂食盐。

②调整日粮结构及饲喂方式提高粗饲料和高精料的比例，多饲喂粗料。在炎热季节早晚凉爽时多喂精料，中午少喂或不喂精饲料。增加夜间喂料量，特别是粗料，应在夜间至凌晨 6 时饲

喂，夜间喂料量可占日粮的60%～70%。

③提高营养浓度蛋白质可增加到日粮含量的18%～20%，适宜添加油脂3%。多喂青绿优质草料及胡萝卜、豆渣等多汁饲料。在日粮中要增加钠、钾、镁等矿物质的含量。每天每头可补充氯化钾60～80克，碳酸氢钠100～150克、氯化镁30～50克。

④环境控制牛舍的防暑降温工作包括防止太阳辐射、减少奶牛自身产热、增加散热等。具体措施包括：搭凉棚遮阳、设计隔热屋顶、加强通风、淋浴、喷雾、设置蒸发垫、使用空调、控湿防潮等。

⑤放牧动物应早晚放牧，使役动物应避免中午阳光直射，并注意观察动物群体，多补充饮水，防止动物群体中暑。

⑥夏季运输群体动物应在早晚进行，并做好通风工作，沿途应供应充足的饮水，有条件时在饮水中加入1%食盐或抗应激维生素。

（2）治疗本病的治疗原则为加强护理、消除病因、降低体温、防止脑水肿和对症治疗。

①加强护理、消除病因及时将动物放置于通风、凉爽的环境中，保持安静，供应充足的凉的饮水，最好是0.9%的氯化钠溶液。

②降低体温是本病的关键治疗措施，采取一切可以利用的手段使体温降低，这是治疗成败的关键。

a. 物理降温法冷水浴：用冷水擦洗躯体，特别是头部；冷水灌肠：采用冷水灌肠可迅速吸收体内的热量，以降低体温，可灌入冷水5 000～10 000毫升；周围环境放置冰块等：采用此方法，可保持局部环境的凉爽，利于机体散热。

b. 化学降温法可使用解热镇痛类药物，使升高了的体温调定点复原，促进机体的散热。如复方氨基比林注射液（含氯基比林7.15%、巴比妥2.85%），20～50毫升，皮下或肌肉注射；

安痛定注射液（含氢基比林 5%、巴比妥 0.9%、安替比林 2%），20～50 毫升，皮下或肌肉注射；安乃近 3～10 克，皮下或静脉注射。

③防止脑水肿发生中暑时，由于脑血管充血，很容易继发脑水肿，因此，应注意防止脑部水肿，控制神经功能障碍。

a. 颈静脉放血或耳尖放血：在发病初期可进行颈静脉放血或耳尖放血，后期由于大量出汗，水分丧失严重，血液浓缩，循环血量不足，不宜进行。放血量在 1 000～2 000毫升，然后补以等量的生理盐水成复方盐水、糖盐水。

b. 静脉输入较凉的液体：在补充体液的同时还可降低体温，补液的量根据脱水的情况而定，可使用生理盐水、糖盐水以及复方盐水。

c. 使用钙制剂：使用氯化钙或葡萄糖酸钙可增加毛细血管的致密性，减少渗出，以控制脑水肿。5% 氯化钙注射液，100～400 毫升，静脉注射。使用钙制剂时应严防漏出血管外。

d. 使用脱水剂：可增加血液的渗透压，利于血液中水分的保持，有效防止脑水肿。20% 甘露醇或 25% 山梨醇溶液，1～2 克/千克体重，静脉注射，应在 30 分钟内注射完毕，以降低颅内压，防止脑水肿。

e. 扩充血容量：通过提高血液胶体渗透压，扩充血液容量，同时具有改善微循环、防止弥散性血管内凝血和抗血栓形成以及利尿作用。10% 低分子右旋糖酐注射液，3 000～6 000毫升，静脉注射。

④对症治疗根据临床表现的不同症状，进行有针对性的治疗，

a. 动物兴奋不安时，应进行镇静。可使用氨溴注射液，100～200 毫升，静脉注射，必要时使用；水合氯醛，20～30 克，内服，必要时使用；硝西泮，50～150 毫克，内服，3 次/天。

b. 当动物心功能较差时，要进行强心。可使用20%安钠咖（苯甲酸钠咖啡因），10～20毫升，静脉、肌肉或皮下注射；强尔心注射液（含合成维他康复0.5%），10～20毫升，皮下、肌肉或皮下注射。

c. 当动物出现急性心力衰竭、循环虚脱时可使用0.1%肾上腺素溶液，3～5毫升，加入10%～25%葡萄糖溶液500～1 000毫升中，静脉注射，以增加血压、改善循环，用于急救。

d. 当动物出现高度呼吸困难时，可使用25%尼可刹米溶液，10～20毫升，皮下或静脉注射；5%硫酸苯异丙胺溶液，100～300毫升，皮下注射，以兴奋呼吸中枢。

e. 防止酸中毒，可使用5%碳酸氢钠溶液，250～500毫升，静脉注射，以中和体内糖酵解的中间产物乳酸。

三、脑脓肿和垂体脓肿

脑脓肿是指化脓性细菌感染引起的化脓性脑炎、慢性肉芽肿及脑脓包膜形成，少部分也可能是真菌及原虫侵入脑组织所致。脑脓肿一般为细菌感染而引起，根据细菌感染的来源途径成分为四类：邻近感染灶的扩散所致的脑脓肿；血源性脑脓肿；外伤性脑脓肿；隐源性脑脓肿。

1. 病因

脑脓肿通常是由于远部感染或全身败血症时的细菌血栓扩散所引起的神经性疾病。不同年龄的牛所患脑脓肿的病因往往不同，在犊牛中，脑脓肿通常是由于脐部脓肿所引发的；而成年牛则主要是与慢性感染有关，如金属器具置留于组织所引起的脓肿、慢性骨骼肌脓肿或瘤胃炎等。另外，慢性颌窦炎的蔓延或鼻环部的细菌感染也可导致成年牛脑脓肿的发生。其中，公牛或母牛鼻环部的细菌感染可以较多的诱发脑脓肿或垂体脓肿，大家对于这种现象的解释大多认为这是由于涉及了围绕垂体区域复杂的网络循环。在患牛的脑脓肿分离到的常见菌是化脓性放线菌。

2. 临床症状与表现

脑脓肿的症状表现不一，它是随着侵害部位的不同而变化。在患牛脑脓肿初期，它们的症状表现为轻度抑郁、吞咽困难、轻度偏瘫和偏盲，不易被发觉。当随着脓肿增大时，则开始表现为不同程度的视力障碍、轻瘫、共济失调、高度抑郁，脑神经症状明显。随脑脓肿不断增大，其神经症状愈加明显，最终运动受影响，发生瘫痪。2～8 月龄的犊牛易感，但是处于任何年龄阶段的成年牛均可被感染。在患牛中，当其脑脓肿较大时，可以观察到动物抑郁和观星姿势；患垂体脓肿者，则表现为心搏徐缓，并伴随有抑郁和观星姿势的特征，但也可观察到其他症状如失明、吞吐困难、脑神经症状等。

当脓肿局限在一侧大脑半球时通常会导致患牛对侧眼失明，但是瞳孔机能正常，这是由于视辐射线或大脑皮层的损伤所引起的。同样，一侧大脑半球脓肿也可能导致偏瘫的发生。大脑脓肿较大的患牛还可能会出现前冲现象；若脓肿直接或间接伤及脑干，则可能会导致脑神经机能障碍，厌食现象加重。不过某些病牛虽有大面积占位性脓肿但是仍然能够继续进食。

随着脓肿增大，神经症状加剧。消炎或用抗生素治疗可能稳定或暂时改善患畜的状况，但停药后又复发。最终运动受影响，发生瘫痪。

3. 诊断

一般脑脓肿和垂体脓肿在患牛生前的诊断是比较困难的，神经症状可能对该病的诊断有很大的帮助，尤其是对于青年牛，其炎性损伤比肿瘤、变性等病变常见。成年牛患脑脓肿时，其血清蛋白值常常升高，但在犊牛和青年牛中表现不一。患牛的嗜中性白细胞往往增多，但是事实上血象分析是正常的。

脑脊液对脑脓肿的诊断也有一定意义，但是，脑脊液对该病诊断的帮助不是很确定。在发病初期，脑脊液是正常的，但在脑脓肿后期则明显异常，蛋白质和白细胞的含量升高。一般情况下，如若大部分白细胞是单核细胞，则表明是慢性感染。脓肿侵蚀引起的软脑脊膜炎，则脑脊液中的嗜中性白细胞增多。

4. 治疗

对于该病的治疗除长期使用抗生素治疗和积液引流外别无他法，且预后不良。用抗生素和消炎药对症治疗可能会轻微改善病牛的神经症状，但持续时间不会很久。对脑脓肿实施外科手术的意义也不大，但如能确定脑脓肿的位置，可考虑施行外科手术，如圆锯术、穿刺术，排出或吸出其脓液。也可实施积液引流术，但只有位于表面的被包膜周围的脓肿手术才可能有效。对于大多数患脑脓肿的病牛来说，死亡是不可避免的。

四、脊髓炎

脊髓炎是指由病毒、细菌、寄生虫、原虫和支原体等生物感染，或由感染所致的脊髓实质的炎性病变。临床上主要以病变水平以下肢体瘫痪，感觉、运动障碍和肌肉萎缩为特征。病理学观察可见病变部位神经细胞变性，坏死、缺失；白质中髓鞘脱失、炎性细胞浸润、胶质细胞增生等改变。本病多发于马、羊及犬，奶牛较少发病。

根据炎性渗出物的性质不同，可将脊髓炎分为浆液性、浆液-纤维素性及化脓性脊髓炎；根据炎症发生部位的不同，可将脊髓炎分为局限性（仅在脊髓的局部呈灶状发生）、弥漫性（炎症扩及较长的脊髓阶段）、横贯性（炎症侵及脊髓的全横径）和分散性（炎症分散发生在脊髓的各个不同部位）脊髓炎，其中，横贯性脊髓炎较为常见。

1. 病因

本病的致病因素较多，病毒感染、中毒、过敏等都可引起本病的发生。细菌、病毒及有毒物质经血液循环侵入脊髓，引起脊髓实质炎症；受到炎性渗出物的压迫，或神经细胞的变性和坏死，导致脊髓的感觉传导径路与运动传导径路发生中断，从而引起肢体瘫痪和感觉、运动障碍等。引发本病的常见因素主要分为以下几种。

（1）感染性因素最常见的为病毒感染所引起，最主要的病毒包括流感病毒、带状疱疹病毒、狂犬病毒以及脊髓炎质炎病毒等。

（2）中毒、过敏性因素常见于曲霉菌、麦角菌等细菌毒素和山黛豆、萱根草等有毒植物的中毒。

（3）创伤及其他因素创伤及其他因素，如受寒、过劳等都可导致本病的发生。常见的创伤有脊髓震荡与损伤、椎骨损伤、断尾、颈部脓肿等。

2. 临床症状

一般受凉、过劳和外伤等为原发性急性脊髓炎的诱因，发病突然，可见肢体麻木、病变部位疼痛等症状。同时伴有麻痹和异常感，可见运动、感觉障碍及反射功能障碍等。

脊髓是神经系统的重要组成部分，具有传导功能和反射功能。脊髓是感觉和运动神经冲动传导的重要通路，并可执行一些简单地反射活动，包括躯体反射和内脏反射。脊髓炎的主要症状是脊髓的功能障碍，包括运动障碍、感觉障碍、中枢障碍和反射功能障碍等。

（1）运动障碍脊髓是躯体和四肢的运动神经的传导路径，脊髓功能障碍则可引起机体的运动障碍。发病初期奶牛出现肌肉痉挛和抽搐，步态僵硬、不稳，易跌倒；发病后期出现不全麻痹或全麻痹，发病奶牛无法站立。如果发病部位为腰部脊髓，则会引起后肢和尾部的麻痹；如果发病部位是颈部脊髓，则会出现四肢完全麻痹症状，有时还会出现瞳孔缩小的症状。

（2）感觉障碍主要呈现出感觉过敏和感觉麻痹两种不同的表现。

①感觉过敏：当出现感觉过敏症状时，轻触脊髓，病牛会表现出疼痛不安。

②感觉麻痹：当出现感觉麻痹症状时，则病牛对反射刺激的感觉完全丧失，对其他刺激无反应。

（3）中枢障碍脊髓炎可扰乱自主神经，营养减退，发生压疮；还可因血管运动神经功能障碍而出现异常充血，发生水肿，并常常出现汗液分泌障碍（多汗症和无汗症）。

由于在脊髓腰段有支配膀胱、直肠和生殖器官的中枢，所以，会出现泌尿、生殖等方面的功能性障碍。在脊髓炎的初期，常可引起尿闭和便秘，排尿一旦停止便可诱发膀胱卡他、肾炎等；发病后期，膀胱和直肠的功能性障碍加重，由于括约肌麻痹而出现大、小便失禁。另外，还会出现性器官功能障碍，发病初期，种用公牛常常发生阴茎勃起，但末期出现阳痿。发生神经麻痹的部位皮温低下，出汗，水肿，肌肉萎缩，逐渐消瘦，长期横卧的病牛出现压疮。

（4）反射功能障碍发生脊髓炎时，病灶部的皮肤、肌肉和腱的反射减弱或消失，有时出现反射亢进。发生腰部脊髓炎时，会引起脊髓的反射功能减退或亢进；发生颈部脊髓炎时多表现出反射亢进。

在以上4种主要症状中，横断性脊髓炎、弥漫性脊髓炎、分散性脊髓炎和局限性脊髓炎可分别呈现各自的表现形式。当发生横断性脊髓炎时，由于发炎部位的神经细胞受到破坏，传导路径被阻断，所以，病牛的感觉和运动均出现麻痹症状；当发生弥漫性脊髓炎时，首先是脊髓的某个小局部发炎，接着炎症向炎症部位的一端或两端蔓延，出现感觉和运动功能的障碍，并逐渐波及较长一段脊髓或整段脊髓；当发生分散性脊髓炎或局限性脊髓炎时，由于炎症的部位、大小、多少等不同，脊髓传导路径的阻断部位和程度不同，因此，表现出不同的运动和感觉功能障碍。

病理变化：主要的病理变化为炎症和变性，主要表现为软脊膜和脊髓水肿、变性、炎症细胞浸润、渗出、神经细胞肿胀；髓质外周发生炎性浸润，甚至软化和水肿，白质和灰质中有炎性病灶。

横断性脊髓炎和弥漫性脊髓炎多数为急性发病，病情在短期内达到顶峰，然后逐渐减弱或停止，一般预后良好；分散性脊髓炎和局限性脊髓炎，通常持续时间较久，呈慢性经过，很少有彻底痊愈者，即使治愈往往留有一定的后遗症。

3. 临床诊断

一般根据病史结合临床症状进行诊断。如若发现一定脊髓节段支配区的皮肤感觉过敏或减弱、运动麻痹、肌肉萎缩，以及伴发排便、排尿障碍等，一般即可建立诊断。

在临床上应注意与脑膜脑炎、地方性脊髓麻痹、脑脊髓丝虫病等相区别。

（1）脑膜脑炎有兴奋、沉郁、意识障碍等一般脑炎症状，排便、排尿障碍不明显，四肢瘫痪多于发病后期出现，依此进行鉴别诊断。

（2）地方性脊髓麻痹此病由产生黑色素的链球菌引起，该病不仅有脊髓炎的症状，还可见体温升高、黄疸、外生殖器水肿等临床症状，另外，血检可检出产生黑色素的链球菌。

（3）脑脊髓丝虫病本病在临床上虽呈现一定脊髓节段支配区域的感觉过敏和肌群麻痹，但排便、排尿障碍不明显，解剖脑或脊髓可见虫伤性病灶，硬脑膜及软脑膜充血、出血及纤维素性炎症等变化。

4. 防治

（1）预防。本病主要由细菌、病毒等病原微生物感染所引起，因此，预防本病首先要加强防疫卫生，防止各种传染性因素侵袭和感染；其次，要注意饲养管理，禁止饲喂霉变饲料和有毒植物，避免中毒；另外，要注意避免奶牛受凉和外伤等易诱发本病的因素发生，保证奶牛的机体健康。

（2）治疗。本病的治疗原则为加强护理、杀菌消炎、营养神经、兴奋中枢、促进吸收和对症治疗。

①加强护理对于侧卧不起的病牛，应帮助其经常翻转，防止压疮的发生；注意皮肤保持清洁，预防感染；加强营养，增强体质，饲喂易消化高营养的饲料。

②杀菌消炎静注或深部肌肉注射磺胺嘧啶钠 0.07～0.1 克/千克体重，每日 2 次；肌肉或静脉注射阿莫西林 10～30 毫克/千克体重，每日 1 次；肌肉或静脉注射青霉素 4 万国际单位/千克体重，每日 2 次；肌肉或静脉注射头孢唑林钠 10～25 毫克/千克体重，每日 2 次。同时，配合使用肾上腺糖皮质激素，如地塞米松 5～20 毫克，肌肉或静脉注射，每日 1 次。

在发病初期可冷敷脊柱，有利于控制炎症；在急性炎症消退后改用温敷，促进炎症渗出物的吸收。

③营养神经改善神经营养，恢复神经细胞功能。常用药物为维生素 B_1，100～500 毫克，肌肉、静脉或皮下注射；维生素 B_2，100～150 毫克，肌肉或皮下注射；辅酶 A，1 000～1 500国际单位，静脉注射；三磷酸腺苷制剂 ATP，2 000～3 000毫克，静脉注射。

④兴奋中枢根据病情发展可使用0.2%盐酸士的宁，10～20 毫升，皮下注射，以兴奋中枢神经系统，增强脊髓的反射功能。为防止肌肉萎缩，对麻痹部位应该经常进行按摩、针灸等，或用樟脑乙醇涂布皮肤，以促进局部血液循环，恢复神经功能。

⑤促进吸收可用碘化钾或碘化钠，5～10 克，内服，每日 2 次或 3 次，以溶解病变组织、促进炎性渗出物的吸收。

⑥对症治疗当疼痛为较为严重时，可应用30%安乃近注射液，3～10克，皮下或肌肉注射，每日2次，以缓解疼痛。另外，还可选用溴化钠、巴比妥钠和水杨酸钠等内服。

第四节　营养代谢病

一、奶牛低血钙症

奶牛低血钙症是由于奶牛分娩和泌乳的启动引起血液中钙物质缺乏所造成的代谢障碍。当从肠道吸收的和从骨骼中动员的钙不能及时补充从血液中动员的血钙时，奶牛便会产生低血钙症。

奶牛体存在于骨骼以及牙齿中的钙物质占到了全身钙的99%，而钙在奶牛的神经兴奋性传导、血液凝固、酶的活性以及细胞膜的功能等方面起到了重要的作用。一头成年奶牛的正常血钙浓度在8.5～10毫克/天升，即为一头700千克重的奶牛血浆中仅含有4克的钙物质。显然，为了满足初乳中需要的钙、胎儿的成熟妊娠后期的初次泌乳，每天共需要钙30克，成年奶牛需要从骨骼肌动员一定数量的钙，并且提高胃肠道对钙的吸收效率，但是，吸收的稳定性受肠吸收、肾排出以及重吸收等因素影响，并且受甲状旁腺、降钙素、1，25-二羟维生素D_3的调节作用。

奶牛肠道对钙的吸收主要依赖于1，25-二羟维生素D_3，而1，25-二羟维生素D_3是由肾脏在甲状旁腺素的作用下产生的；钙平衡的第三个环节，即为肾脏对钙的吸收增加，尽管其数量很少，但其在增强过渡期奶牛对钙的利用方面具有非常重要的作用；而血浆中的钙平衡的调节则是通过甲状旁腺激素的作用来实现的，当钙水平生理性降低时，机体产生甲状旁腺激素，其作用是促进肠道对钙的吸收（借助1，25-二羟维生素D_3），增强肾小管对钙的重吸收。

1. 病因

(1) 日粮饲料中钙的缺乏在实际生产中饲喂过程不注意钙的供应，造成日粮饲料中钙的绝对量不足，奶牛每产1千克的奶，要消耗1.2克的钙，一个泌乳期要排出6千克的钙；泌乳高峰期时，每日排出30克钙，本身生命活动每日所需的钙为20克，可见奶牛对钙的需求量以及消耗量比较大。如果日粮饲料中钙物质供应不足，致使机体不能摄取每日泌乳以及生命活动所必需的钙，其结果肯定是引起钙的不足而发生代谢障碍出现低血钙症。

(2) 日粮中维生素D的缺乏奶牛从植物中获得麦角固醇以及皮内的7-脱氢胆固醇，在太阳光紫外线的照射下，可分别转化为维生素 D_2 以及维生素 D_3，当日粮饲料中维生素D不充足以及太阳光照射不足等，都可以造成日粮采食中维生素D的摄入量不足，从而使钙在肠道里的吸收降低。

(3) 牛只机体健康状况不佳奶牛的健康状况不良，不仅引起钙的吸收障碍，而且也影响骨的溶解，其中，重要的因素有以下几种表现：

①甲状旁腺机能亢进中枢神经系统对钙的代谢起着主导作用。在中枢神经控制下，可致使甲状腺机能加强，破骨作用增强，骨骼中大量钙盐溶解，骨质疏松。

②肾功能障碍当奶牛发生肾病或者其他疾病，引起肾功能不全时，由于代谢产物在体内的蓄积而造成酸中毒，此时钙与酸性产物结合，血钙下降，脱钙加剧。

③慢性消化道疾病反刍动物胃肠道消化机能紊乱时，通常以低血钙症为其特征。瘤胃收缩力减弱，缺钙浓度降低，血钙与瘤胃收缩之间呈显著的关系，奶牛胃肠的运动，对日粮中钙的吸收，维持内环境中钙的平衡起重要作用，而渐进性的胃肠道活动

降低，能引起钙吸收减少，从而促使临床低血钙症的发生。

2. 临床特征与表现

奶牛发生低血钙症通常可分为3个时期，第一个时期是奶牛仍能够站立期；第二个时期是奶牛卧地不起期；第三个时期则为奶牛昏迷，失去反应直至死亡期。奶牛临产期低血钙症发生于产前24小时至产后72小时。最初奶牛多表现为不安、兴奋以及食欲减退，发生这一阶段的许多奶牛头部周围受到刺激时伸出舌头，表现为奶牛想攻击人或想逃走却不能实现时作出的举动；低血钙症时，心率加快，然而由于静脉回流量减少，心肌收缩力减弱，心输出率降低，导致奶牛此时已渐渐失去调节深部体温的能力，因此奶牛直肠温度的高低依赖于周围环境的温度。当周围环境温度低于20℃时，体表温度开始降低，导致终末循环出现异常，四肢湿冷，这时的瘤胃收缩机能开始减弱直至停止，奶牛步履蹒跚或倒地，通常状况下倒地之后无法再次站立起来，继而气体不能排出瘤胃，继发瘤胃鼓气，奶牛由于瘤胃鼓气以及心血管功能丧失引发动物窒息而导致的死亡通常不超过12个小时。

3. 临床诊断

若奶牛发生不安、兴奋、食欲减退、卧地不起以及瘤胃鼓气时，可初步判定为低血钙症的发生，但是，想要确诊必须测定血液中钙的浓度。正常奶牛血液中钙的浓度应为8.5～10毫克/天升之间，当奶牛血液中钙的浓度为7毫克/天升时，大多数的奶牛依然能够站立，但是已有轻微的瘤胃鼓气以及食欲减退；当奶牛血液中钙的浓度为5毫克/天升时，大多数奶牛不能够站立，卧地不起，四肢体温开始下降，瘤胃鼓气严重；当奶牛血液中钙的浓度低于4毫克/天升时，大多数奶牛已经出现昏迷状况，或一些体质本来就弱的奶牛已经发生死亡。

4. 防治

（1）预防。①加强日粮中矿物质的供应，为高产牛以及年老牛采取定期静脉注射钙溶液，对防止奶牛钙的缺失，效果比较显著；②加强妊娠后期母牛的饲养管理。

（2）治疗。奶牛发生低血钙症时最常规的方法是将硼葡萄糖酸钙经非消化道给药。经静脉或皮下注射硼葡萄糖酸钙溶液治疗的病牛，可很快的恢复骨骼肌的紧张度以及胃肠道平滑肌的功能。许多低血钙症卧地不起的病牛，在含钙溶液输入不久后便可自行站立；昏迷的病牛，则需要更长时间的恢复期才可以自行站立，但个别病牛也会在输入钙溶液后不久便可以自行站立。给病牛口服钙添加剂时，其功能性吞咽反应可阻止这些腐蚀性物质进入气管，但是，要对低血钙症和肌无力的严重程度进行评价，因为给病牛灌服液体氯化钙时往往具有腐蚀性，可引起奶牛吸入性肺炎，直至死亡，所以，可选用丙酸钙溶液代替灌服。

①在奶牛日粮饲喂中加入骨粉以及钙制剂等拌料饲喂，每日30~50克，连续服用5~7天。

②静脉注射硼葡萄糖酸钙溶液500毫升，每日注射一次，连续注射5~7天。

③维生素AD50万~100万国际单位以及维丁胶性钙5~10毫升，一次肌肉注射，每日注射一次，连续注射3~7天。

④煅牡蛎20份、煅骨头30份、炒食盐15份、小苏打10份、苍术7份、炒茴香3份以及炒黄豆15份，一并研磨粉末，病牛每天经口服用90~150克，并在精料中加入酵母片，连续服用30~50天。

二、奶牛低血镁症

奶牛低血镁症又称为牧草性肢体搐搦，是奶牛血镁降低所致的以兴奋、痉挛等神经症状为特征的矿物质代谢疾病。

奶牛低血镁症经常表现出非常严重临床症状的状况，奶牛正常血浆镁的浓度在1.8~2.3毫克/天升，当奶牛血镁值快速下降到1.0毫克/天升或者更低值时，肌肉开始震颤，随后会发生兴奋性过高，如果不及时的治疗，奶牛就会发展为惊厥、四肢抽搐，血镁值进一步的降低将会导致动物的死亡。

1. 病因

（1）奶牛日粮饲料中镁的含量以及摄取量不足。

①饲料中镁的缺乏与土质及施肥有着重要的关系，当土壤中缺乏镁时，植物中镁的含量就会降低。

②饲草若大量施用钾肥则会引起钾和镁的拮抗作用而阻碍植物吸收镁，致使植物中镁的含量降低。

③生长快速的饲草含镁量少而含氮量高，低镁高氮的共同作用可引起奶牛低血镁症以及低血钙症。

④以氨化青贮玉米为基础的干奶期日粮或者以尿素为主要补充蛋白，很容易引起继发性镁缺乏症。

（2）甲状腺功能亢进泌乳奶牛采食量减少以及泌乳时能量消耗过大，镁的消耗量增加，使奶牛机体处于能量负平衡状态，是引起伴有甲状腺活性增加的低血镁症的继发原因。

（3）其他因素因恶劣环境、不良天气等因素促使奶牛发生应激反应，直接影响奶牛的采食量，从而造成低血镁症的发生。

2. 临床特征与表现

奶牛发生低血镁症时采食量下降，狂躁不安，肌肉痉挛，体温升高至40～41℃，呼吸增数，心跳加快，四肢肌肉抽搐导致卧地不起，惊厥时角弓反张，眼睑回缩，口吐泡沫，若不迅速对病牛实施救治于发病后0.5～1小时内死亡。重度低血镁症奶牛常具有轻度以及中度的低血钙症状，泌乳期的奶牛临床症状并不典型，然而长期低血镁症降低了生产能力，也容易患低血钙症。

3. 临床诊断

奶牛发生低血镁症多发于放牧的牛群中，如在寒冷、多雨的初春或秋季，出现狂躁不安和肌肉痉挛等症状，应怀疑为低血镁症的发生。但是想要进一步的确诊有赖于血镁的测定，奶牛正常血液中镁的浓度在1.8～2.3毫克/天升，当低于这个值时就应该确诊为奶牛低血镁症。

4. 防治

（1）预防

①加强饲养管理，调整饲喂日粮结构随着奶牛饲料以及矿物质饲料的流通扩大，使用前最好对其来源、成分进行分析，掌握其各种营养成分，做到饲喂合理，防止高钾饲料引起的镁的吸收率降低；在补镁时，也要防止镁过高而影响磷的吸收，从而引起临床低磷酸盐血症的发生的可能性。

②加强饲草营养的管理在缺镁的地区或经常发病的地区，应及时补充镁盐，预防本病发生的可能性，但是要注意重复使用镁盐经常导致奶牛腹泻和奶牛血液镁浓度高于正常范围值。

（2）治疗。奶牛表现为低血镁症性饲草性肢体抽搐时，需要紧急治疗，而在奶牛出现狂躁不安以及肌肉痉挛时，在经非消化道补充镁之前，首先需要镇静。根据神经症状的不同，可选用甲苯噻嗪以及苯巴比妥进行治疗。在这种情况下，静脉滴注补充镁的效果较好，但也要注意静脉滴注的速度不宜过快，以防止引起心肌急性中毒症；经口灌服镁治疗奶牛轻度以及中度的低血镁症是一种安全有效的方法。并应加强病牛的护理，将病牛置于安静、避光的环境中，尽量减少各种不良刺激，减少外界的应激反应。

三、奶牛维生素A缺乏症

奶牛维生素A缺乏症是由于日粮饲喂中摄取的维生素A的含量不足或缺乏所引起的一种慢性营养代谢性疾病。维生素A的缺乏会绝对或相对导致育成牛的许多异常，青年牛可见到生长缓慢、失明、食欲缺乏、癫痫和其他神经症状、皮炎、腹泻、干眼症以及肺炎，而成年牛可见失明和胃肠道神经繁殖障碍。

1. 病因

维生素 A 又称视黄醇（其醛衍生物视黄醛）或抗干眼病因子，是一个具有脂环的不饱和一元醇，包括动物性食物来源的维生素 A_1、维生素 A_2 两种，是一类具有视黄醇生物活性的物质。维生素 A_1 多存于哺乳动物及咸水鱼的肝脏中，而维生素 A_2 常存在于淡水鱼的肝脏中；植物则以其前体物—β 胡萝卜素和其他胡萝卜素在绿色植物性饲料以及黄玉米中大量的存在，由于维生素 A_2 的活性比较低，所以，通常所说的维生素 A 是指维生素 A_1。

当日粮中过多饲喂维生素 A 含量少的精料以及富含丰富 β 胡萝卜素和其他胡萝卜素的绿色植物性饲料时，青年奶牛或犊牛可成群发生维生素 A 缺乏症，其原因如下。

（1）长期饲喂品质低劣的饲草初夏酷热，青饲料长势不佳，夏秋之交天阴多雨，粗饲料贮存受到影响，饲草在日光、雨淋、堆积发热等作用下氧化失去一定活性，所含的 β 胡萝卜素和其他胡萝卜素被破坏，不能满足粗饲料的进食量，多以稻草、谷草等饲草补充。

（2）日粮饲喂不平衡，饲喂过于单一在实际的生产过程中，有些牧场只重视泌乳牛，而往往忽略了青年牛的饲喂，特别是鲜嫩的青草饲料，只饲喂泌乳中的奶牛而不喂青年牛或者犊牛，富含维生素 A 的干草长期饲喂不足而导致疾病的发生。

（3）胃肠道消化吸收机能紊乱胃肠卡他，寄生虫如肝片吸虫，饲喂硝酸盐含量过多的饲料和缺乏磷物质的饲料以及氯化萘中毒等，都可以导致胃肠道的消化机能的减退，影响进入胃肠道中的 β 胡萝卜素和其他胡萝卜素转化为维生素 A 的吸收。

（4）奶牛生理功能异常如泌乳期、妊娠末期肝功能的减退，体温升高，甲状腺功能亢进以及注射雌二醇等。

（5）犊牛饲喂不当正常初乳中的维生素 A 含量约为 700 国

际单位/100 毫升，常乳中的维生素 A 含量约为 100～150 国际单位/100 毫升。如果犊牛时期不喂初乳或者哺乳期短以及断奶过早，就会引起犊牛哺乳量不足或饲喂代乳粉因加热调制过程中维生素 A 被破坏，导致犊牛得不到充足的维生素 A，从而引发该病。

2. 临床特点与表现

（1）一般症状奶牛食欲减退，异食癖，消瘦，四肢无力，贫血，被毛粗糙没有光泽，皮屑增多，犊牛生长发育缓慢，产乳牛泌乳性功能大大降低，由于机体免疫能力下降，患病牛多继发感染性疾病，如乳房炎、肺炎、子宫炎等。

（2）神经症状当维生素 A 缺乏症发生时，病牛脑膜增厚和蛛网膜绒毛改变继而直接影响脑脊液的正常吸收，会引起继发性的颅内压升高。奶牛脑脊液的压力增高是造成育成牛和成年牛神经症状的原因之一。奶牛脑脊液吸收力的下降，会引起脑膜增厚以及蛛网膜绒毛的改变，从而引起奶牛的神经症状，主要体现在失明、抽搐、转圈、定向力障碍、角弓反张、精神沉郁以及头位升高等。

（3）眼部症状奶牛眼部症状最明显特点即为失明以及夜盲症。失明是成年奶牛最为典型的特征症状，主要是由于脑脊液的压力增高造成的进行性视神经乳头水肿。只有慢性视神经乳头水肿引起局部血管缺血，干扰轴索运输时，所导致的严重视神经乳头水肿才会引起成年奶牛的失明，所以，许多维生素 A 缺乏症的病牛尽管有轻微或中度视神经乳头水肿，但是，仍有视力存在；而在育成牛，视神经乳头水肿和失明是由于脑脊液的压力升高和视神经管内纤维化共同作用压迫视神经所致。在维生素 A 缺乏的奶牛中，视力受到影响的最初症状为夜盲症，维生素 A 是暗适应时感光器活动所需要的视紫质再生的必不可少的物质，当维生素 A 缺乏时，其视网膜杆的功能异常以及损失大于视网膜锥的，因此，造成了夜盲症的发生。尽管夜盲症是维生素 A 缺乏症的早期症状之一，但是在实际牧场现有的条件下很难进行有效的评价。

(4) 发育障碍当维生素 A 缺乏时，犊牛的骨吸收出现异常，导致骨的异常生长，压迫神经脑膜的纤维素化以及颅窝尾部、枕骨大孔狭窄所导致的小脑尾部红色疝出为主要特点。在犊牛生长过程中，维生素 A 的缺乏也可导致软骨组织中毛细血管减少，成骨细胞也随之减少，导致骨组织的生长受阻，骨化不全性骨质疏松、软化，继发性的骨骼变形，从而使得中枢神经受到挤压，严重的可导致病牛失明。

(5) 繁殖障碍由于泌尿生殖器官疾病，公牛生产精液性能降低，性欲减退；母牛受胎率降低或不孕，发生卵巢囊肿、胎衣停滞，妊娠母牛多在后期发生流产、死胎以及胎儿出生后几天内死亡，并出现畸形胎，如眼瞎、咬合不全等，有的体质过度消瘦或生长发育不全等。此外，公牛也易发生尿石症，呈现排尿困难，全身水肿，尤其在胸前、前肢和关节处极为明显，最终往往因尿毒症而死亡。

3. 临床诊断

奶牛若出现神经症状、眼部症状、流产以及生长受阻等临床症状，则提示维生素 A 缺乏症，但是要进行确诊，必须测定血清或血浆中维生素 A 的含量水平。血清中维生素 A 含量的水平 <20 微克/100 毫升时，则说明奶牛发生了维生素 A 缺乏症，并且此时视力下降程度同血清中维生素 A 含量的水平呈反比，牛血清中维生素 A 水平的正常范围为 25～60 微克/100 毫升，而肝脏活组织维生素 A 的含量为 10～50 微克/克。

在诊断时，应该考虑与传染性角膜炎以及传染性结膜炎的区别，传染性角膜炎和传染性结膜炎在实际生产中发病率很高，一般病牛会有深的角膜溃疡，并且不会出现神经症状，依据这两点可与维生素A缺乏症相区别。

4. 防治

(1) 预防。

①做好合理的日粮饲料计划安排全年应贮备充足的富含维生素A以及胡萝卜素的饲料，注意日粮的组成，保证全价日粮，若日粮中维生素A以及胡萝卜素的饲料缺少时，应及时补充维生素A口服。

②加强犊牛以及育成牛的饲养犊牛不要过早的断奶，应及时饲喂初乳，保证犊牛有足够的喂乳量，若使用代乳粉乳品时，应注意其代乳粉的质量以及维生素A的含量；要重视育成牛的饲养，给育成牛提供优质的日粮来维持维生素A在体内的含量，并且要给牛只提供良好的环境条件，防止牛舍潮湿，保证牛舍通风、清洁、干燥以及阳光充足，运动场宽敞，使牛群自由活动。

(2) 治疗。

①当牛群中有发生维生素A缺乏症的病牛时，应及时纠正日粮配方，增加富含维生素A以及胡萝卜素的优质饲料。

②对病牛进行维生素A的肌肉注射，并且在治疗的最初几天，维生素A的注射量应达到440国际单位/千克，或每日每头牛按40国际单位/千克体重经口投服，也可以选用维生素AD注射液肌肉注射2~4毫升，每日一次，连续注射3~7天。

③也可以对病牛使用苍术25克、松针25克、侧柏叶25克，研磨，拌料，每日一次，一次喂服，连用3~7天。

四、奶牛白肌病

白肌病又称维生素E-硒缺乏症，由于地方性缺硒以及饲料中维生素E和硒的缺乏所导致的奶犊牛经常发生以岑克尔氏变性为特征的营养性肌变性。主要以营养性肌变性、萎缩以及发育迟缓为主要的临床症状，本病常发生于生长发育期的动物。虽然小于6月龄的犊牛最易发病，但是，大至2岁的青年奶牛也有此病的发生，其危害主要体现在繁殖机能障碍的方面。

1. 病因

（1）日粮饲料中硒的含量不足硒是构成许多酶的前提，如防止组织被氧化的谷胱甘肽过氧化物酶。饲料中硒的含量（以饲料干物质计）至少为0.1～0.3毫克/千克，当日粮饲料中硒的含量少于这个值时就会引起硒的摄入量不足，导致犊牛体内硒的含量减少，从而诱发本病。

（2）日粮饲料中维生素E的含量不足维生素E可以保护组织免受饲料中不饱和脂肪酸单甘酯进行正常氧化时产生的过氧化物的损伤作用。日粮饲料长时间贮存、发酵以及变质等因素都可以影响维生素E在饲料中的含量，致使日粮饲喂时饲料内维生素E的含量比刚收获时的含量低很多，当奶牛长时间采食维生素E含量较低的饲料时，就会引起奶牛体内维生素E的含量不足，造成条件性维生素E的缺乏，从而诱发本病。

（3）矿物质之间的拮抗作用长期使用硫铵肥料，土壤中硫化物含量过多，或者奶牛大量摄入硫酸盐等，由于硫以及硒之间的拮抗作用，导致奶牛对日粮饲料中硒的吸收以及利用率降低，造成硒的缺失，促使本病的发生。

（4）地区因素在一些缺硒的地区，土壤中硒的含量少于0.5毫克/千克时，就会导致生长的饲草、饲料里硒的含量低于0.1毫克/千克，导致奶牛日粮中对硒的采食量减少，成为本病的诱因。

2. 临床表现与特点

奶牛的白肌病可侵害任何横纹肌，包括咽喉部肌肉、舌肌、呼吸肌、心肌、颈部肌肉以及四肢的大肌肉群。

（1）在新生犊牛中，舌肌是唯一受到侵害的肌肉组织，导致犊牛不能正常的吸乳，触摸时感到舌松软，犊牛有食欲，但是，将手指伸入其口内检查其吸乳反射时舌头下垂。

（2）当牛只咽、喉、肋间肌以及膈肌等呼吸肌受到侵害时，若犊牛发生吸入性肺炎，可表现为呼吸困难，低头张口呼吸。

（3）当病牛心肌受损时，可表现为心跳加快（150～20 次/分钟），心率失常，心脏有杂音，与肺水肿有关的呼吸困难或无前驱性症状的突然死亡，运动或驱赶表面上正常的病牛则会导致患病动物的症状加重，呼吸极度困难，卧地不起，在短时间内心力衰竭而急性死亡。

（4）大的肌肉群发生局部性岑克尔氏变性的急性病例，触诊时肌肉坚实、肿胀、四肢震颤、站立僵直；然而大多数病例，尤其是病牛发生严重弥漫性岑克尔氏变性时，触诊患病肌肉时却是柔软的，已经躺卧不起的慢性病例可变现为肌肉萎缩以及纤维化。

（5）发生白肌病的病牛偶见精神症状，可表现为严重的精神沉郁，呼吸困难，因大量乳酸从受损肌群中释放出来而导致代谢性酸中毒，出现精神症状。

（6）若成年母牛机体缺乏硒时，常表现为繁殖机能的降低，产下的犊牛虚弱或者死胎，而且常伴有胎衣不下以及子宫炎的特征。

3. 临床诊断

依据临床症状，尤其是大量的牛只患病时，尿液中出现肌红蛋白，可以做出临床诊断；在弥漫性肌变性或年龄较大的犊牛患病时，比较常见肉眼可见的肌红蛋白尿。当尿液检验证实血液（Hb、RBC、肌红蛋白）和蛋白质为阳性反应时，应怀疑存在非典型的肌红蛋白尿，实验室检测 CK 值以及 AST 值明显升高可帮助确诊。CK 值高于 1 000国际单位/升而且常超过 10 000国际单位/升，AST 的值常超过 500 国际单位/升可判定为本病。

大龄奶牛比年幼的奶牛受伤肌肉群更大，能更多的释放这些酶，最后确诊常依赖于实验室对全血硒的含量和谷胱甘肽氧化物酶的测定。硒在红细胞中被结合在谷胱甘肽氧化物酶上，该酶能够加速细胞对过氧化物的分解，由于红细胞在生成过程中，硒必须结合进红细胞内的谷胱甘肽氧化物酶中，所以，需要4~6周的时间才能检测到谷胱甘肽氧化物酶的升高。因此，对近期补充硒的患病犊牛检测血液硒的含量值意义不大，但是，这一结果也是非常具有价值的，而未经治疗的奶牛通常测定其全血硒的含量。硒和谷胱甘肽氧化物酶的正常范围，见表3-1。

表3-1　硒和谷胱甘肽氧化物酶的正常范围

项目	全血硒（μg/dL）	谷胱甘肽氧化物酶（U/gHb）
正常值	>12.0	>30
临界值	8.0~12.0	20~30
缺乏值	<8.0	<20

4. 防治

(1) 预防。对采食饲料硒含量少的饲料，在精料中混拌1%微量元素硒添加剂，以及维生素E500~1 000毫克的添加剂，对预防本病的发生，具有良好的效果。

(2) 治疗。奶牛白肌病是一种“硒应答”性疾病，所以不论其确切病因如何（缺硒、缺维生素E以及硒与其他矿物质拮抗作用），治疗和预防本病都需要注射或饲料内添加硒制剂。

①亚硝酸钠注射液，肌肉注射，剂量为0.1~0.2毫克/千克体重，每天一次，连续注射2~3天。

②维生素E注射液800~1 000毫克，肌肉注射，每日一次，连续注射3~5天。

③注意：注射硒-维生素E制剂过多会很危险，因为硒-维生素E制剂会引起硒中毒甚至导致病畜死亡，所以选用硒-维生素

E 制剂治疗时，必须严格按照药物说明规定的剂量使用。

五、奶牛碘缺乏症

碘缺乏症又称甲状腺肿，是由于日粮中摄入碘物质不足所引起的一种地方性营养代谢性疾病。临床特征是新生犊牛死亡、被毛不光泽或脱毛、生长发育缓慢以及成年牛繁殖机能障碍、甲状腺肿大和增生。

碘缺乏症遍布全世界，由于它易于识别和纠正，所以危害性比较小。通常情况下成年奶牛发生碘缺乏症的病例比较少，即使出现了临床症状也不会被重视，只见发情抑制而不妊；但是，相对于成年奶牛，犊牛的发病率远远高于成年奶牛，由于犊牛对碘缺乏比较敏感，从而易发病，治疗不及时甚至引起大量的死亡。

碘作为一种生物活性微量元素在奶牛生长、发育、繁殖中起到了重要作用。奶牛机体内 70% ~80% 的碘浓缩并贮存在甲状腺中，其含量为 2 000 ~5 000毫克/千克（以干物质计算），其中，卵巢中碘的含量比肌肉等其他脏器组织中高 3 ~4 倍，眼窝的脂肪中碘的含量也是比较多的。健康牛血液中蛋白结合碘含量为2. 6 ~6. 5 微克/100 毫升，乳汁中碘含量为 20 ~90 微克/100 毫升，初乳中碘含量比较多，但是，在泌乳后期奶中的碘含量则逐渐减少。美国全国研究理事会饲养标准规定：奶牛泌乳期饲料中碘含量为0. 5 毫克/千克；干奶期妊娠母牛饲料中碘含量也不应少于0. 5 毫克/千克；成年公牛、青年牛和育成犊牛的饲料或其他用品中碘的含量为0. 25 毫克/千克；肉用种公牛、肉用妊娠干奶牛和泌乳牛饲料中碘的含量应保持在0. 05 ~0. 1 毫克/千克。

1. 病因

（1）原发性碘缺乏是由于土壤、饲料和水源中碘的含量过少导致牛碘物质摄取量不足所致。其中，以土壤和水源最为关键，而饲草饲料中碘的含量取决于土壤、水源、施肥、天气和季节等诸多因素，年降雨量大，地表层冲刷严重，造成土壤中碘相对缺乏，饲料以及饮水缺少碘，从而诱发本病。

(2) 机体对碘的需要量增加这里主要表现在犊牛生长发育时期、母牛妊娠时期以及泌乳量过高的时期等，都需要从日粮饮水中摄取大量的碘。

(3) 化学药物及制剂的影响主要表现在用于治疗甲状腺功能亢进的药物，如铷盐、硫脲等，以及日粮中摄入了过多的钙制剂阻碍碘的吸收，从而导致碘的摄取量不足的状况。

(4) 长期饲喂促使甲状腺肿的饲料长期大量饲喂能促使甲状腺肿的饲料，如卷心菜、油菜子、亚麻仁、三叶草以及其副产品、黄芜菁和大豆等，易诱发该病。

(5) 其他因素饲养管理不良，卫生条件比较差，饮水或饲料被污染等。

2. 临床特征与表现

奶牛发生碘缺乏症时常出现甲状腺明显肿大，脱毛。妊娠奶牛若出现碘缺乏症时，胎儿早产、流产，妊娠期延长，产出犊牛体质明显虚弱而且不能自行站立，有的被毛生长发育不全，呈现被毛稀疏以及无被毛的情况，皮肤厚纸浆状；先天性甲状腺肿的犊牛，多数窒息而死，幸存下来的犊牛，由于生长发育缓慢或停滞成为侏儒牛；青年奶牛若发生碘缺乏症时性器官成熟则会变得异常缓慢，性周期不规律，受胎率降低，泌乳性能下降，产后胎衣不下；公牛则会出现性欲减退，精子品质低劣，精液量减少等。

3. 临床诊断

奶牛甲状腺肿大和犊牛生长发育缓慢等症状可初步诊断为本病的发生；此外甲状腺素含量是反映血液中蛋白结合碘的指标，通过实验室检测蛋白结合碘以及甲状腺素含量，有助于最终确诊本病。通过实验室检测血液、乳汁以及甲状腺内碘的含量可得知，碘缺乏症的病牛血液中的碘的含量小于2.5微克/100毫升；乳汁中碘的含量小于10~30微克/100毫升；甲状腺中碘的含量小于1 200毫克/千克DM。

4. 防治

（1）预防。对妊娠后期的母牛，使用含碘量0.015%的食盐，按10%比例添加在饲料中饲喂；对犊牛则选用卢戈氏液几滴经口内服，连续口服一周，会对奶牛碘缺乏症起到较好的预防作用。

（2）治疗。当牛群发生碘缺乏症时，应及时尽早补充碘盐以及碘饲料添加剂。

①泌乳以及干奶期的牛饲喂0.6~0.8毫克/千克的碘盐添加到饲料中，每天一次，连续饲喂一周；或用含40%结合碘的油剂，肌肉注射2毫升，连续注射3~5天。

②犊牛饲喂0.1~0.3毫克/千克的碘盐添加到饲料中，每天一次，连续饲喂3~5天，因为碘过量容易引起犊牛的碘中毒症状，其症状特点是厌食以及严重的皮疹，因此，对犊牛进行补充碘的时候应格外小心，切忌过量引起中毒。

六、奶牛产后血红蛋白尿

奶牛产后血红蛋白尿是一种非传染性疾病，是由缺磷等非传染性因素所导致的一种以急性血管内溶血、血红蛋白尿、贫血、低磷酸盐血症为特征的高产分娩母牛的代谢病，又称为“红尿病”。该病不同于细菌性血红蛋白尿，也不同于钩端螺旋体病、双芽梨形虫病以及中毒病等疾病中所出现的血红蛋白尿。本病是由于溶血而使红细胞大量破坏所引起的，因此，病畜多伴有一定程度上的贫血症，该病发展迅速若治疗不及时或误诊患牛通常在2~3天死亡。

1. 病因

奶牛产后血红蛋白尿多发于产后 4～28 天的 3～6 胎的高产母牛，引起母牛产后血红蛋白尿的原因比较多：

（1）日粮饲喂不平衡，长期饲喂磷含量较低的牧草以及饲料由于奶牛在长期的泌乳过程中，大量的磷物质随乳汁排出，所以当日粮中磷含量不足或偏低时就会导致母牛磷物质的摄取量不足，从而诱发本病。

（2）日粮饲料中十字花科植物饲喂量过多由于十字花科植物，如甜菜、甘蓝、萝卜、油菜中含有皂苷的成分，而皂苷是一种很强的表面活性剂和溶血剂，并且对奶牛心脏具有一定程度的刺激作用，因此，十字花科植物的过量饲喂会引起该病的发生。

（3）其他因素由于降水量的减少，植物生长状况不好，植物从根部摄取土壤中的磷成分减少，促使奶牛在日粮采食中摄取磷的含量大大降低，从而造成了低磷血症。

2. 临床特征与表现

（1）当奶牛发生产后血红蛋白尿时，患病初，病牛以精神沉郁、食欲缺乏、产乳量下降、体温正常、血红蛋白尿为最主要的临床表现，并且排尿次数增加，尿量减少，尿液呈淡红色。

（2）当奶牛产后蛋白尿病程延长时，可直观的表现为尿液呈棕褐色、酱油色，患病奶牛贫血，可视黏膜、腋下股内侧以及乳房皮肤呈现苍白的颜色，呼吸急促，心率可达到 92～120 次/分钟，颈静脉怒张和搏动，粪便干硬有恶臭味，全身消瘦，卧地不起。

（3）尸检可见尸体消瘦，全身黄疸，可视黏膜苍白；肝脏肿大，脂肪性浸润，中央小叶灶性坏死；胆囊肿大，胆囊内充满浓稠状带颗粒的胆汁；脾脏肿大，网状内皮细胞增生；肾脏颜色淡如胶冻样，肾曲细管中有管型以及铁色黄素沉着，膀胱内积有褐色血红蛋白尿；淋巴结肿大，切面外翻，呈棕褐色。

3. 临床诊断

奶牛产后血红蛋白尿多发生于寒冷的冬季，常呈现为地区性发病，其临床诊断特征是产犊后4～28天的3～6胎的高产奶牛出现血红蛋白尿以及贫血的现象可初步诊断为该病；若想进一步确诊必须经实验室检测，可见血液中红细胞数、血红蛋白含量以及红细胞压积值均降低；尿液中酮体、胆红素、尿胆原、尿中潜血均为阳性反应，有助于本病的最终确诊。

4. 防治

（1）预防。

①平衡日粮饲喂日粮营养应根据母牛需要量来确定，特别是矿物质磷的供应量不能忽略；对饲料营养成分无法计算时，应每日每头加喂磷酸氢钙或者选用小麦麸作为精料补饲。

②控制十字花科植物饲喂量甜菜、甘蓝、萝卜、油菜等十字花科植物的每日饲喂量不宜过多，要严格控制饲喂量，避免本病的发生。

③加强对牛舍的管理，做好防寒保暖工作，减少应激因素的刺激。

（2）治疗。奶牛发生产后血红蛋白尿时，应尽快补充矿物质磷，以提高血液中磷含量的水平。

①对病牛选用20%的磷酸二氢钠溶液300～500毫升，静脉注射，每日注射一次，连续注射3～5天；对于重病的奶牛可增加注射次数，或者选用相同剂量再皮下注射，增加血液中磷含量的水平。

②对病牛每日饲喂碳酸钙30～50克，连续饲喂3～5天，并且与20%的磷酸二氢钠注射液连用，则可以大大缩短病程，提高恢复速度。

③15%磷酸二氢钠1 000毫升、5%葡萄糖生理盐水500毫升、25%葡萄糖注射液500毫升、5%碳酸氢钠液500毫升、氢

化可的松25毫升静脉注射，以补充奶牛所需的能量以及电解质。

七、奶牛钴缺乏症

奶牛发生钴缺乏症是由于日粮饲料和饲草中钴的含量不足或缺乏，以及瘤胃内微生物合成维生素B_{12}阻碍从而引起丙酸代谢受阻所导致的慢性代谢性疾病，反刍动物更易发本病。

奶牛钴缺乏症又称为“海岸病”、“格兰特拉夫斯病”、“灌木病”以及“废食症”等等，在世界各地均有发生，为此奶牛钴缺乏症是属于世界性地方病之一。

奶牛钴缺乏症常常表现为厌食、异食癖、消瘦、贫血以及产奶量下降等临床症状，犊牛发病率比成年牛发病率要高，高产奶牛和经产奶牛也易发病。

1. 病因

(1) 日粮饲料以及饲草中钴含量的缺乏现代高产奶牛钴的摄入量明显不足，特别是经产奶牛钴的摄入量缺乏更加严重。长期放牧在钴含量缺乏的土壤（钴的含量在0.25毫克/千克DM以下）的牧草场地或长期持续性饲喂钴含量缺乏（0.04～0.07毫克/千克，以干物质计算）的饲草的牛群，都会发生原发性钴元素的缺乏。

(2) 奶牛体内维生素B_{12}合成受阻维生素B_{12}可在大肠内或瘤胃内微生物作用下利用微量元素钴和蛋氨酸来合成，当奶牛不能有效的使用日粮中的维生素B_{12}，导致维生素B_{12}合成受阻时，就会引起钴的摄入异常，继而诱发本病的发生。

(3) 季节因素由于饲草中钴的含量差异，特别是冬季枯草期，饲草中钴的含量降低，饲料单一，奶牛摄入日粮中钴的含量减少，成为本病发生的诱因。

2. 临床表现与特征

当奶牛发生钴缺乏症时，患牛食欲逐渐减退，渐进性消瘦和衰弱是最为明显的临床特征。成年牛可视黏膜淡染或苍白，皮肤变薄，肌肉乏力，被毛无光泽，贫血以及皮肤下水肿；犊牛则表现为生长发育缓慢，体重减轻，异食癖，反刍、瘤胃蠕动减弱或停止，出现便秘或者腹泻，由于病牛积聚性衰竭和重度贫血，多数死亡；泌乳牛产奶量明显下降，发情延后或者不发情；妊娠的母牛容易流产或产出弱犊以及死胎。

剖检可见尸体极度消瘦，皮下脂肪消失，体躯肌肉褐色，肝脂肪变性，脾脏中含铁血黄素沉积，消化器官变薄，胃内有石沙，贫血等。

3. 临床诊断

奶牛钴缺乏症发病时，首先应进行流行病学的调查，分析当地状况，在缺乏钴元素的地区的牛群，凡是出现厌食、营养性消瘦以及可视黏膜淡染即贫血等症状时，可初步怀疑为奶牛钴的缺乏症。然而，引起厌食、营养不良、贫血的原因比较多，如维生素 A、维生素 D 的缺乏；微量元素硒以及铜的缺乏；寄生虫病的发生等都会引起该类症状，所以，诊断时应借助实验室化验来确诊本病，正常维生素 B_{12}的水平应 >0.3 毫克/千克体重；当钴缺乏症发生时维生素 B_{12}在体内的含量 <0.1 毫克/千克体重。

4. 防治

（1）预防。奶牛日粮饲料中钴元素的含量按干物质计算，每千克饲料喂 0.06 ~ 0.07 毫克，如果含量不足时则需要人工添加钴添加剂日量为 0.11 毫克/千克，在钴缺乏的地区也应当注意锰、镁、铁元素的补充。

（2）治疗。奶牛发生钴缺乏症病程为慢性过程，所以常对病牛不给予重视，只有长期缺乏导致病情加重，衰弱无力、卧地不起时，才被发现，因此，奶牛发生钴缺乏症时应尽早的确诊，及时治疗。

①口服钴盐钴盐有氯化钴以及硫化钴等，对病牛投服氯化钴

水溶液 5 ~ 35 毫克/天，投服时，初期选用大剂量，逐渐减少至小剂量，持续 1 ~ 2 个月。

②补充维生素 B_{12} 对于病症较轻的患牛可选用投服维生素 B_{12} 制剂，按日粮饲喂饲料的0.001 7% ~ 0.003 3% 比例预混拌料饲喂；对重症病牛，应选用维生素 B_{12} 和右旋糖酐铁制剂 4 ~ 6 毫升，每 3 天肌肉注射一次。

第五节　中毒性疾病

一、氢氰酸中毒

氢氰酸中毒是由于动物采食富含氰苷的植物，在氰糖酶的作用下生成氢氰酸（HCN）；或误食氰化物，在胃酸作用下生成 HCN，从而抑制呼吸酶，使组织呼吸发生障碍的一种剧性中毒病。临床上以高度呼吸困难；黏膜鲜红，血液呈樱桃红色；肌肉震颤，全身抽搐惊厥等组织中毒性缺氧症为特征。本病多发于牛、羊，马、猪、犬也可发生。

1. 病因

猪、犬、马等单胃动物由于胃液可破坏转化水解氰苷为氢氰酸的酶类，因此，易感性较低。反刍动物的瘤胃为氰苷的转化提供了适宜的环境，有利于微生物发酵和酶的作用，使得牛、羊易感性增高而多发氢氰酸中毒。长期饥饿、缺乏蛋白质时，可大大降低对氢氰酸的耐受性。

一般情况下，植物含 HCN $> 200 \times 10^{-6}$（200 毫克/千克植物）即可引起中毒，而有些富含氰苷的植物，HCN 生成量高达 $6\,000 \times 10^{-6}$；各种动物口服 HCN 的最小致死量为 2 ~ 2.3 毫克/千克体重，哺乳动物吸入 HCN200 ~ 500 毫克/千克体重，数分钟死亡。

诱发氢氰酸中毒的主要病因主要包括以下两个方面。

(1) 采食富含氰苷的植物或饲料，是动物氢氰酸中毒的主要原因。主要包括以下几种：亚麻籽或亚麻籽饼，各种豆类；高粱及玉米的新鲜幼苗，许多野生或种植的青草，苏丹草（苏丹高粱）、三叶草（特别是白三叶草）、约翰草、甘蔗苗，以木薯等；另外，桃、李、梅、杏、枇杷、樱桃等的叶和果实中也含有氰苷。

(2) 动物接触无机氰化物（氰化钾、氰化钠、氰化钙）和有机氰化物（乙烯基腈等），如误饮冶金、电镀、化纤、染料、塑料等工业排放的废水或工艺用品（氰酸钾铅）；误食或吸入氰化物农药如钙腈酰胺等；或人为投毒等均可引起中毒。

2. 中毒机理

(1) HCN 的生成①氰苷类植物含水解氰苷的氰糖酶（β-葡萄糖苷酶和羟腈裂解酶），胃肠道微生物亦能释放氰糖酶（特别是反刍兽）；②氰化物在胃酸的作用下生成 HCN。

(2) HCN 的代谢及毒理。

①正常情况下 HCN 和氰化物的代谢

HCN 和氰化物吸收后，一部分 HCN 经肺呼出，少量氰化物以原形随粪排出。较大部分在肝经硫氰酸酶作用与硫结合成低毒硫氰酸盐随尿排出。较小部分还可能与血流中的高铁血红蛋白的 Fe^{3+} 结合而失去作用；小部分氰化物可与胱氨酸结合形成 2-亚氨基-噻唑烷-4-羟酸经肾排出；也有部分氰化物在肝内同葡萄醛酸结合形成低毒的腈类化合物，或分解成为 CO_2 和氨，亦可形成钴胺而参加维生素 B_{12} 的代谢。

②大量 HCN 和氰化物进入机体的毒理作用。

a. 妨碍氧化磷酸化过程大量氢氰酸和氰化物进入机体后，上述解毒作用不能将毒物解毒处理时，即产生毒害作用。氢氰酸和氰化物的氰根离子（CN^-）迅速与氧化型细胞色素氧化酶的

Fe^{3+}结合，形成十分稳定的氰化高铁细胞色素氧化酶复合物，不能转化为含Fe^{2+}的还原型细胞色素氧化酶，从而使细胞色素氧化酶失去传递电子、激活分子氧的功能，细胞内氧化磷酸化过程受阻，呼吸链中断。此时，到达细胞的氧合血红蛋白不能借呼吸链上的电子传递作用完成氧交换，生物氧化中断，组织细胞不能从毛细血管的血液中摄取氧，以致造成动脉和静脉血液中氧饱和，而组织细胞氧缺乏，形成“细胞内窒息”，这是中毒的主要毒理。

b. 抑制酶的生物活性 CN^-能与过氧化物酶、脱羟酶、琥珀酸脱氢酶、乳酸脱氢酶等其他40多种酶（多数为与CN^-有高度亲和力的含铁、铜的酶）发生反应，抑制这些酶的生物活性，破坏细胞内的生化代谢，加重细胞窒息。

中枢神经系统对缺氧最为敏感，而且氢氰酸在类脂质中溶解度较大，容易透过血脑屏障，故中枢神经首遭毒害，尤其是呼吸中枢和血管运动中枢，临床出现先兴奋后抑制的神经症状，而呼吸麻痹则可使动物在短时间内死亡。由于血氧饱和，动脉和静脉血呈鲜红色。

c. 致甲状腺肿因氰化物在肝脏内产生硫氰酸盐，可干扰碘的吸收，出现碘缺乏，从而影响甲状腺激素的合成，妊娠母畜慢性氰化物中毒时出现新生儿死亡和甲状腺肿。

3. 临床症状

（1）起病突然采食富含氰苷植物过程中或采食后10～30分钟突然起病。严重中毒者在数分钟到2小时内死亡。若采食HCN或氰化物者，最快3～5分钟即可造成死亡。

（2）初期有短暂兴奋表现、烦躁不安、肌肉震颤，马表现腹痛不安症状，呼吸加快。

（3）短时间内呼吸极度困难，抬头伸颈，张口喘气，心动过速，并流白色泡沫样唾液。黏膜潮红，呈玫瑰红色甚至鲜红色，白色动物耳静脉发红，使整个耳呈红色。静脉血呈鲜红色，但后期由于呼吸麻痹血色变暗。肌肉震颤、痉挛，甚至发展为全身抽搐，出现角弓反张（小动物尤为明显）。

（4）后期则昏迷，体温下降，全身极度衰弱，站立不稳，很快倒地。脉细弱疾速，瞳孔散大，眼球突出、震颤，反射减弱或消失，1～2小时死于窒息。严重者，特别是猪，超急性经过，突然倒地，狂叫，痉挛抽搐，约几分钟内死亡。

病理变化：早期死亡（病初急宰）动物的可视黏膜呈樱桃红色，血液呈鲜红色，凝固不良，尸体鲜红，尸僵缓慢，不易腐败。延迟死亡的慢性病例血液则为暗红色。胃内容物有苦杏仁味，胃与小肠黏膜充血、出血，心内外膜斑点状出血。气管支气管内有泡沫状液体，肺充血水肿。实质器官变性。

4. 诊断

（1）初步诊断依据。①具有采食氰苷饲料或接触氰化物的生活史；②起病突然、病程发展迅速；③黏膜和静脉血呈鲜红色、呼吸极度困难、神经功能紊乱，而体温正常或低下的综合征。

（2）用特效解毒药及时抢救，若疗效显著则可验证诊断。

（3）确诊毒物检验—氢氰酸的定性和定量检验是确定诊断的依据。

由于氢氰酸易挥发损失，故取样和检测应及时尽快进行。一般采集可疑植物和胃内容物、肝、肌肉等样品。肝和瘤胃内容物应在死后4小时内采集，肌肉样品取样不应超过20小时，浸泡在1%～3%氯化汞溶液中密封送检。

根据HCN含量做出判断：在可疑饲料（植物）中超过200毫克/千克，瘤胃内容物中超过10毫克/千克，肝中达1.4毫克/千克以上，肌肉浸液含0.63毫克/升时，即可确定为氢氰酸中毒。

氢氰酸中毒在临床上应与以下疾病相鉴别。

（1）急性亚硝酸盐中毒。①调查病史及毒物快速检验鉴别。②静脉血色的改变：急性亚硝酸盐中毒时静脉血呈酱油色，氢氰酸中毒早期静脉血呈鲜红，晚期也表现暗红。

（2）硫化氢中毒。血液和组织的色泽变深，尸体发出硫化氢气味，全身广泛性出血为鉴别特征。

（3）尿素中毒。有剧烈的疝痛及感觉过敏症状，黏膜发绀，瘤胃内容物散发氨味，血氨值明显升高。

5. 防治

（1）预防。尽量限用或不用氢氰酸含量高的植物饲喂动物，严禁在含氰苷植物区放牧动物。加强农药管理，严防误食。

应用氰苷植物时采取以下处理措施。

①氰苷在40～60℃时易分解为氢氰酸，其在酸性环境中易挥发，故对青菜、叶类可蒸煮后加醋以减少所含CN^-。

②木薯、豆类饲料在饲用前，须用流水或池水浸渍、漂洗1天以上；或者边煮边搅拌至熟后利用，以使氰糖酶灭活、氢氰酸蒸发。

③亚麻籽饼应粉碎后干喂，且量不宜过多，喂后不宜立即大量饮温水；或者进行敞盖搅拌煮熟10分钟后现煮现喂，避免较长时间的浸泡软化使氢氰酸产生过多。

（2）治疗。

①特效解毒疗法亚硝酸钠和硫代硫酸钠联合疗法或大剂量亚甲蓝和硫代硫酸钠联合疗法。临床上，用亚硝酸钠和硫代硫酸钠合用比亚甲蓝与硫代硫酸钠合用疗效确实。

a. 亚硝酸钠和硫代硫酸钠联合疗法：按10毫克/千克体重的亚硝酸钠溶解于5%葡萄糖溶液，配制成1%溶液静脉注射。数分钟后，用5%硫代硫酸钠溶液50～100毫克/千克体重（1～2毫升/千克体重）静脉注射，1小时后可重复注射一次。

b. 大剂量亚甲蓝和硫代硫酸钠联合疗法：1% 亚甲蓝溶液，剂量为 10～20 毫克/千克体重，静脉注射。数分钟后，按上述方法应用硫代硫酸钠。

c. 有机钴制剂：如依地酸二钴、组氨酸钴、谷氨酸钴等，与 CN-形成氰钴胺（维生素 B_{12}），从尿中排出而解毒，但疗效不及亚硝酸钠和硫代硫酸钠联合疗法。

d. 对不同动物也可按下列处方比例混合一次静脉注射：亚硝酸钠 3 克，硫代硫酸钠 15 克，蒸馏水 200 毫升。注射前须过滤消毒。

②促进毒物排出与防止毒物吸收可选用或合用以下催吐、洗胃和口服中和、吸附剂。

a. 大动物：初期应及时用 0.5% 高锰酸钾溶液或 3% 双氧水洗胃，再内服 10% 亚硫酸铁 80～100 毫升。

b. 口服活性炭：阻止肠道对毒物的吸收，剂量为 250～500 克。

③配合对症和支持疗法：可根据循环系统与呼吸功能状态，进行兴奋呼吸（尼可刹米）、强心（樟脑、安钠咖）；注射升血压药（肾上腺素）可防治应用亚硝酸盐引起的低血压；静脉注射大剂量的葡萄糖溶液，还能在支持治疗的同时，使葡萄糖与 CN^- 结合生成低毒的腈类。

④其他治疗经验与处方：

a. α-酮戊二酸 2 克/千克体重，用氢氧化钠调 pH 值至 7.7，然后静脉注射。

b. 对二甲氨基苯酚（4-DMAP）10 毫克/千克体重，配成 10% 溶液进行静脉或肌肉注射，可与硫代硫酸钠配伍应用。

c. 固定瘤胃内游离的 HCN，阻止胃肠道吸收：硫代硫酸钠 30 克，口服或瘤胃内注入，1 小时后重复给药。

二、硝酸盐和亚硝酸盐中毒

硝酸盐和亚硝酸盐中毒是由于采食富含硝酸盐的饲草与饲料所引起的中毒性疾病。其临床特征是急性贫血性缺氧综合征，病牛呈现出可视黏膜发绀，呼吸困难。

当摄取大量硝酸盐时，可引起胃肠炎。牛的瘤胃能将硝酸盐转化为亚硝酸盐并引起中毒，所以在美国、澳大利亚、欧洲和亚洲等国家和地区，早有奶牛因采食玉米、燕麦等草料而发生中毒的报道。

1. 病因

（1）日粮不平衡过量饲喂富含硝酸盐的饲草、饲料如苜蓿、甜菜叶、甘薯藤、芜菁叶、白菜、菠菜、燕麦草、草莓叶以及燕麦、高梁、玉米和黑麦芽等。造成硝酸盐含量增多的原因与条件主要包括以下几个方面：①大量施用家畜粪尿及氮肥，使土壤中硝酸盐含量增多，致使生长的作物其嫩叶和幼苗含有较多的硝酸盐；②施用除莠剂2，4-D等过后，植物的代谢发生变化，硝酸盐含量增加；③阴雨天较多，日照不足以及铜、铁、磷、硫、锰和铝等元素缺乏时，作物进行光合作用受到影响，促使作物中硝酸盐不能转化为氨基酸，造成硝酸盐蓄积增加；④饲料搭配不当，当大量饲喂富含硝酸盐的饲料后，影响了其他饲料特别是含碳水化合物饲料的进食量，或饲料品质低劣，碳水化合物饲料缺乏，易使硝酸盐变为亚硝酸盐。

（2）饲草保管不当收获季节，大量收获的蔬菜、青草，未摊开晾干，堆积发热；或经雨水浸渍，致使亚硝酸盐含量增多，饲喂后发病。

（3）误食毒物硝酸钠、硝酸铵等化肥保管不严而误食，或误饮施有硝酸盐化肥的水，硝酸盐在瘤胃中被还原成亚硝酸盐而中毒。

2. 中毒机理

大量的硝酸盐随饲料进入瘤胃内，通过大肠杆菌、梭状芽孢杆菌等微生物的还原作用，将其变成毒性很强的亚硝酸盐，经过瘤胃壁吸收，亚硝酸盐进入循环血液中并与血红蛋白相结合，使之氧化成为高铁血红蛋白。高铁血红蛋白与氧具有强大的结合力，除本身丧失了携带氧的作用外，还能使正常的血红蛋白携带的氧在组织中不易分离，从而导致组织细胞急性缺氧。健康牛高铁血红蛋白为血红蛋白总量的0.7%～10%，当全血中的高铁血红蛋白增加到30%～40%时，病牛呈现出可视黏膜发绀、呼吸困难等严重的中毒症状，当高铁血红蛋白含量增加到80%～90%时，牛会发生窒息死亡。

3. 临床症状

长期饲喂含硝酸盐饲草、饲料的牛群，通常牛只无任何临床表现突然中毒，或急性死亡。病情较轻者，精神沉郁，呆立、不愿走动，运步时步态不稳。食欲减退至废绝，瘤胃鼓胀。从口角流出大量含泡沫的口水，呻吟，磨牙，腹痛，腹泻和呕吐。严重病牛见黏膜发绀，全身肌肉震颤，四肢无力，横卧于地。呼吸急迫、浅表，呼吸困难。体温正常或降低，脉细而弱，脉搏增数至160次/分钟以上。妊娠母牛流产。末期出现阵发性惊厥、窒息死亡。

临床检测可发现，红、白细胞数增多，血红蛋白含量增高，中性粒细胞增多，淋巴细胞减少。血中硝酸盐、亚硝酸盐及高铁血红蛋白含量增加（高铁血红蛋白由正常的0.12～0.2克/100毫升增加至9克/100毫升。血氧分压降低，死亡牛降低到60%以下。血糖、血氨含量增高。尿糖、尿蛋白检验均呈阳性，尿亚硝酸盐含量增多。肝功能检验，磺溴酞钠清除试验，当高铁血红蛋白含量在35%以上时，其潴留值延迟。

病理变化：血凝呈暗红色、咖啡色，似如酱油，凝固不全，暴露于空气中经久不能转变成鲜红色。全身血管扩张、充血；胃肠黏膜充血；气管出血，肺淤血；心肌出血；肝淤血、肿大；肾充血、出血。

4. 诊断

（1）主要结合临床诊断和实验室检测进行诊断。

①临床诊断在饲养过程中，有饲喂含硝酸盐的饲草、饲料的过程，并于饲喂后发病。在尸体剖检可见，耳、皮肤、肢端和可视黏膜呈蓝紫色（发绀），血液凝固不良，呈酱油色或巧克力色，支气管与气管充满白色或淡红色泡沫样液体，肺气肿明显，肺脏膨满，伴发肺水肿、淤血。肝、肾、脾等脏器呈紫黑色，切面有明显淤血，心肌变性、坏死，心外膜出血，真胃和小肠黏膜出血，肠系膜血管充血，尸体常呈显著的急性胃肠炎病变。在临床症状上可以初步判定是硝酸盐和亚硝酸盐中毒。

②实验室检验取饲草、血液、尿液、腹水等进行检验，常用方法是二苯胺法。

试剂：0.5 克二苯胺，溶于 20 毫升蒸馏水中，加入浓硫酸 1.0 毫升，装入茶色瓶中。

操作：取被检样 1～2 滴于白瓷板上，加入试剂 2～3 滴，呈蓝色，有硝酸盐；呈绿色，有亚硝酸盐。其灵敏度对硝酸盐为 10 毫克/千克，对亚硝酸盐为 1 毫克/千克。

（2）要注意本病与其他中毒病的鉴别诊断。

①与氢氰酸中毒的区别亚硝酸盐中毒时可视黏膜发绀，血液发暗、咖啡色，而氢氰酸中毒时黏膜呈鲜红色，血液呈鲜红色，瘤胃内容物具苦杏仁气味。

②与尿素中毒的区别尿素中毒时有饲喂尿素的病史；瘤胃内容物具氨臭气味，用石蕊试纸检验变蓝呈碱性（pH 值升高至 7.9）；尿 pH 值升高。亚硝酸盐中毒，瘤胃内容物亚硝酸检查为阳性，尿糖呈阳性，血呈酱油样，经久不褪色，凝固不全。

③与有机磷农药中毒的区别有机磷农药中毒突然发生，呈狂暴不安，后期呈强直性痉挛。瘤胃内容物具有独特气味，如蒜臭味、韭菜味等；有接触有机磷农药的病史。这些都可与本病区别。

5. 防治

（1）预防预防的关键是加强饲养管理，充分认识硝酸盐及亚硝酸盐对奶牛的危害性。

①加强饲料保管，合理配合日粮。在青饲料及菜类收获季节，保证要喂鲜的。如量过大，堆放时应摊开，防止堆积发热。要控制喂量，不要一次喂量过大。这是因放置时间与亚硝酸盐含量有关，据称新鲜青菜含亚硝酸盐 0～0.1 毫克/千克，自然放置 4 天含量为 2.4 毫克/千克，6～8 天含量可达 340～384 毫克/千克。因此，存放过久或腐烂者，严禁饲喂。

②对怀疑含有硝酸盐和亚硝酸盐的饲草，要严格控制喂量，并要保证供应充足的碳水化合物饲料、维生素 A、维生素 C 及微量元素碘等。

③抑制硝酸盐转化成亚硝酸盐的速度。饲料中可加入金霉素（30 毫克/千克饲料）或四环素（30～40 毫克/千克饲料）作补充饲料。

（2）治疗尽早确诊，及时采取针对性治疗是治愈的关键。根据机体状况，可采用兴奋呼吸、强心等措施，酌情采用尼可刹米、樟脑制剂、输液及镇静等。药物应选择能将高铁血红蛋白还原为血红蛋白的特效制剂。

常用的特效解毒药主要包括：

①美蓝（亚甲蓝）剂量为 9 毫克/千克体重，用生理盐水或 5% 葡萄糖溶液制成 4% 溶液，一次静脉注射。

②甲苯胺蓝剂量为 5 毫克/千克体重，用时配成 5% 溶液，静脉注射。甲苯胺蓝还原高铁血红蛋白的速度比美蓝快 37%，

故疗效优于美蓝，适用于垂危病例的救治。

③维生素C 剂量为0.5～2.0克，一次肌肉注射，或按5～20毫克/千克体重，溶于25%葡萄糖溶液中，一次静脉注射，具有使高铁血红蛋白还原为血红蛋白的作用。因其作用不及美蓝迅速、彻底，故应与美蓝合用。

三、棉籽饼粕中毒

棉籽饼是一种营养丰富的精饲料，蛋白质含量33%～40%。含有0.04%～2.5%的棉籽毒，即棉酚。棉酚能与蛋白质、氨基酸、磷脂等结合而生成无毒性的结合棉酚；未与上述物质结合的游离棉酚，因其具有活性醛基和羟基而呈毒性作用。但经过加工调制如浸泡、加热等，使棉酚不超过0.02%，其毒性减小而变成无害。

棉籽饼中毒是指长期饲喂多量的棉籽饼，有毒的棉酚在体内特别是在肝中蓄积，所引起的一种慢性中毒性疾病。其临床特征是胃肠炎、肝炎、神经症状，以及脱水和酸中毒。

1. 病因

本病的发生不仅与棉籽饼的喂量、加工调制有关，而且与奶牛的品种、年龄、生理状况及日粮平衡有直接关系。

（1）与加工处理的关系棉酚存在于棉籽中的色素腺中，由于提油时所用的溶剂和方法不同，其棉酚含量不尽相同。加热至100℃经1小时，或70℃经2小时，可使棉酚活性丧失；漂浮、浸泡能将棉酚从色素腺中去除，使毒性消除。否则，可引起中毒。

（2）与牛年龄的关系犊牛阶段因其瘤胃发育不全，故对棉酚有一定的易感性。棉籽饼对成年牛的饲养是十分安全的，通常不引起中毒，其主要原因是在发育完善的瘤胃中，游离棉酚能被细菌和瘤胃可溶性蛋白质所结合，其结果是形成的结合棉酚毒性丧失，而这一进程贻终不变地在牛的消化过程中进行着。

(3) 与牛品种的关系奶牛品种不同，其反应各异。如相同棉酚不引起泽西牛毒性，而可引起荷兰犊牛死亡；水牛易感性低，黄牛虽不中毒，但夜盲症多；阿塞拜疆红牛抵抗力高于苏联水牛。

(4) 与日粮水平的关系日粮水平与棉籽饼中毒的发生有关。日粮平衡，牛采食全价饲料其易感性降低，用不平衡日粮喂牛，特别是饲料中维生素 A 不足或缺乏，蛋白水平过低，都可能使易感性增高。这是因为维生素 A 缺乏，导致器官上皮细胞变性、角化，因而棉酚对全身内皮细胞毒性作用增强。

在低蛋白日粮的条件下，瘤胃中形成的结合棉酚降低，而游离棉酚水平增加，毒性作用增强。因此，认为水牛、黄牛易感性高于奶牛，可能是由于日粮蛋白水平低，易感性增高所致。

2. 中毒机理

尽管棉酚毒性作用的机制还没有彻底弄清，但借助现代生物学技术的研究表明，棉酚通过对膜基质及蛋白质分子的结合，以及通过负离子自由基机制对膜相结构的破坏和对电子传递体系的干扰，从多方面干扰细胞的代谢，尤其是 Ca^{2+} 依赖性蛋白激酶有关的代谢。棉酚最主要的靶细胞器是线粒体，棉酚选择性地破坏生精细胞线粒体功能，从而中断精子发生、变态和成熟过程；Hansen 等利用圆二色性及核磁共振技术提出棉酚抑制酶的模型—棉酚与氨基酸形成 Schiff 碱的非特异性共价结合，使棉酚成为普通酶的抑制剂，如生殖细胞特异的乳酸脱氢酶 X 型异构酶、肾脏细胞（Na^+，K^+）-ATPase 酶、NAD + -依赖性脱氢酶、对磷脂敏感的 Ca^{2+} 依赖性蛋白激酶、精子顶体蛋白酶等。另外棉酚破坏血液对维生素 A 的吸收，加之棉酚在体内排泄缓慢，呈慢性蓄积，长期饲喂对组织产生刺激，引起消化道及其他脏器变性和坏死。同时棉酚又能引起血管壁通透性增强，造成结缔组织间隙的渗出性物质。因肝脏、肾脏的实质变性造成渗出，从而导致腹腔严重积液。棉酚溶于磷脂，能在神经细胞中积累，使神经系统机能紊乱。

3. 临床症状

（1）犊牛。犊牛中毒后，食欲下降，精神萎靡，体弱消瘦、贫血，行动迟缓乏力；胃肠炎，胃肠卡他常伴腹泻，黄疸；重症的犊牛呈佝偻病症状，哺乳犊牛还出现明显痉挛、失明流泪、不断鸣叫等症状。

（2）成年牛。

①出血性胃肠炎：食欲明显下降，反刍稀少或废绝，前胃迟缓，腹疼，严重时腹泻，排出恶臭、稀薄的粪便，并混有黏液和血液甚至脱落的肠黏膜。

②全身症状：体温不高或升高，心搏加快，心动强盛，呼吸迫促，初期兴奋不安，后期精神沉郁或昏迷，肌肉无力、共济失调，时常跌倒、倒地抽搐。

③象皮肿（贫血性水肿）：渐进性衰弱，下颌、颈部肉垂及胸腹下、四肢下部常出现水肿，严重时全身性水肿。

④“桃花尿”：排尿次数增多并带痛，尿混浊，部分牛、羊可发生血红蛋白尿或血尿，公畜易出现尿结石症，孕畜流产。

⑤明显肺水肿及心力衰竭（后期）：呼吸急促或困难，咳嗽，流泡沫性鼻液，可视黏膜发绀，共济失调直至卧地抽搐。

病理变化：全身皮下组织呈浆液性浸润，尤其以水肿部位明显。胸、腹腔和心包腔内有红色透明或混有纤维团块的液体。实质器官广泛性充血和水肿、胃肠道黏膜充血、出血和水肿，猪肠壁溃烂。肝淤血、肿大、质脆、色黄，胆囊肿大，有出血点。肾肿大，被膜下有出血点，实质变性。膀胱壁水肿，黏膜出血。肺充血、水肿和淤血，间质增宽，切面可见大小不等的空腔，内有多量泡沫状液体流出。心扩张，心肌松软，心内外膜有出血点，心肌颜色变淡。淋巴结水肿、充血。

组织学变化肝小叶间质增生，肝细胞呈现退行性变性和坏死，主要病变部位在小叶心，多见细胞混浊肿胀和颗粒变性，线粒体肿胀。心肌纤维排列紊乱，部分空泡变性和萎缩：肾小管上皮细胞肿胀、颗粒变性。视神经萎缩。睾丸多数曲精小管上皮排列稀疏，胞核模糊或自溶；精子数减少，结构破坏，线粒体肿胀。

病程与预后：较严重的病例病期较短且病死率高，一般在1周之内即可致死。大多数病为慢性经过，病期约1月，治疗及时则预后较好。成年反刍动物和马属动物有较强的耐受力，程较长，预履一般良好。

4. 诊断

（1）初步诊断依据。

①长时间大量饲用棉籽饼或棉籽的病史。

②具有出血性胃肠炎、肺水肿、全身水肿、红尿、神经紊乱、视力障碍等临床特点，结合肝小叶中心性坏死、心肌变性坏死等病变可作出初步诊断。

③血液学检查主要变化红细胞数和血红蛋白减少，血细胞比容下降。白细咆总数增加，嗜中性粒细胞增多，核左移，淋巴细胞减少。血凝时间延长，溶血和黄疸指数升高。

（2）确诊依据测定棉籽饼及血液、血清中游离棉酚的含量。一般认为，小于4月龄的反刍动物日粮中游离棉酚的含量高于100毫克/千克，即可发生中毒；成年反刍动物对棉酚的耐受量较大，但日粮中游离棉酚的含量应小于1 000毫克/千克。有报道认为，绵羊肝和肾内棉酚含量分别超过10毫克/千克体重和20毫克/千克体重，表示动物接触过多量的棉酚，但目前仍缺乏动物组织中棉酚含量的背景值和中毒范围。

（3）鉴别诊断本病应注意与以下疾病相鉴别。具有心脏毒性的离子载体类抗生素（如莫能星、拉沙洛西）中毒、氨中毒、镰刀菌产生的真菌毒素中毒、某些具有心脏毒性的植物中毒、硒缺乏、铜缺乏、肺气肿等。

5. 防治

（1）预防。掌握科学的饲养技术，棉籽饼喂量通常按日粮精料计，以5% ~15%为宜。为防止其产生蓄积中毒，可采取饲喂一段时间和停喂相结合的方法。

①限制棉籽饼、棉籽的饲喂量和持续饲喂时间这是预防本病的关键。

a. 若饲喂未经脱毒的棉籽饼和棉籽时，应控制饲喂量。牛日喂量不超过1.5 千克；怀孕母畜及幼畜禁止饲喂。b. 适当地进行间断饲喂为宜，如连续饲喂棉籽饼半月后，应有半月的停饲间歇期。

②注意日粮搭配、平衡营养饲料中蛋白质越低，中毒率越高。在饲喂棉籽饼粕时应在日粮中补充蛋白质、氨基酸（主要是赖氨酸）、维生素（A、D）、矿物质（钙）等营养物质。也可供给青绿多汁饲料，如青草、青菜、胡萝卜等，可提高动物对棉酚的耐受性。

③棉籽饼粕的去毒措施常用的方法有：a. 物理法：将棉籽饼粉经过炒、蒸、煮等加热处理，棉籽饼粕中的游离棉酚与赖氨酸、糖类和金属离子结合，毒性大大减弱，时间以1 小时为宜。b. 化学法：常用硫酸亚铁，由于铁能与游离棉酚结合成为复合体，使活性醛基和羟基失去作用，并不被肠道所吸收，而且可降低棉酚在肝的蓄积量，达到解毒和预防中毒的作用。其剂量按铁离子与游离棉酚的比例为（1 ~4）：1 计算，将硫酸亚铁与棉籽饼粕充分混匀，以便与游离棉酚充分接触。

（2）治疗本病尚无特效解毒药，重在预防。一旦发病，只能采用一般解毒措施，进行对症治疗（清除病因，改善饲养，尽快排毒，对症治疗）。

①改善饲养立即停喂含有棉籽饼的日粮，禁止在棉地放牧，给予青绿多汁饲料或优质青干草补饲，必要时补充维生素 A 和钙制剂，充足饮水。

②排除胃肠内容物 a. 洗胃或灌肠：0.1% ~0.3% 的过氧化氢或高锰酸钾溶液，3% ~5% 碳酸氢钠洗胃或灌肠；b. 内服泻剂（胃肠炎不严重时）：硫酸镁或硫酸钠 1 克/千克体重，配成 8% 水溶液，内服；c. 出血性胃肠炎的治疗：消炎、收敛、止血；d. 兴奋前胃运动功能：促进胃肠毒物排出。

③解毒硫酸亚铁，牛 7 ~15 克，1 次口服；枸橼酸铁铵等铁盐有解毒作用。

④保肝、强心、制止渗出静脉注射 10% ~50% 高渗葡萄糖溶液，10% 葡萄糖氯化钙溶液或 10% 葡萄糖酸钙，复方氯化钠溶液，配以 10% ~20% 安钠咖、维生素 C、维生素 D 及维生素 A 等。

四、有机磷农药中毒

有机磷农药中毒是农畜由于接触、吸入或采食某种有机磷制剂所致的病理过程，以体内的胆碱酯酶活性受抑制，神经生理功能紊乱为特征。

有机磷农药是磷和有机化合物合成的一类农用杀虫剂的总称。有机磷农药，按其毒性强弱的不同，区分为剧毒、强毒及弱毒等类别。在我国目前较为常用的制剂有如下。

①剧毒类：对硫磷（1605）、内吸磷（1059）、甲基对硫磷（甲基 1605）、甲拌磷（3911）等；

②强毒类：敌敌畏（DDV）、乐果（rogor）、甲基内吸磷（甲基 1059）、杀螟松等；③弱毒类：敌百虫、马拉硫磷等。

1. 病因

（1）违反保管和使用农药的安全操作规程。如在保管、购销或运输中对包装破损未加安全处理，或对农药和饲料未加严格分隔贮存，致使毒物散落。通过运输工具和农具间接沾染饲料，如误用盛装过农药的容器盛装饲料或饮水，以致家畜中毒；或误饲喷洒有机磷农药后，尚未超过危险期的田间杂草、牧草、农作物以及蔬菜等发生中毒；或误用拌过有机磷农药的谷物种子造成中毒；或当喷洒农药时，在用药区的下风或水渠的下游地带，由于飞散的药粉或飞溅的药液污染牧草或饮水发生中毒。

（2）不正规地使用农药驱除内外寄生虫等发生中毒。

（3）人为的投毒破坏。

2. 中毒机理

有机磷农药属于剧烈的接触毒，具有高度的脂溶性，可经完整的皮肤渗入机体，但呼吸道和消化道的吸收较为快速且完全。家畜中以消化道吸收中毒者最为常见。据测定牛口服敌百虫和对硫磷的最大耐受量和最小中毒量，见表 3－2。

表 3－2　有机磷农药对牛的最大耐受量和最小中毒量

（单位：毫克/千克 体重）

制剂畜别年龄最大耐受量最小中毒量			
敌百虫犊牛	1～2 周	5.0	10
牛	1 岁 50	75	
对硫磷犊牛	1～2 周	0.25	0.50
牛	1 岁 25	50	

有机磷农药进入动物体内后，主要是抑制胆碱酯酶的活性。在正常机体中，胆碱能神经末梢所释放的乙酰胆碱，系在胆碱酯酶的作用下而被分解。胆碱酯酶在分解乙酰胆碱过程中，先脱下胆碱并生成乙酰化胆碱酯酶的中间产物，继而由于水解作用迅速地分离出乙酸，而胆碱酯酶则又恢复其正常生理活性。

有机磷化合物可同胆碱酯酶结合，产生对位硝基酚和磷酰化胆碱酯酶。前者为除草剂，对机体具有毒性，但可转化成对氨基酚，并与葡萄醛酸相结合经由泌尿道排除；而磷酰化胆碱酯酶则为较稳定的化合物，在水中可以缓慢地发生水解，且经久后还可能成为不可逆性，以致无法恢复其分解乙酰胆碱的作用，造成体内乙酰胆碱的蓄积，出现胆碱能神经的过度兴奋现象。但由于健康机体中一般都贮备有充分的胆碱酯酶，故摄入少量有机磷化合物时，尽管部分胆碱酯酶受到抑制，但不表现临床症状（如潜在性中毒的初期）。

此外，大量的病理剖检和临床资料表明，各种有机磷农药制剂在经不同的途径造成畜禽中毒时，还各自呈现某些独特的毒性作用，这显然不能一概归结为其抑制胆碱酯酶作用的结果。如有人认为，有机磷化合物尚具有对三磷酸腺苷酶、胰蛋白酶、胰凝乳蛋白酶等的抑制作用。关于有机磷农药中毒的现有资料，一般仅侧重于对急性型病例的研究。今后对由于农副产品中的残毒所致的慢性型病例的研究，应予以适当重视。但毋庸置疑的是，前述有机磷制剂对胆碱酯酶的抑制作用为其共同性的主要方面。

3. 临床症状

有机磷农药中毒时，因制剂的化学特性、病畜的种类以及造成中毒的具体情况等不同。其所表现的症状及程度差异极大，但基本上都表现为胆碱能神经受乙酰胆碱的过度刺激而引起的过度兴奋现象，临床上又将这些可能出现的复杂症状归纳为 3 类综合征。

（1）毒蕈碱样症状当机体受毒蕈碱的作用时，可引起副交感神经的节前和节后纤维，以及分布在汗腺的交感神经节后纤维等胆碱能神经发生兴奋，按其程度不同可具体表现为食欲缺乏，流涎，呕吐，腹泻，腹痛，多汗，粪、尿失禁，瞳孔缩小，可视黏膜苍白，呼吸困难，支气管分泌增多，肺水肿等。

（2）烟碱样症状当机体受烟碱的作用时，可引起支配横纹肌的运动神经末梢和交感神经节前纤维（包括支配肾上腺髓质的交感神经）等胆碱能神经发生兴奋；但在乙酰胆碱蓄积过多时，则将转为麻痹，具体的表现为肌纤维性震颤，血压上升，肌紧张度减退（特别是呼吸肌）、脉搏频数等。

（3）中枢神经系统症状这是病畜脑组织内的胆碱酯酶受抑制后，使中枢神经细胞之间的兴奋传递发生障碍，造成中枢神经系统的功能紊乱，表现为病畜兴奋不安，体温升高，搐搦，甚至陷于昏睡等。

另外，不同种类的病畜，会有不同症状表现。呼吸困难明显时，病牛痛苦呻吟，出现眼球震颤，四肢末端厥冷、亦可能出冷汗。病情恶化后，则陷于麻痹，由于呼吸肌的麻痹，导致窒息而死亡。血液值据西村测定：红细胞总数为正常范围的低指标（平均 4.17×10^{12}/升），并伴有红细胞大小不匀症、异型红细胞症和细胞质中散在有嗜碱性颗粒；白细胞总数平均 5.2×10^{9}/升。呈显著的嗜酸粒细胞减少，大淋巴细胞增多，小淋巴细胞减少而含有嗜天青颗粒。

临床检验对可疑的病例除在必要时采取剩余饲料、饮水或胃内容物供检验有机磷农药的存在，或取尿液以检出其分解产物（如敌百虫中毒时，尿中三氯乙醇的含量增高；对硫磷、甲基对硫磷等中毒时，尿中可检出对位硝基酚等）外，临床上采用滤纸法进行胆碱酯酶活性的简易测定，有很大的实用价值。本法的原理，即正常的胆碱酯酶同乙酰胆碱作用后，生成乙酸而使其 pH 值发生变化，通过指示剂溴麝香草酚蓝（BTB）的呈色反应，而间接反映胆碱酯酶的活性（表 3－3）。

其操作是先将 1.0 厘米 ×1.2 厘米的滤纸片用 1% 氯化乙酰胆碱液和 BTB 液浸透后，取血样一小滴（约如绿豆大小）加在试纸中央，然后将其夹在两枚玻片间，在 37℃ 中保温放置 20 分钟（如室温低于 30℃ 时可贴身保温），待作用完毕后，在明亮处

（勿正对光源）观察血液中心部的色调变化，并对照标准色图以判定胆碱酯酶的活力（如无标准色图时也可临时采取正常血样做成标准色）（表 3－3）。

表 3－3　滤纸法的近似判定表

色调变化红色紫色深紫蓝黑（黑灰色）				
胆碱酯酶活力/%	80～100	60	40	20
中毒程度正常轻度中度重度				

病理变化：一般认为有机磷农药中毒的病畜尸体，除其组织标本中可检出毒物和胆碱酯酶的活性降低外，缺少特征性的病变。仅在延迟死亡的尸体中可见到肺水肿、胃肠炎等继发性病变的演化，概述如下：

经消化道吸收中毒在 10 小时以内的最急性病例，除胃肠黏膜充血和胃内容物可能散发蒜臭外，常无明显变化。经 10 小时以上者则可见其消化道浆膜散在有出血斑，黏膜呈暗红色，肿胀，且易脱落。肝大、脾大。肾混浊肿胀，被膜不易剥离，切面呈淡红褐色而境界模糊。肺充血支气管内含有白色泡沫。心内膜可见有不整形的白斑。

稍久后，浆膜下有小点出血，各实质器官都发生混浊肿胀。胃肠（反刍兽为皱胃和小肠）发生坏死性出血性炎症，肠系膜淋巴结肿胀、出血。胆囊膨大、出血。心内、外膜有小出血点。肺淋巴结肿胀、出血。切片镜检时，尚可见肝组织中存在有小坏死灶，小肠的淋巴滤胞也有坏死灶。

病程及预后根据接触有机磷农药的次数，摄入量的多少，以及是否得到及时的救治等条件不同，病程可自数小时拖延至数天，一般在发病后若能及时停止接触或采食，经过 12 小时后可见病情顿挫，如能耐过 24 小时者，多有痊愈希望。但完全康复则需1周左右，在未经彻底治愈的重症、慢性病例中，有残留视力障碍、后躯麻痹或幼畜发育受阻等后遗症。

4. 诊断

对呈现有胆碱能神经过度兴奋现象的病例，特别是表现为流涎，瞳孔缩小，肌纤维震颤，呼吸困难，血压升高等综合征者，概列为可疑，在仔细查清其与有机磷农药的接触史同时，亦应测定其胆碱酯酶活性，必要时更应采集病料进行毒物鉴定，以建立诊断。同时也应根据本病的病史，症状、胆碱酯酶活性降低等变化特点同其他疑似病类相区别。

5. 防治

（1）预防。

①首先是健全对农药的购销、保管和使用制度，落实专人负责，严防坏人破坏。

②开展经常性的宣传工作，以普及和深化有关使用农药和预防家畜中毒的知识，以推动群众性预防工作。

③由生产队或专人统一安排使用农药和收获饲料，避免互相影响。对于使用农药驱除家畜内外寄生虫，也可由兽医人员负责，定期组织进行，以防意外的中毒事故。

（2）治疗。一旦确诊即应停止使用疑为有机磷农药来源的饲料或饮水。如系因外用敌百虫等杀虫剂过倍所致的中毒，则先充分水洗用药部（勿用碱性药剂，以免继续吸收，加重病情）。与此同时，应尽快采用药物救治。较为满意的治疗方案是阿托品结合解磷定的综合疗法。阿托品为乙酰胆碱的生理拮抗药，且是速效药剂，故可迅速使病情缓解。但由于仅能解除毒蕈碱样症状，而对烟碱样症状无作用，故须有胆碱酯酶复合剂的协同作用，方可使疗效臻于完善。常用的胆碱酯酶复合剂有解磷定（PAM）、氯磷定（PAM-CL）、双复磷（DMD4）等。

通用的阿托品治疗剂量为：10～50毫克。

实践证明，早期给予足量用药，将直接决定着阿托品的疗效。有机磷农药中毒的病畜，随其病情的加重，对阿托品的耐受性也将相应增高，但此时的阿托品中毒问题，也在提防之列，故对阿托品的剂量需要慎重掌握。通常可按上述剂量首次用药后，若经1小时以上仍未见病情消减时，可考虑提前适量重复用药。同时密切注意病畜反应，当出现瞳孔散大，停止流涎或出汗，脉数加速等现象时，即不再加药，而按正常的每隔4～5小时给以维持量，持续1～2天，以巩固疗效。

解磷定的剂量为20～50毫克/千克体重，溶于葡萄糖溶液或生理盐水100毫升中，静脉、皮下或腹腔注射。对于严重的中毒病例，应适当加大剂量，给药次数可同阿托品一致。

解磷定在碱性溶液中易水解成剧毒的氰化合物，应与碱性药剂配伍使用。解磷定的作用快速，但持续的时间短，仅约1.5～2小时。本品对内吸磷、对硫磷、甲基内吸磷等大部分有机磷农药中毒虽都有确实的解毒效果，但对敌百虫、乐果、敌敌畏、马拉硫磷等小部分制剂的作用则较差。同时，对于中毒较久的磷酰化胆碱酯酶也无效。

氯磷定可作舰内注射或静脉注射，可参考解磷定的剂量使用。氯磷定的毒性小于解磷定，不过澍篆果中毒疗效较差，且对敌百虫、敌敌畏、对硫磷、内吸磷等中毒经48～72小时的病例无效。

双复磷的作用较解磷定、氯磷定强而持久，能通过血脑屏障对中枢神经系统症状有明显的缓解作用（具有阿托品样作用）。对有机磷农药中毒引起的烟碱样症状，毒蕈碱样症状及中枢神经系统症状均有效。对急性内吸磷、对硫磷、甲拌磷、敌敌畏中毒的疗效良好。因双复磷水溶性较高，可供皮下、肌肉或静脉注射用。

对于危重病例，应对症采用辅助疗法，以消除肺水肿，兴奋呼吸中枢，输入高渗葡萄糖溶液等，有助于提高疗效。而在治愈后的一定时期内仍应避免再度接触有机磷农药，以利安全。

五、尿素中毒

尿素中毒是指反刍动物突然采食、误食大量尿素或补饲尿素方法不当所引起的中毒性疾病。尿素又称碳酰二胺，是动物体内蛋白质分解并经鸟氨酸循环转化的终末产物，随尿液排出体外。其纯品是白色或微黄色的粒状结晶，易溶于水，含氮量 46%。尿素除供医药用外，在农业上是一种优良的速效氮肥。反刍动物瘤胃内微生物可将尿素或铵盐中的非蛋白氮转化为氨基酸而合成体蛋白，因此通常将尿素和铵盐加入日粮中，饲喂牛、羊等反刍动物作为蛋白质补充饲料，但如饲喂量过大或饲喂方法不当，则可引起中毒。

1. 病因

（1）用尿素补饲不当饲喂尿素的动物，如不经过一个逐渐增量的过程，初次就突然按定量喂给，这是引起中毒的最常见的原因。试验证明，母牛可因首次突然饲喂尿素 100 克而中毒；但在逐渐增量的情况下，成年公牛虽每天饲喂多达 400 克，仍未见有毒性反应。这种耐受性不能持久，停喂后，再次饲喂时如不按逐渐增量的方法，仍然可引起中毒。

在饲喂尿素的过程中，不按规定控制用量，或添加的尿素同饲料混合不匀，或将尿素溶于水而大量饲喂，均可引起中毒。尿素的饲用量，应控制在全部饲料总干物质量的 1% 以下，或精饲料的 3% 以下，故全天的配合量在成年牛以 200 ~ 300 克，羊以 20 ~ 30 克为宜。

（2）对尿素管理不当将尿素堆放在饲料的近旁，导致发生误用（如误认为食盐）或被动物偷食。

（3）补饲尿素的同时饲喂富含脲酶的大豆饼或蚕豆饼等饲

料，可增加中毒的危险性。

（4）动物饮水不足、饥饿、低蛋白饲料、体温升高、肝功能障碍、瘤胃的高 pH 值以及动物处于应激状态等都可能增加动物对尿素中毒的易感性。

（5）家禽对尿素非常敏感，饲喂被尿素污染的饲料很易发生中毒。

（6）在个别情况下，曾有牛、羊因大量饮入人尿而发生急性中毒死亡的病例。人尿中尿素含量约为3%，故可能与尿素的毒性作用有一定的关系。

2. 发病机理

瘸胃内许多细菌可以产生脲酶，很多植物中也有脲酶。瘤胃微生物可借脲酶将尿素水解为二氧化碳和水，再胺化酮酸而形成微生物蛋白，将非蛋白氮转化为动物可以消化、吸收和利用的蛋白。

当动物摄入过量的尿素，瘤胃的 pH 值升高到 8 左右时，脲酶活性特别旺盛，使尿素分解成氨的速度加快。或由于未逐步增量，瘤胃微生物区系尚未适应，所产生的氨超出了瘤胃微生物合成氨基酸的能力。由于氨是可溶性的，不带电荷，当瘤胃液中的氨含量超过 60 毫摩/升时，很易通过瘤胃壁迅速吸收进入血液，进而进入肝。如果进入肝的氨超过了肝的解毒能力，则门脉血液中的氨即渗过肝进入外周血液中，当外周血液中的氨超过一定量时，即出现中毒症状。瘤胃中产氨的速度与数量，因饲料种类而异。如果饲喂豆类或豆饼，因含脲酶多，更易促进尿素的分解。如果在添加尿素的同时，增加富含糖类的饲料，由于糖发酵可使瘤胃 pH 值维持酸性，从而降低尿素的分解与吸收。

氨中毒的主要机制一般认为是抑制柠檬酸循环，造成糖原无氧酵解，使血糖和血中乳酸增加，出现酸中毒。氨阻断柠檬酸循环可能是由于谷氨酰胺合成系统的氨达到饱和，阻断了柠檬酸循环，因而其中间产物减少，能量产生和细胞呼吸减低，导致惊厥。由于柠檬酸循环障碍，细胞出现功能不良，于是需要大量能量的中枢神经系统首先出现行为异常及其他神经症状。由于细胞能量不足和呼吸障碍可引起超微结构的损害，从而发生变性、血钾、血磷、血清谷草转氨酶和血清谷丙转氨酶活性增高，排尿减少。其分解产物中，除其终末产物氨对机体具有毒害作用外，氨甲酰铵也有毒性。如以10%氨甲酰铵溶液30毫升直接注入山羊静脉内，甚至在注射的中途就可能引起强直性痉挛和迅速死亡。

3. 症状

病牛首先表现食欲废绝、肌肉震颤、兴奋不安、呻吟、奔跑、哞叫，继而共济失调、磨牙、步态踉跄、四肢僵硬、前肢和后肢麻痹，有时卧地不起。急性发作时，病牛食欲废绝，反刍、嗳气停止，瘤胃蠕动大大减弱，伴发程度不同的鼓气。同时出现全身强直性痉挛症状，如牙关紧闭，反射机能亢进和角弓反张等。呼吸促迫（张嘴伸舌呼吸），心搏动强盛，心跳加快（120～150次/分钟），心音不清（混浊），节律不齐，体温升高，知觉丧失。病势进一步发展时，从口腔流出大量泡沫状液体，反刍停止，瘤胃鼓气，最后病牛瞳孔散大，四肢冷厥，肛门松弛，粪尿失禁，心脏衰弱，终因窒息而死亡。

山羊用中毒量的尿素饲喂时，症状不明显，但用致死量的尿素饲喂时，则症状急剧。开始时可见鼻、唇挛缩，反刍和瘤胃蠕动均停止，瘤胃鼓胀，随即不能站立，同时呈现眼球震颤，全身痉挛，角弓反张。有的病例则见呼吸极度困难，甚至死亡。

4. 诊断及预后

采食尿素史、临床症状（强直性痉挛和呼吸困难）对于诊断本病有重要意义，测定血氨具有确定诊断和预后意义。通常血氨浓度达（8.4～13）×（10～6）时开始出现症状，20×（10～6）时表现运动失调，50×（10～6）时即可死亡。

注意氨中毒与有机磷中毒相区别，有机磷中毒以副交感神经兴奋症状为主，注射阿托品后症状减轻。

由于本病的病情急剧，对误饲或偷吃尿素等偶然因素所致的中毒病例，救治工作常措手不及，多致死亡。如能早期发现中毒病例，及时实施救治，一般均可获得满意的疗效。

5. 防治

（1）预防妥善保管饲料，防止动物误食。用尿素补饲开始用量要小，逐渐增加到规定的用量。若中断后再次补饲，仍应该从低剂量开始，不要与富含脲醇的豆饼类饲料同喂。尿素不宜溶水饮饲，应与饲料拌匀，同时，给予富含糖类的饲料，以保证瘤胃微生物生命活动的需要。

（2）治疗尚无特效疗法，首先应立即停喂尿素或含尿素的饲料。

为了制止尿素继续分解为氨，及时中和瘤胃中已经形成的氨，降低瘤胃 pH 值，避免机体吸收氨而发生碱中毒，立即灌服酸类药物，如稀醋酸 300 毫升，对水 2 000毫升后灌服；也可服用 10% 稀盐酸 200 毫升，对水 2 000毫升后灌服，可连用 2～3 次，每次间隔 3～4 小时。如一时无上述药，可先灌食醋 500 毫升，直至中毒症状消失为止。为了迅速排出瘤胃内残余尿素，防止其分解与吸收，内服硫酸镁或硫酸钠 500～1 000克。继发瘤胃鼓气时，可服鱼石脂、煤酚皂，必要时应施行瘤胃穿刺排气。为了提高机体解毒能力，静脉注射 10% 硫代硫酸钠 100～300 毫升。为了防止机体脱水，增强肝脏与全身解毒和排毒能力，静脉注射 10% 葡萄糖溶液，或缓慢静脉注射 10% 葡萄糖 500～1 500 毫升。呼吸困难时，皮下或肌肉注射安钠咖溶液 50～200 毫升或 10% 樟脑磺酸钠注射液 20～100 毫升。病牛休克时，静脉注射 5% 葡萄糖生理盐水 5 000毫升，并加入 0. 5% 氢化可的松注射液 200～300 毫升。

六、蕨中毒

蕨中毒是由于动物采食大量蕨科中有毒蕨属植物引起的中毒性疾病。临床上牛以高热、贫血和全身出血综合征（急性中毒）或膀胱肿瘤、血尿（慢性中毒）为特征。马以硫胺素缺乏的症状为特征，主要发生于牛、绵羊，马和猪均可发生，但以牛的发病率和病死率最高。

蕨系多年生草本植物，又名蕨菜、蕨萁、龙头菜、山风菜、如意草等。蕨株高几十厘米到几米，高矮差异悬殊，根茎粗大，长而横行呈索状，生命力极强，以无性繁殖方式蔓延，同时其孢子可运隔漂移，进行有性繁殖。在我国，引起动物中毒的常见种是欧洲蕨斜羽变种和毛叶蕨，分布于我国大部分省区，主要生长于海拔200 ~ 3 000米的山丘荒坡和林地、草原。

1. 病因

在过度利用的草场、不合理开垦的山林草地上常常滋生大量蕨类植物。由于它们在春季萌芽早于其他牧草，易被以放牧为主的动物在短期内大量采食而中毒。蕨含有多种化合物，其中包括有机酸、黄酮类化合物、儿茶酚胺等。有毒成分是生氰糖苷、硫胺素酶、原蕨苷、血尿因子等，但其中大部分不能确定确切的毒性作用。据称，原蕨苷为一种基因毒性致癌原，是引起牛蕨中毒的毒性因子。蕨中毒作用造成的严重骨髓损伤，血液凝固不良以及心、肝、肾等实质脏器的损害，是引起中毒病畜死亡的主要原因。

2. 发病机制

目前，已经从蕨中提取出多种成分，其中包括有机酸、黄酮类化合物、儿茶酚胺等。目前，发现的有毒成分主要有：硫胺素酶、原蕨苷、紫云英苷、羧化环己烷、莽草酸和槲皮黄素等，但其中大部分不能确定确切的毒性作用。

当采食大量蕨属植物后，蕨中的硫胺素酶可使其体内的维生素 B_1 大量分解破坏而导致维生素 B_1 缺乏症。维生素 B_1 为 α-酮酸氧化脱羧酶的辅酶，缺乏时，丙酮酸不能进入三羧酸循环充分氧化，造成组织中丙酮酸及乳酸堆积，能量供应减少，影响神经组织和心脏的代谢与功能，出现多发性神经炎及其他相关病变。反刍动物的瘤胃可进行维生素 B_1 的有效生物合成，采食蕨后一般不至于导致维生素 B_1 缺乏症，但大量采食蕨的绵羊也有可能因体内维生素 B_1 的大量破坏而出现脑灰质软化症。

多数学者还证实，蕨中含有某种骨髓损伤因子，它们能导致骨髓产生类放射性损伤，从而引起高热、贫血、血小板减少以及一系列细胞学和体液学改变的类放射性损伤病变，其损伤因子及机制仍不十分清楚。原蕨苷为一种基因毒性致癌原，是引起牛蕨中毒的毒性因子。原蕨苷很不稳性，室温下在酸性水溶液中可转变为无致癌活性的蕨素 B_1，而在碱性环境中则可转变为活性致癌物二烯酮，烷基化 DNA 导致肿瘤发生。牛在短时间内大量采食可发生再生障碍性贫血，主要损害骨髓，并导致血小板和粒细胞严重减少，骨髓中的红细胞是在最后阶段才受害，骨髓受损可引起血小板减少症。原蕨苷可通过乳房屏障进入乳汁，危害幼畜和人类的健康。蕨中毒作用造成的严重骨髓损伤、血液凝固不良以及心、肝、肾等实质脏器的损害，是引起中毒病畜死亡的主要原因。

3. 症状

急性中毒一般在采食后 2 ~6 周出现出血性综合征。以高热、贫血、粒细胞减少（重症牛低于 20×10^9/升）、血小板减少（重症牛低于 50×10^9/升）、血液凝固障碍和全身广泛性出血为特征。最初表现为精神沉郁，食欲下降，粪便稀软，呈渐进性消瘦，可视黏膜苍白或黄染，喜卧，步态蹒跚，放牧中常掉队或离群站立。病情急剧恶化时，体温突然升高，可达 40. 5 ~43. 0℃，瘤胃蠕动减弱或消失，粪便干燥，呈暗褐红色或黑色，腹痛。疾病后期，病牛呈不自然伏卧，排出稀软红色粪便，严重者仅排出少量红黄色黏液或凝血块，呈里急后重。皮肤和可视黏膜斑点状出血（尤其是会阴、股内侧和四肢系部等被毛稀少的部位十分明显）；还可见鼻出血、血汗、便血、血尿、血乳和天然孔出血；昆虫叮咬或注射针孔可长时间流血不止，外伤易造成皮下或肌间血肿。孕牛常因腹痛和努责导致胎动或流产。部分病牛因咽喉水肿、麻痹造成呼吸困难，窒息而死亡。

慢性中毒主要因膀胱肿瘤，表现为长期间歇性血尿。常出现尿频、尿血和排尿痛苦，有时尿液颜色转为正常，但显微镜检查仍有多量红细胞，重役、妊娠及分娩等应激因素刺激可重新出观或加重血尿。长期血尿导致病牛贫血，虚弱，渐进性消瘦，后期呈恶病质状态，死于衰竭。

病理变化以各种组织出血为特征，心、肝、脾、肺、肾、子宫和消化道等脏器均可见到出血现象，从淤血点到大量血液外渗。肝、肾、肺可见到有淤血、梗死引起的坏死区，消化道黏膜的出血处可见坏死和脱落。自然中毒牛的膀胱可能有肿瘤和出血性膀胱炎，肿瘤为豌豆大小灰白色结节或紫红色菜花样。组织学变化以肾脏和肝脏的病变较为明显，肾小球大多由圆形变为大小不等的椭圆形、圆锥形、条索形，边缘不整齐。肝小叶中央静脉及肝窦内充满红细胞，间质多增生，肝细胞有严重的颗粒变性。

4. 诊断

主要通过实验室检测进行诊断。早期进行血液检验可获取极有价值的资料，突出变化为白细胞总数少于 5.0×10^9 个/升，中性粒细胞明显减少，而淋巴细胞则增多至 80% ~90% 以上。血小板总数减少，红细胞的抵抗力下降，大小不均匀。血钙 24 ~180 毫克/升，于 10 分钟以后血凝迟缓，40 分钟以后才凝固。这种血液变化可出现在临床症状之前，可于体温升高前 19 天测得其血液变化，或病情在体温升高前6天有所缓解而又再度恶化。

5. 防治

尚无特效疗法。本病病程长短不一，病初高热、腹痛及出血严重者病程较短，多在1周左右死亡，病程最短者在出现症状2天后死亡，长者可达数星期至数月。病程中可能有几次反复，每次复发后病情加重，也可转为慢性病例，长期少量采食蕨者膀胱最终出现肿瘤。对轻症中毒牛可采取输血、输液、给予骨髓刺激剂（鲨肝醇1克，橄榄瀬10毫升，皮下注射，连用5天）、肝素拮抗剂（1%硫酸鱼精蛋白10毫升，静脉注射），还可应用强心、利尿、止血、抗纤维蛋白溶解酶制剂，对于重症中毒及慢性中毒动物，无治疗价值，应及早淘汰。在早春应避免动物到蕨生长茂盛的草场、林地放牧。

七、黄曲霉毒素中毒

奶牛因大量或长期摄食经黄曲霉、寄生曲霉等真菌污染的饲料所导致的中毒性疾病称为黄曲霉毒素中毒，其临床特征为消化机能紊乱、神经症状以及流产；剖检见肝脏质地变硬、纤维化及肝细胞瘤。牛的黄曲霉毒素中毒的自然病例日渐增多，奶牛和育肥牛发病较高，尤以犊牛更为常见。

黄曲霉毒素主要是由黄曲霉、寄生曲霉和模式曲霉等多种真菌产生的次级代谢产物，广泛存在于豆类、花生、玉米等粮食作物以及奶制品、植物油等动植物产品中。黄曲霉毒素具有极强致癌、致崎和致突变性，其中，尤以AFB_1的毒性最强，其毒性是氰化钾的10倍，砒霜的68倍，被世界卫生组织的肿瘤研究机构（IARC）列为Ⅰ类致癌物质。

1. 病原及病因

引起中毒的病原为黄曲霉毒素，是由黄曲霉和寄生曲霉等产生的真菌毒素。黄曲霉毒素目前已发现有20种之多，其中，以

黄曲霉毒素 B_1、B_2、G_1 和 G_2 毒力较强，尤其黄曲霉毒素 B_1 毒力最强。黄曲霉毒素 B_2 的致癌有效剂量要比黄曲霉毒素 B_1 大 100 倍以上，所以，所称其毒素均指黄曲霉毒素 B_1，在饲料和饲料添加剂中的 AFB_1 含量有所限制（表 3－3）。黄曲霉毒素致癌的靶器官是肝脏，同时，对其他器官也可致癌，如肾癌、胃癌、直肠癌以及乳腺、卵巢等肿瘤。经气管滴入毒素可致气管鳞状细胞癌，皮下注射毒素可发生局部皮下肉瘤。据 Butler 估计，黄曲霉毒素致癌强度比二甲基偶氮苯大 900 倍，比二甲基亚硝胺大 75 倍，由此不难看出，黄曲霉毒素是已发现的最强的化学致癌物质（表 3－4）。

表 3－4　中国饲料和饲料添加剂中 AFB_1 最高限量标准

（单位：微克/千克）

产品名称限量标准（μg/kg）
玉米≤50
花生饼（粕）≤50
棉籽饼（粕）≤50
菜籽饼（粕）≤50
豆粕≤30
奶牛精料补充料≤10
肉牛精料补充料≤50

本病发生原因多半是牛采食或饲喂了被上述产毒真菌污染的玉米、花生及花生饼、豆类、麦类和加工副产品，如酒糟、油粕、酱油渣等。在中毒病牛中，急性的远不如慢性的较为多见。黄曲霉和寄生曲霉等广泛存在于自然界，如土壤、空气、各种谷物及其副产品等。当多雨季节，温度在 24～30℃，湿度又较适宜时，若收割、脱粒和贮藏谷物各环节处理不当更易被其污染并产生大量毒素，致使牛发生中毒机会也势必增多。

各种饲料如干花生苗、花生饼、玉米粉、谷类、豆类及其饼类、棉籽粉、酒糟，以及贮藏过的混合饲料，由于保管、贮存不当，在高温、高湿的环境条件下，极易为黄曲霉、寄生曲霉生长，产生黄曲霉毒素。有的是动物食入受黄曲霉污染饲料后在体内形成代谢产物—黄曲霉毒素。

2. 临床症状

（1）急性中毒食欲废绝，精神沉郁，拱背。惊厥，磨牙，转圈运动，站立不稳，易摔倒。黏膜黄染，结膜炎甚至失明，对光过敏反应；颌下水肿；腹泻呈里急后重，脱肛，虚脱；约于48小时内死亡。

（2）慢性中毒成年牛多呈慢性经过，死亡率较低。表现厌食，磨牙，前胃迟缓，瘤胃鼓胀，间歇性腹泻，泌乳量下降。犊牛表现食欲缺乏，生长发育缓慢，惊恐、转圈或无目的徘徊，腹泻，消瘦。妊娠母牛流产，排足月的死胎，或早产。因奶中含有黄曲霉毒素，故可引起哺乳犊牛中毒。由于毒素抑制淋巴细胞活性，损伤免疫系统，故机体抵抗力降低，易引起继发症的发生。

病理变化：特征性病理变化在肝。急性中毒剖检见肝脏黄染、肿大、质地变脆，广泛性出血和坏死。皮下、骨骼肌、淋巴结、心内外膜、食道、胃肠浆膜出血；肝棕黄色，质坚实，似如橡胶样。镜检：肝细胞，特别是肝门附近的肝细胞肿胀，核增大约5倍；有的肝细胞有空泡；肝索崩解；有的肝细胞含胆汁；肝小叶周围及中央静脉周围有胆管增生。胰腺周围有化脓灶。

慢性中毒除肝黄染、硬变外，呈土黄色或苍白色，无其他明显异常变化。镜检：静脉阻塞，肝细胞颗粒变性和脂肪变性，结缔组织和胆管增生，血管周围水肿，成纤维细胞浸润，淋巴管扩张。

3. 诊断

黄曲霉毒素中毒后，首先作饲料调查。观察饲料种类、贮存情况及喂量，结合病史、发病情况、症状及病理组织学特征性变化（肝细胞变性、坏死，肝细胞增生，肝癌）等，可初步得出诊断。而确切的诊断应测毒素（包括饲料、胃内容物、血、尿和粪便的 AFT 等含量），必要时可进行饲料中黄曲霉的分离、培养和鉴定等。

4. 防治

（1）预防。玉米、花生饼及其他谷类饲料，为奶牛的主要精饲料，易受黄曲霉污染。据对 377 份玉米黄曲霉毒素含量测定，超过 5 微克/千克以上的有 355 份，阳性率占 94%，最高含量达 10 000微克/千克，因此，积极预防是关键。

防霉是预防 AFT 中毒的根本措施。应加强饲料的收获、贮存工作，防止霉败。在收获时应注意天气变化，及时收割；收获的饲料应尽快晒干；饲料应放在干燥、通风的地方，料库的温度不应过高，应低于 25℃，相对湿度应保持在 85% 以下，防止发热、潮湿；定期检查贮存的饲料，对已有霉变者，应及时挑出，防止真菌扩散。已被污染的处所可将门窗密闭，采用甲醛、高锰酸钾水溶液熏蒸（每立方米空间用甲醛 25 毫升，高锰酸钾 25 克，水 12.5 毫升的混合液）或过氧乙酸喷雾（每立方米空间用 5% 溶液 2.5 毫升）进行消毒，必要时用防霉剂如丙酸盐熏蒸防霉。

物理吸附法常用的吸附剂为活性炭、白陶土、黏土、高岭土、沸石等，特别是沸石可牢固地吸附 AFT，从而阻止 AFT 经胃肠道吸收。目前，国内外学者正在研究日粮中添加适宜的特定矿物质去除 AFT 的方法，如在鸡的含 AFT 日粮中添加 0.4% 钠皂土，能明显改善 AFT 对吞噬作用的不利影响，亦能明显改善 AFT 引起新城疫免疫鸡 HI 滴度的减少。

（2）治疗。当已怀疑为黄曲霉毒素中毒时，全场应立即停喂所怀疑的饲料，改换其他饲料。对牛群应加强检查，及时发现病牛，尽早治疗。

①肌肉注射土霉素剂量为10毫克/千克体重，每日1~2次，连续5克。其治疗作用不在于它的抗菌作用，而是因为它对酶的诱导作用，也可能是它干扰了黄曲霉毒素的毒性机制。

②口服碱性活性炭用磷酸盐缓冲液即pH值为7，KH_2PO_4 + Na_2HPO_4 稀释的活性炭，大量灌服。也可配合土霉素肌肉注射，都有疗效。

③半胱氨酸或蛋氨酸剂量为200毫克/千克体重，一次腹腔注射；或硫代硫酸钠50毫克/千克体重，一次腹腔注射。5%葡萄糖生理盐水配合使用苯巴比妥、蛋氨酸、硫代硫酸钠，静脉注射，也有治疗作用。

八、伊维菌素中毒

伊维菌素是兽医临床上的广谱、高效、低毒抗生素类抗寄生虫药，对体内外寄生虫特别是线虫和节肢动物有良好的驱杀作用。但对绦虫、吸虫及原生动物无效。目前，报道犬、猫因使用伊维菌素过量而引起的伊维菌素中毒较多，主要表现神经症状。

1. 病因

伊维菌素属新型大环内酯类抗生素类驱虫药，该类药目前应用最广泛的主要有3种，即伊维菌素、阿维菌素和多拉菌素。伊维菌素是由阿维链霉菌发酵产生的半合成大环内酯类多组分抗生素，主要成分伊维菌素。为白色结晶性粉末，无味，在甲醇、乙醇、丙酮、醋酸乙酯中易溶，在水中几乎不溶。伊维菌素的别名有害获灭、艾佛菌素、爱比菌素、伊力佳、百虫杀等，其粗制品灭虫丁更是多名并存，如阿维菌素、虫克星、阿福丁、阿力佳、阿维锐克等。

伊维菌素广泛用于驱除牛、羊、马、猪的胃肠道线虫、肺线虫和寄生节肢动物（内服或皮下注射：0.2毫克/千克体重），对螨以及粪便中繁殖的蝇也同样极为有效。但没有驱除吸虫和绦虫的作用。伊维菌素虽然是比较安全的药物，但盲目增加剂量也可引起中毒。

伊维菌素以内服和皮下注射为给药途径，肌肉、静脉注射易引起中毒反应。含甘油缩甲醛和丙二醇的国产伊维菌素注射剂，仅适用于牛、羊、猪和驯鹿，用于其他动物特别是犬和马时易引起重度的局部反应。伊维菌素对虾、鱼及水生生物为剧毒。

2. 中毒机理

伊维菌素的抗寄生虫机制主要表现在其对神经传导介质γ-氨基丁酸（GABA）的激动剂作用，它可促使GABA的释放，打开谷氨酸控制的CL-通道，增强神经膜对CL-的通透性，从而阻断神经信号的传递，最终麻痹神经，使肌肉细胞失去收缩能力，而导致虫体死亡。哺乳动物的外周神经递质为乙酰胆碱，而GABA只分布于中枢神经系统，伊维菌素不易透过血脑屏障，因而作用极小。当高剂量使用时，部分药物进入脑部，可影响中枢神经功能。

3. 临床症状

（1）急性中毒多于用药后6～8小时发病，最快在注射后2小时出现症状。表现突然嚎叫，不自主咀嚼，流涎，口吐白沫，头皮、眼睑、咬肌有规律震颤，乃至惊厥。步态蹒跚，倒卧后不能站立，四肢划动呈游泳状。舌麻痹，伸出口外。心跳、呼吸加快，脉搏速而弱。后期出现抽搐、痉挛、哼叫、昏迷，大小便失禁、腹泻；听觉、痛觉、关节反射及肠蠕动音消失。

（2）慢性中毒慢性病例比较多见，一般用药后24～48小时发病。中毒动物表现精神沉郁，食欲缺乏或废绝，黏膜发绀，流涎、呕吐、腹痛、腹泻。意识障碍，转圈或盲目行走，碰到阻挡物后才改变方向或抵住不动，最后站立不稳，瘫卧在地，昏迷，呼吸、心率减慢，体温下降，四肢及耳变冷。瞳孔散大，弱视或失明。2～5天内昏迷、抽搐中死亡。

剖检可见心脏浆膜大面积严重出血，肺脏大面积斑块状出血，气管和支气管严重出血，脾脏肿大切面外翻，肝脏边缘肿大、钝圆，胆囊充盈且胆汁稀薄，4个胃的黏膜轻度出血，肠道严重出血，膀胱充盈积尿。

4. 防治

（1）预防。伊维菌素属于低毒抗生素，除内服外，仅限于皮下注射，不能肌肉或静脉注射。临床上应严格控制用药剂量和用药间隔期，用药时要注意动物的品种和日龄。对于体弱和使用后有反应的动物不用或减少用药量。泌乳动物及母牛产前1个月禁用。为防止伊维菌素在畜禽产品中残留对人健康造成危害，宰杀前一定时间必须停药。伊维菌素注射剂的停药期为：牛35日，羊42日，猪18日；临产前28日内的母牛不得投药；用药后28天内的牛奶不得饮用。

（2）治疗伊维菌素中毒无特效解毒剂，以强心、保肝利胆、利尿及对症治疗为原则。

①对症治疗经口给予引起的中毒动物，及时洗胃、灌服活性炭悬液吸附剂。也可用4%碳酸氢钠洗胃，灌服盐类泻药以促进药物排出。在5%葡萄糖生理盐水溶液中，加葡萄糖酸钙、氯化钾、地塞米松、ATP、肌苷和维生素C、辅酶A、细胞色素C等，静脉注射。呕吐者以苯海拉明、复合维生素B等肌肉注射。危重病例静脉注射甘露醇、50%葡萄糖，以加快毒物排出，降低颅内压，调节血脑屏障，减轻抽搐。严重呼吸困难的病例，注射阿托品，抑制黏膜分泌，保持呼吸道的畅通；肌注尼可刹米或用适量樟脑油涂擦鼻部以缓解呼吸困难。出现酸中毒症状的动物静注碳酸氢钠、安定、巴比妥、硫酸镁有助于解除肌肉震颤和抽搐。属于过敏反应的动物，用盐酸肾上腺素。出现继发疾病，采取相应的治疗措施。

②治疗的注意事项：

a. 在临床用药时，静脉滴注速度宜缓。第1天、第2天补液量宜大，以加速伊维菌素排出。如果症状减轻，第3天可适当减少用药量，一般5~7天治愈。

b. 禁用苯二氮卓类、巴比妥类及丙戍酸等药物治疗伊维菌素中毒。这些药也可与GABA受体相结合，引起与GABA相同的神经系统抑制症状。

c. 配合使用抗生素或磺胺类药物，防止继发感染。只要治疗及时，疗程足够，伊维菌素中毒症的治愈率高。但严重的病例，疗效不佳。

九、铜中毒

动物因一次摄入大剂量含铜化合物，或长期食入含过量铜的饲料或饮水，或因肝细胞损伤，铜在肝等组织中大量蓄积，而突然释放进入血液循环所引起的一种重金属中毒性疾病，称为铜中毒。临床上主要症状为腹痛、腹泻、肝功能异常和溶血危象。

动物中绵羊对过量铜最敏感，特别是羔羊，其次是山羊、牛等反刍动物。单胃动物对过量铜较能耐受，猪、狗、猫时有发生铜中毒的报告，兔、马、大鼠却很少发生铜中毒。家禽中以鹅对铜较敏感，鸡、鸭对铜耐受量较大。研究表明，当饲料中锌、铁、钼、硫含量适当时，牛对饲料中铜的耐受量为100毫克/千克干物质。

1. 病因

（1）急性铜中毒原因：①一次性误食或注射大剂量可溶性铜盐等意外事故引起，如羔羊在用含铜药物喷洒过的草地上放牧；②饮用含铜浓度较高的饮水（如鱼塘内用硫酸铜灭杂鱼、螺丝和消毒）；③缺铜地区给动物补充过量铜制剂等。

（2）慢性铜中毒原因：①环境污染或土壤中铜含量太高，

所生长的牧草中铜含量偏高，如矿山周围、铜冶炼厂、电镀厂附近，含铜灰尘、残渣、废水污染了饲料及周围环境；②长期用含铜较多的猪粪、鸡粪给牧草施肥，可引起放牧的绵羊铜中毒；③某些植物，如地三叶草、天芥菜等可引起肝脏对铜的亲和力增加，铜在肝内蓄积，加之这些植物中肝毒性生物碱引起肝损伤，易诱发溶血危象，发生慢性铜中毒急性发作。

2. 中毒机理

静脉注射或内服大量溶液态铜盐，对胃肠黏膜可产生直接刺激作用，从而引起胃肠炎症。高浓度铜在血浆中与红细胞表面的蛋白质作用，引起红细胞膜变性、变脆和溶血。肝脏是体内铜贮存的主要器官，大量铜积聚在肝细胞核、线粒体及肝浆液中，可损伤这些亚细胞结构，引起肝功能异常。

肝脏从血液中吸取的铜如超过其贮存的限度，则可抑制多种酶的活性而导致肝细胞变性、坏死，并使肝脏排铜功能障碍，以致铜蓄积；当肝铜浓度过高，在某些诱因的作用下，肝脏释放出大量的铜进入血液，随即进入红细胞中，红细胞内铜浓度因而不断升高，从而可降低红细胞中谷胱甘肽（GSH）的浓度，使红细胞脆性增加而发生血管内溶血；溶血时，肾铜浓度升高和肾小管被血红蛋白阻塞，可使肾单位坏死而导致肾功能衰竭和血红蛋白尿乃至发展为尿毒症；铜中毒对中枢神经系统的损害，主要是由于血液中的尿素和氨浓度升高所致。

铜被吸收后大部分在肝细胞溶酶体内贮存。当溶酶体被破坏后，铜和水解酶被释放而使肝细胞坏死。如肝细胞能够再生，并足以吸收死亡肝细胞释放的铜，则临床上不出现症状和溶血，即使肝内铜含量很高亦是如此。但是，血浆中与肝有关的酶活性可升高。如肝细胞不能有效地再生，则铜进入血液，血浆铜水平升高，大量红细胞被破坏而发生溶血。溶血则反过来又加速肝细胞坏死，释放出更多的铜进入血流。这种恶性循环过程的发展，可使一个外表正常的绵羊在6小时内突然死亡。

3. 症状

急性铜中毒时，有明显的腹痛、腹泻，惨叫，频频排出稀水样粪便且混有黏液，呈深绿色。有时排出淡红色尿液，此外，心动过速，脉搏频数，惊厥，麻痹，后期体温下降、虚脱、休克，在3～48小时内死亡。牛急性中毒时，剧烈腹痛，两后肢频频踏步、踢腹、不断摇尾努责。放入运动场后，牛狂躁不安来回奔跑，鸣叫。最后卧地不起，心率增数，口吐白沫，瞳孔散大而死亡。羊还出现腹泻，有的发生黄疸、血尿。

慢性铜中毒，临床上可分为3个阶段：早期是铜在体内积累阶段，除肝、肾铜含量大幅度升高、体增重减慢外，其他症状可能不明显。中期为溶血危象前阶段，肝功能明显异常，AST、ARG和山梨醇脱氨酶（SDH）活性迅速升高，血浆铜浓度也逐渐升高，但精神、食欲变化轻微，此期因动物个体差异，可维持5～6周。后期为溶血危象阶段，动物表现烦渴，呼吸困难；极度干渴，蹬遂不起，血液呈酱油色，血红蛋白浓度降低，可视黏膜黄染，红细胞形态异常，红细胞内出现Heinz小体，血细胞比容极度下降。血浆铜浓度急剧升高达1～7倍，病畜可在1～3天内死亡。

病理变化：羊急性铜中毒时，胃肠炎明显，尤其真胃、十二指肠充血、出血甚至溃疡，间或真胃破裂。胸、腹腔黄染并有红色积液。膀胱出血，内有红色以至褐红色尿液。慢性铜中毒时，羊肝呈黄色、质脆，有灶性坏死。肝窦扩张，肝小叶中央坏死，胞质严重空泡化，肝、脾细胞内有大量含铁血黄素沉着，肝细胞溶解。电镜观察，肝细胞线粒体肿胀，空泡形成。肾肿胀呈黑色，切面有金属光泽，肾小管上皮细胞变性，肿胀，肾小球萎缩。脾脏肿大，弥漫性淤血和出血。

4. 诊断

急性铜中毒可根据病史，结合腹痛、腹泻、血细胞比容下降而作出初步诊断。饲料、饮水中铜含量测定有重要意义。慢性铜中毒诊断可依据肝、肾、血浆铜浓度及酶活性测定结果。当肝铜 >500 毫克/千克，肾铜 >80 ~ 100 毫克/千克（干重），血浆铜浓度（正常值为 0.7 ~ 1.2 毫克/升）大幅度升高时，为溶血危象先兆。反刍动物饲料中铜含量 >30 毫克/千克应考虑铜过多。结合血清 AST、ARG、SDH 活性升高，血细胞比容下降，血清胆红素浓度增加，血红蛋白尿及红细胞内有较多 Heinz 小体等，则可确诊，但应与其他引起溶血、黄疸的疾病相鉴别。

5. 防治

（1）预防铜中毒主要是由于农业和医药上使用了过量的铜盐，牧草中含铜量过高，饲料中添加高铜而引起，所以，应从动物的生长环境、饲料、饮水及饲养管理等方面考虑，采取综合性预防措施。

①控制和净化工业三废通过改革工艺，回收处理，严格执行工业三废的排放标准，最大限度地减少铜的污染。

②定期监测牧草、饲料和饮水中铜的含量通过采样化验，及时采取相应的预防措施，减少动物铜中毒的发生。在高铜牧场喷洒磷钼酸（如过磷钼烟胺）可预防铜中毒。在高铜牧地放牧的羊，在精料中添加钼 7.5 毫克/千克，锌 50 毫克/千克和 2 克/千克的硫，可预防铜中毒，且有利于被毛生长。

③正确使用铜制剂使用铜制剂时，必须注意浓度和用量，并根据具体情况灵活、准确地调整用量。由于不同地区土壤中铜、锌含量不同，所以，饲料添加剂中铜的加入量应因地制宜，绝对不能盲目推广添加剂配方。除非病牛被确诊为铜缺乏或钼中毒时，才给它补充铜。慎用螯合铜（有机铜），它比无机铜容易吸收，但会增加铜中毒的发生。

（2）治疗铜中毒的基本原则是：立即终止铜的供给，迅速使血浆中游离铜与血浆白蛋白结合，促进铜的排出。采用中和及氧化毒物、解毒、对症疗法。

对急性中毒者，可用0.1%亚铁氰化钾（黄血盐）溶液或硫代硫酸钠溶液洗胃，使铜形成亚铁氰化铜沉淀而不被吸收，也可服用氧化镁、蛋清、牛乳、豆浆或活性碳以保护肠黏膜并减少铜的吸收。对溶血危象期的羊，可使用三硫钼酸钠（0.5毫克/千克体重），将其稀释成100毫升溶液，缓慢静脉注射3小时后，根据病情还可追加等剂量的硫钼酸钠，静脉注射。硫钼酸钠不但可促使二价铜离子与白蛋白结合，而且能促进肝铜通过胆汁排入肠道。四硫钼酸钠有同样的效果。

对亚临床铜中毒及经用硫钼酸钠盐抢救脱险的动物，每天在日粮中补充50～500毫克钼酸铵、0.1～1.0克无水硫酸钠或0.2%硫黄粉，混匀饲喂，连续数周至粪便中铜的含量降为正常值为止。此外，临床实践证明：根据病情对症治疗，内服硫酸亚铁、硫酸钠、青霉胺、依地酸钙等也可起到解毒作用。维生素B_{12}抗贫血，止血敏可止血，氢化可的松对过敏性疾病有一定的疗效。灵活应用以上药物可达到标本兼治的良好效果。

第四章　奶牛繁殖障碍性疾病

第一节　公畜疾病

一、公畜睾丸变性

睾丸变性属睾丸的退行性变化。公畜原先具有正常生育力或发育正常的睾丸，其生精上皮和其他睾丸实质组织出现不同程度变性、萎缩而使精液品质下降，造成暂时或永久性生育力低下和不育称为睾丸变性。本病是公牛和公猪不育的重要原因，特别在老龄公畜常见。发病原因可因高温或低温，血管损伤（供应睾丸的血管）或有害性辐射，激素水平降低或生理性（老龄）退行性变化，营养缺乏或有害的化学物质，如抓化萘等也可诱发本病。根据对种公牛调查，各类不同程度睾丸变性总的发病率为18.3%，其中，轻度、中度和重度分别为10.0%、5.8%和2.6%。

1. 病因

正常情况下，睾丸温度由于受蔓状静脉丛中精索内动脉调节而不超过35℃。温度超过2℃，就可使原来缓慢流动的血流加速，使睾丸充血，葡萄糖过量，耗氧量增加，大量代谢产物聚积而造成生精上皮损伤和其他组织变性。常见引起睾丸局部温度增高的因素包括：睾丸和附睾炎症，约75%病例可导致睾丸变性；各种阴囊皮肤炎症；夏季暴晒、圈舍不通风，长期气温过高；长途运输或疾病时不适当地使用绝热材料制作的悬吊绷带；隐睾、阴囊过短和阴囊疝。

睾丸和阴囊局部损伤导致血液循环和温度调节系统功能紊乱，从而引起睾丸变性，如外伤、阴囊皮肤结核、疥癣、昆虫叮咬及农药和杀虫剂刺激。

长期营养不良，消化不良，蛋白质、能量及矿物质缺乏，特别是维生素 A 和维生素 E 缺乏；长期饲喂豆渣、酒糟、霉变饲料及其他有毒物质；使用四氯化碳驱虫；某些病毒感染（肠道病毒、口蹄疫、牛病毒性腹泻、蓝舌病）以及边缘红细胞孢子虫等严重感染。

娇养的小公牛生活环境改变可导致睾丸变性；长期使用雄激素或雌激素类药物，饲喂含雌激素的牧草，肾上腺皮质肥大，睾丸间质细胞瘤以及甲状腺萎缩可导致内分泌紊乱而引起睾丸变性。

辐射对体内增殖快的细胞影响较大，可以明显地影响精子生成而对间质细胞睾酮的合成影响不大。辐射剂量不大时，生精能力可在 3～6 月内恢复；严重辐射损伤可使曲精细管变性而使生精能力丧失。

用自身睾丸组织或抗 LH 血清注射公牛和公羊，可实验性地引起睾丸变性和不育，说明自体免疫性因素也可能是睾丸变性的原因。

原因不明的睾丸变性，即所谓“无损伤变性”，有人认为与遗传有关。

2. 症状

因炎症引起变性者具有睾丸炎症；出现非炎性损伤时，睾丸组织先变软，继之纤维化或钙化、睾丸组织变硬，睾丸逐渐出现萎缩，体积缩小，完全变性者睾丸体积缩小一半或一半以上，呈圆球形或细长形。由于睾丸变性主要损伤生精上皮，同时出现精子数锐减，异常精子数比例升高，有时可高达35%以上。间质细胞形态和功能基本完好，因此，公畜的性欲和交配能力一般不受影响。有的病畜在睾丸变性前3～4年可能出现乳房增生并泌乳。

3. 诊断

临床检查和查阅病历。患病公畜一般都曾有过一段正常生育史。触诊睾丸变小、变硬，但性功能一般正常。除睾丸炎所致变性者外，应注意调查公畜是否有过热病史、特殊传染病、慢性病等情况。

精液检查。精液量一般正常，但精子浓度逐渐降低，精液呈乳清样或水样，精子活力差，畸形精子增加，特别是断头、头部及顶体畸形精子以及中段卷曲畸形精子增加。一次精液检查不足以说明问题，应间隔2个月重新检查1次或多次，每次检查精子总数应超过1 000个，单侧睾丸变性者精液品质优于双侧睾丸变性者。

组织学检查。生精上皮不同程度变性，轻微者仅限于一种或几种类型的生殖细胞；严重者曲精细管空虚、皱缩，仅能见到变形的支持细胞，生精作用完全消失；间质纤维组织增生，并可能出现钙化点；基膜不同程度增厚。根据曲细精管的组织学变化可以将睾丸变性分为5个阶段：第一阶段，精细胞变性；第二阶段：精细胞消失；第三阶段：精母细胞消失；第四阶段：精原细胞消失；第五阶段：所有支持细胞也消失，管腔壁玻璃样变、增厚，管腔消失。根据细精管横切面上生殖细胞和支持细胞的比例也可以衡量睾丸变性的程度。一个横切面上一般可发现12～14个支持细胞，正常睾丸的两类细胞数量之比为11.5；轻度、中度和重度变性睾丸中两类细胞数量之比分别为11.0、8.8和5.8。某些部分睾丸组织变性的病例要多点（至少5点），采样检查才能发现。

4. 治疗

尚无有效的治疗方法，提供合理的营养，增加维生素和微量元素，避免各种物理、化学有害因素的影响，严重病畜应考虑淘汰。

二、精囊炎

精囊炎是公牛的一种重要生殖疾病，精囊炎是指精囊出现炎症感染。精囊又叫精囊腺，公牛精囊腺是一对具有明显分叶的腺体，小叶间具有发达的肌性间隔，两侧腺体不完全对称。腺体大小在不同个体可能有差异，成年公牛一般约为（12×5×3）厘米。精囊腺分泌物黏稠、淡乳白色，含有高浓度的蛋白质、钾、柠檬酸、果糖和几种酶，pH 值 5.7～6.2，分泌物约占正常射精量的 50%。精囊炎往往继发于尿道生殖系统及其他器官感染，分为急性和慢性精囊炎两类。精囊炎会引起精液质量的下降，从而影响正常的繁殖育种。

1. 病原

精囊炎病原包括细菌、病毒、衣原体和霉形体，经尿道逆行感染，细菌从尿道口，输精管侵入精囊腺，引起感染。任何年龄的公牛都可发生精囊炎，据目前有关资料报道，精囊炎在种公牛发病率约 0.8%～4.2%，育成青年公牛发病率约占 2.4%。成群舍饲的青年公牛因为反复的同性爬跨行为而被认为容易造成阴茎和包皮的污染和继发上行性感染，从而使发病率升高。当精囊邻近器官：如前列腺、后尿道、结肠等有感染或任何情况下导致前列腺、精囊充血时，也会诱发精囊炎。上行性、下行性和全身性感染是化脓性放线菌精囊炎的原因。在地方性布氏杆菌病流行并采取自然配种地区，流产布氏杆菌是本病的常见原因。其他细菌如昏睡嗜血杆菌和分枝杆菌是散发性精囊炎的病原。支原体单独或与细菌一起的混合感染也是公牛精囊炎的常见原因。

2. 临床特点与表现

大多数患精囊炎的公牛无明显的感染症状，但其精液品质表现为不正常或繁殖力下降。患急性精囊炎的公牛会产生一些全身性症状，易与其他原因引起的腹膜炎的症状相混淆，出现发烧、寒战、浑身不适，站立时弓背、不愿走动，在排粪或射精时表现出疼痛感，有的后躯肌肉痉挛，有时会有泌尿系统感染症状，血精、精液带脓等，常伴发邻近器官如壶腹、附睾、前列腺、尿道球腺、尿道、膀胱、输尿管和肾脏的感染。由于精囊的解剖结构复杂，引流不畅，患病后很容易转为慢性，甚至引起继发性输精管阻塞，射精管口水肿阻塞，导致只有射精的动作但无精液的排出。慢性精囊炎较为常见，多为急性精囊炎病变较重或未彻底治疗所致，还有部分病牛因射精过频引起精囊、前列腺反复充血，继发感染，导致慢性精囊炎。

3. 临床诊断

（1）直肠检查

①急性精囊炎直肠检查：公牛有疼痛反应，单侧或双侧精囊腺肿胀、增大、分叶不明显。急性病例中，壶腹增大、变硬，输精管水肿发生临时阻塞，会导致只有射精动作但无精液排出的干性射精。

②慢性精囊炎前期直肠检查：感觉分叶明显，能感觉到桑葚状，同时感觉腺壁肥厚、远端小叶坚硬，射精前后变化不大，即使按摩腺体后再次射精变化也不大，可能是由于炎症腺体内分泌物不能排空所至，这一点可作为诊断的依据。健康牛正常射精后小叶内腺液完全排空，射精前后变化大，小叶由硬变软，有的分叶变得不明显。

③化脓性炎症：腺体和周围组织可能形成脓肿区，并可能出现直肠瘘管，由直肠排出浓汁，同时注意检查前列腺和尿道球腺有无痛感和增大。

（2）精液、病原微生物检查。对精囊炎患病牛进行前期精液检查发现，精液有明显的白色絮状物，含有少量脓细胞，镜检发现大量死精子，原精活力差，畸形精子增加，特别是尾部精子增加。同时发现大量白细胞和红细胞。精液细菌培养为阳性，可发现致病病原体。

（3）B 超检查。有脓肿形成时，B 超可以确定，病程较短者见精囊增大，呈梭形，其远端可呈椭圆形，囊壁粗糙并增厚，囊内为较密集的细小点状回声紊乱。病程长的可见精囊缩小。

4. 防制

（1）加强饲养管理。精心呵护，提高牛饲料营养的全面性，增加牛个体抵抗疾病的能力。冬季，由于北方气候寒冷，饲养的种公牛在早晚低温、潮湿环境下，易引发其患精囊腺炎，因此，寒冷地区要注意牛的保暖管理。牛舍要保持清洁，采精场地也要注意卫生。在饲养和采精过程中应经常注意检查，做到必要的消毒。

（2）患病公牛应立即隔离。根据疾病严重程度或病因进行治疗。治疗时，由于药物到达病变部位的浓度低，最好采用有针对性的药物治疗，并加大剂量，至少连续使用 2 周以上，同时，配合使用雄激素和促性腺。

①急、慢性有金黄色葡萄球菌和革兰氏阴性小杆菌的精囊炎，用氧氟沙星（2. 5 毫克/千克）和乌洛托品（24 毫克/千克，每个疗程中前 3 天用即可）等药物稀释后静脉注射。用药 1 疗程（7 天为 1 疗程）后，检查精液质量和病原微生物，若精液质量仍差或仍有病原微生物，再用第 2 疗程。急性病例一般 2 ~ 3 疗程，慢性病例一般 3 个疗程以上，疗程期可以间隔 2 ~ 3 天。用以上药物的同时，每天给以 200 克中草药车前草，连续 3 个月，疗效更佳。急、慢性有衣原体和革兰氏阴性小杆菌的精囊炎，氧氟沙星（2. 5 毫克/千克）和乌洛托品（24 毫克/千克，每个疗程 3 天即可）等药物稀释后静脉注射，用药疗程同上。辅助治

疗：注射后按摩精囊腺促进其血液循环，以便多吸收一些药物。治疗期间采精后直肠检查精囊腺的排泄情况，未排尽的轻轻按摩后再次采精，尽可能使积液排尽（急性精囊腺肿胀病例前期不宜）。治疗中由于长期使用药物造成心脏、肾等器官功能衰退（表现为眼浑浊、多泪，气虚，不好运动，走路稍有晃动等），疗程间可停药2~3天，并在治疗时加入强心、补血、补气等药物。慢性化脓性放线菌感染可以使用青霉素（22 000国际单位/千克，肌注，每日两次）或青霉素和利福平（2~5毫克/千克，口服，每日两次）。

②中药治疗：处方为，生地50克、白芍40克、萸肉40克、女贞子50克、墨旱莲50克、茯苓40克、车前子40克、泽泻40克、丹皮50克、乌药50克、甘草30克、炒栀子40克、地榆炭40克、血余炭30克、水稻须根40克，共为细末，开水冲调，候温灌服，每日一剂，7天为一个疗程。女贞子甘平、补肝肾；墨旱莲甘酸凉，滋肝肾、凉血；生地滋养肾阴；丹皮泻肝肾火；黄柏清下焦湿热；白芍酸寒，以助生地药力；茯苓利水渗湿、健脾；萸肉湿涩肝肾，以补肾阳不足；炒栀子、地榆炭、血余炭止血；车前子利尿、渗利水湿；乌药走少腹，入肝肾经，行气止痛；甘草调和诸药；水稻根须味甘平，退虚火。次方滋阴降火，凉血止血。

③单侧精囊腺慢性感染时治疗失败，而公牛又具有很高经济价值时，可通过手术摘除被感染的精囊。手术时在坐骨直肠窝避开肛门括约肌作新月形切口，入手将腺体做钝性分离，在靠近骨盆尿道处切除腺体，用肠线闭合直肠旁空腔，然后缝合皮肤。术后至少连续使用2周抗菌药物。手术治疗有时效果良好，公牛保持正常生育力。临床康复的公牛必须经严格的精液检查后方可用于配种。

三、阴茎损伤

阴茎损伤是一种泌尿外科急症，诊治不当会造成一系列并发症，并可能影响排尿及性功能。阴茎损伤可分为闭合性损伤和开放性损伤。闭合性阴茎损伤多由钝性暴力所致，患畜阴茎处无皮肤创口，但血肿、弯曲症状明显。诊断多不困难；开放性损伤多有典型的外伤史，伤后组织炎症水肿出血明显，有时伴有严重感染。

1. 病因

该病主要因为家畜的包皮部和阴茎受到较强外力作用而引发。兽医工作者进行尿道探查时若牵引阴茎时用力不当，对龟头牵引或用细绳拴系过紧，也容易引起阴茎或龟头受到伤害。此外，个别公畜有自淫癖时容易发生该病。

2. 临床特征与表现

该病的症状表现随损伤部位和病性而不同，可发生阴茎、包皮、尿道各部位损伤或其三者合并伤。阴茎损伤一般有外部可见的创口和肿胀。肿胀明显者阴茎和包皮脱垂并可能形成嵌顿包茎。阴茎白膜破裂可造成阴茎血肿，发生血肿时肿胀可能局限，也可能扩散到阴茎周围组织，造成包皮下垂，并引发包皮水肿。开始时肿胀部柔软，有波动感，触摸敏感，一般不发热，损伤后2小时左右肿胀到最大程度，触摸坚实。阴茎的损伤可能引起粘连而使阴茎不能伸出，当阴茎挫伤时损伤的部位可引起增温、炎性肿胀、疼痛触诊较敏感。病畜在阴茎勃起时痛感表现明显出现公畜四股拘挛，跨步缩短，完全拒绝爬跨，严重时公畜出现拒绝交配的情况。少数患畜包皮明显肿胀庄要因为包皮口狭窄而导致阴茎外伸困难，有的由于阴茎末端和龟头部伤后肿胀而无法缩至包皮内。随着时间的流逝患畜由于多次起卧而深度加重挫伤，甚至因为感染化脓而导致坏死尾头外观为紫黑色。阴茎损伤往往伴有包皮发炎，而包皮炎或包皮撕裂不一定会造成阴茎损伤，但多以急性过程出现。包皮腔化脓性炎症多为慢性经过，病情缓和，表现为包皮腔下口不时有稀薄的灰白色脓性液体。病牛阴茎伸出后，可看到其上附着一层灰白色脓性黏液。显微镜检查精液可发现脓球和血细胞，病牛体温、食欲一般无显著变化。

3. 治疗

治疗以预防感染，防止粘连和避免各种继发性损伤为原则。公畜发生损伤后立即停止采精，隔离饲养。首先应止血、消炎，防止粘连和增生。阴茎损伤出血较多时，可肌肉注射安络血等。消炎用青霉素、链霉素肌肉注射，亦可将青霉素用普鲁卡因稀释以装导尿管的注射器注入包皮腔，或将红霉素软膏挤入包皮腔内用手指涂布均匀。防止粘连和增生应适时采用消毒药液冲洗，如1 克/升高锰酸钾、生理盐水、1 克/升呋喃西林等，或用碘甘油注入包皮腔，效果更佳。有自淫习惯的公畜可口服（每千克体重 5. 5 毫克）或肌肉注射（每千克体重 0. 55 ~ 1. 00 毫克）安定，以减少性兴奋。损伤轻微者短期休息后可自愈。新鲜撕裂伤须认真对创口进行清理消毒，必要时可缝合，伤口涂抹抗生素油膏，全身使用抗生素 1 星期，预防感染。牛患阴茎血肿可使用保守疗法注射抗生素和蛋白溶解酶。血凝块的清除可采用保守疗法和手术清除。在伤后 5 ~ 7 天注射蛋白水解酶使血凝块溶解，方法是将 80 万国际单位青霉素和 12. 5 万国际单位链激酶溶于 250 毫升生理盐水中，严密消毒后经皮肤分点注入血凝块。5 天后经皮肤作切口，插入吸管将已液化的血凝块吸出。这种方法可以减少因手术切口可能造成粘连的程度。对已经化脓的病例，可用此法排脓。手术清除应在 7 ~ 10 天血凝块已经形成，组织尚未发生机化粘连时进行。要求取出全部血凝块和粘连组织，白膜上的创口用 2 号铬化肠线连续缝合，缝合时不能刺伤海绵体，也不能将皮下组织缝入，缝合白膜是手术成功的关键；皮下结缔组织可用肠线闭合；皮肤可用丝线作结节缝合；创腔内可放入 80 万 ~120 万国际单位青霉素预防感染。术后全身使用抗生素至少连续 10 天，创口愈合后可进行按摩以防止阴茎粘连。

（1）阴茎一包皮撕裂伤。治疗原则：清洗，止血，防止感染和粘连的发生二阴茎包皮撕裂伤发生后，及时的按新鲜创伤处理伤口。首先，用胃导管把适量的1%高锰酸钾溶液导入包皮腔深部，冲洗包皮腔内的污垢和消灭寄居在包皮腔内的细菌。冲洗后，用2%~3%的普鲁卡因作阴茎背侧神经麻醉，使阴茎脱出包皮腔，暴露伤口。若血流不止，可用止血粉或压迫止血。然后，涂抹医用红霉素眼药膏。配合全身抗生素，治疗一周，多数可痊愈。但仍需要休息 4 ~6 周；对于包皮和阴茎头未完全分离的青年种公牛发生撕裂后，在荐尾椎麻醉情况下，可钝性剥离包皮。然后，按上述方法治疗一般 6 ~8 周可痊愈。在伤口愈合过程中、防止阴茎包皮发生粘连的最好方法是使种公牛处于刺激之下，每周伸展几次阴茎，疼痛剧烈的可以使用镇静剂。另外每天对受影响的区域施行 20 ~30 分钟的按摩直至痊愈。

（2）阴茎挫伤。治疗原则：制止淤血，镇痛消炎，促进肿胀的吸收，防止感染。初期冷疗，可用冰块敷于挫伤部位。若种公牛还有性欲爬跨时，可用假阴道装上冷水，用5%的鱼石脂软膏均匀涂抹在假阴道的内胎上，让种公牛穿插数次，达到挫伤部位的降温，减少淤血和镇痛消炎的效果。经过两天后采用温热疗法，用30℃的温水热敷。局部涂抹用醋调制的复方醋酸铅散，对促进肿胀的消退有良好的效果。后段阴茎损伤，阴茎背侧可用盐酸普鲁卡因溶液加青霉素封闭一般需要全身应用抗生素 3 ~5 天，防止继发感染。并休息 6 ~12 周。

（3）化脓性包皮炎。用苦参煎液冲洗，腔内涂布红霉素软膏，每天1 次，疗效明显，用药 2 ~3 次即可痊愈。每头病牛用苦参 100 ~200 克，水煎 2 次滤渣。冲洗方法：包皮腔口处剪毛、清洗。将猪投药器的前段胶管装于农用喷雾器开关前端管口处，一人固定并负责打气，将胶管缓慢插入包皮腔，术者一手握紧包皮口，待药液注满后另一手由下至上挤压数次，放出药液，如此反复冲洗2~3次。

四、包皮脱垂

公畜包皮口过度下垂并常伴有包皮腔黏膜外翻者，称为包皮脱垂（preputialprolapse）。脱垂的包皮、特别是外翻的包皮腔黏膜易损伤，引起炎性肿胀、纤维变性或坏死。本病在公牛比较常见。

1. 病因

包皮脱垂多因配种不节，劳役过度，阴虚阳亢或外伤所致。肾气亏损，久病衰弱，阴茎挫伤等而引起。外伤性脱垂在群牧牛中较为常见，由于母牛发情后，多头公牛及阉牛追逐爬跨而为公牛触伤所致。

在某些品种公牛多见，比如无角公牛包皮脱垂的发生率高于有角公牛，但奶牛较少见。包皮脱垂的原因是由于前包皮肌缺乏或功能不足，前包皮肌来自后躯皮肌、剑突附近的深筋膜和腹下皮肌，围绕包皮口，附着于外层包皮皮下组织，并有细肌束附着于真皮，它可以关闭和提升包皮开口，起到包皮括约肌的作用。脱垂和外翻的包皮易因外伤和昆虫叮咬而引起炎性肿胀，造成淋巴和静脉回流受阻，使包皮脱垂加剧，并可能导致坏疽或坏死。即使炎性肿胀消失，也可能因组织纤维化而使包皮口狭窄。另外，阴茎和包皮的各种损伤和包皮炎症可引起包皮神经损伤或包皮肿胀而致包皮脱垂。

2. 临床特征与表现

包皮口过度下垂，脱垂部黏膜和皮肤上可能有龟裂口，如果已经感染则肿胀并发亮，而且有炎性分泌物从包皮口流出，感染特别严重者可能有全身症状。由于脱出部分长期裸露于外面，易受风伤及机械挫伤，导致发炎水涨，重者出现坏死、溃疡、恶臭等，继之食欲、反当减少，精神苦闷，日渐消瘦。

3. 诊断

患牛阴茎松弛无力，垂于腹下，不能缩洲于包皮内。脱垂部黏膜和皮肤上可能有龟裂口，如果已经感染则肿胀并发亮，而且有炎性分泌物从包皮口流出，根据临床症状，结合发病情况和病因，进行分析即可确诊。

4. 治疗

（1）预防性手术处理。适用于已经脱垂但尚未感染的病例。局部麻醉，用肠线在脱垂包皮鞘四周做一人工褶，以减少悬垂和外翻的程度。

（2）药物保守治疗。脱出的黏膜用无刺激性消毒液充分清洗，涂擦0.1%洗必泰乳剂或1%的利凡诺软膏，然后送回包皮腔固定，必要时可在包皮口作袋口缝合。每周处理2~3次，3~4周后尚不能复原者可结合使用网状悬带将脱垂包皮固定。悬带要求每天清洗，防止感染和液体潴留，全身使用利尿和抗菌药物。如果因纤维组织增生引起包皮口狭窄，则应进行手术处理。

包皮脱垂如不及时处理，常因损伤感染导致炎症和化脓或脱垂组织纤维化，其结果引起包皮口狭窄或包皮、阴茎粘连，最终可能因包茎或阴茎不能伸出而使公畜丧失种用价值。

五、睾丸炎和附睾炎

睾丸和附睾的炎症分别称为睾丸炎和附睾炎。因其生理结构部位紧密相关，故常常病症相伴而发。附攀丸炎都由病原微生物感染所致，其病因与睾丸炎基本相似。有人猜测尿液进入输精管可引起附睾丸炎。

1. 病因

（1）睾丸炎本病大多由细菌，如布氏杆菌、放线菌；寄生虫，如圆线虫感染或外伤和通过血液循环引起的感染性炎症。真菌感染、霉菌病，如芽生菌病和球孢子菌病，能引起肉芽肿性睾丸炎和附睾炎。

（2）睾丸和附睾的外伤有时能引起炎症和感染。

（3）阴囊脓皮病患畜，经常舔阴囊可导致下面的睾丸和附睾的细菌感染。

（4）继发于一些细菌和病毒性疾病。由布氏杆菌的感染、犬瘟热病毒引起。

2. 症状

睾丸出现肿胀、发热、敏感。如有睾丸周围发炎，则两侧都有症状，攀丸炎和附睾丸时常有特征性的黄色坏死病灶区。

急性睾丸炎时局部有热、痛和肿胀、睾丸质地坚实，动物可能舔睾丸，出现全身不适、发热和食欲减退。慢性肉芽肿性睾丸炎的睾丸肿大、坚实、无痛，一般无全身症状。病程较长者，使睾丸萎缩、纤维化和变得不规则。常见睾丸和下面的阴囊之间发生粘连。精液品质下降，异常精子明显增多。布氏杆菌引起的急性睾丸炎，染病后 2～5 周精液中含有的异常精子可达 30%～80%，染病后 5 个月可达 90% 以上。

附睾尾部膨大，并可向附攀体和睾丸头部蔓延。急性阶段触诊附睾部温热、肿胀，有时呈粉状；慢性附睾丸时，附睾尾部增大变硬，睾丸在鞘膜腔内不易滑动。精子质量变差，不成熟和病态精子比例增加。受精率下降，并可将病原微生物传播给母畜，造成母畜流产、不孕和生殖器官疾病。

3. 睾丸炎与附睾炎的鉴别诊断

（1）睾丸炎急性睾丸炎睾丸肿大、发热、疼痛；阴囊发亮；公畜站立时弓背、后肢广踏、步态拘强，拒绝爬跨；触诊可发现睾丸紧张、鞘膜腔内有积液、精索变粗，有压痛。病情严重者体温升高，呼吸浅表，脉频，精神沉郁，食欲减少。并发化脓感染者，局部和全身症状加剧。在个别病例，脓汁可沿鞠膜管上行入腹腔，引起弥漫性化脓性腹膜炎。慢性睾丸炎睾丸不表现明显热痛症状，睾丸组织纤维变性、弹性消失、硬化、变小，产生精子的能力逐渐降低或消失。

炎症引起的体温增加和局部组织温度增高以及病原微生物释放的毒素和组织分解产物都可以造成生精上皮的直接损伤。睾丸肿大时，由于白膜缺乏弹性而产生高压，睾丸组织缺血而引起细胞变性。各种炎症损伤中，首先受影响的主要是生精上皮，其次是支持细胞，只有在严重急性炎症情况下睾丸间质细胞才受到损伤。单侧睾丸炎症引起的发热和压力增大也可以引起健侧睾丸组织变性。

（2）附睾炎附睾炎是公羊常见的生殖疾病。在澳大利亚，发病率约为5.4%，几乎等于所有其他睾丸发病率的总和。该病呈进行性接触性传染，以附睾出现炎症并可能导致精液变性和精子肉芽肿为特征。病变可能单侧出现，也可能双侧出现。双侧感染常引起不育。50%以上生殖功能失常的公羊是由于附睾炎造成的，严重者可引起死亡。该病在公牛也有发生。

附睾感染一般都伴有不同程度的睾丸炎，呈现特殊的化脓性附睾及睾丸炎症状。公畜不愿交配，叉腿行走，后肢拘强，阴囊内容物紧张、肿大、疼痛，睾丸与附睾界限不明。精子活力降低，不成熟精子和畸形精子百分数增加。布氏杆菌感染一般不波及睾丸鞘膜，炎性损伤常局限于附睾，特别是附睾尾。初发的附睾病变表现为水肿，间质组织内血管周围浆细胞和淋巴细胞聚积，小管的上皮细胞增生和囊肿变性。通常在急性感染期睾丸和阴囊均呈水肿性肿胀，附睾尾明显增大，触摸时感觉柔软。慢性期附睾尾内纤维化，可能增大4~5倍，并出现粘连和黏液囊肿，触摸时感觉坚实，睾丸可能萎缩变性。精液放线杆菌感染常引起睾丸鞘膜炎，睾丸明显肿大并可能破溃流出灰黄色脓汁。感染所引起的温热调节障碍和压力增加可使生精上皮变性并继发睾丸萎缩。附睾管和睾丸输出管变性阻塞引起精子滞留，管道破裂后精子向间质溢出形成精子肉芽肿，病变部位呈硬结性肿大，精液中无精子。

附睾的损伤和炎症通过观察和触摸均不难发现，困难的是要确定有没有外部损伤的附睾炎的病因。通常采用精液细菌培养检查、补体结合测定（不适用于已接种布氏杆菌疫苗公羊的检查和精液放线杆菌检查）和对死亡公羊剖检以及病理组织学检查等几种方法，并可同时进行病原菌的药物敏感性实验。

鉴别诊断时应注意，由精液放线杆菌和羊棒状杆菌引起的附睾炎通常出现脓肿，触诊坚实但有波动感。另外，应注意与精索静脉曲张区别，后者总是定位于精索蔓状丛的近体端。

必要时，可作布氏杆菌病的血清学检验。

4. *治疗*

（1）药物治疗全身大剂量应用抗生素。局部感染时，在全身治疗的同时，须局部进行引流。急性睾丸炎病畜应停止使用，安静休息；早期（24 小时内）可冷敷，后期可温敷，加强血液循环使炎症渗出物消散；局部涂擦鱼石脂软膏、复方醋酸铅散；阴囊可用绷带吊起；全身使用抗生素药物；局部可在精索区注射盐酸普鲁卡因青霉素溶液（2% 盐酸普鲁卡因 20 毫升，青霉素 80 万国际单位），隔日注射 1 次。无种用价值者可去势；单侧睾丸感染而欲保留作种用者，可考虑尽早将患侧睾丸摘除；已形成脓肿摘除有困难者，可从阴囊底部切开排脓。

由传染病引起的睾丸炎，应首先治疗原发病。

药物治疗可试用周效磺胺并配合三甲氧氨苄嘧啶（增效周效磺胺），但疗效常不佳。对处于感染早期、具有优良种用价值的种公羊，每天使用金霉素800毫克和硫酸双氢链霉素1克，3星期后可能消除感染并使精液质量得到改善。治疗无效者，最终可能导致睾丸变性或精子肉芽肿。优良种畜在单侧感染时可及时将患侧附睾连同睾丸摘除，可能保持生育力。如已与阴囊发生粘连，可先用10毫升1.5%利多卡因行腰部硬膜外麻醉，将阴囊一同切除。

(2) 手术治疗布氏杆菌阳性的患畜，睾丸有严重损伤、脓肿或坏死的患畜，均应将睾丸切除。

(3) 加强护理。

第二节　母畜、产科及犊牛疾病

一、犊牛腹泻

犊牛腹泻又称犊牛拉稀，一年四季均可发生，是犊牛常发的一种胃肠疾病。出生于2~3周龄以内的犊牛尤其易感染此病。其主要特征是腹泻，拉稀便，软便，脱水并且会体重减轻。对犊牛的发育、生长、成活等有很大影响。据报道，世界范围内的奶牛场犊牛腹泻发病率20%~100%不等。所以，对于奶牛场，犊牛腹泻的防治是犊牛饲养管理的重中之重。腹泻分为营养性（如牛奶饲喂过量、牛奶突然改变成分、低质代乳品、奶温过低等引起）和传染性（诸如细菌、病毒、寄生虫等引起）腹泻两种。大肠杆菌是引起新生犊牛腹泻的主要病原菌。

1. 病因

犊牛腹泻的发生，与胎儿发育期的条件以及外界环境的影响有关。

(1) 各种病原微生物轮状病毒、冠状病毒、星形病毒、盏形病毒、微病毒等都可引起犊牛腹泻，而轮状病毒和冠状病毒起着重要的病原学作用。产肠毒素性埃希氏大肠杆菌（ente-rotoxigenicE. coli，ETEC）、弯曲杆菌、沙门氏杆菌、产气荚膜梭状芽孢杆菌等细菌均可引起犊牛腹泻。而这些细菌和病毒在健康的动物体内也是普遍存在的。其中，大肠杆菌感染是犊牛腹泻最常见的病因。

（2）犊牛本身的不良因素犊牛出生后的最初几天，免疫力是很低的，需要依靠初乳提供基本的抗体，若此时初乳饲喂时间过晚，喂量过少或不饲喂初乳，则易使犊牛产生应激反应和疾病的发生，犊牛不能获得足够的抗体和溶菌酶，而导致免疫力降低，发生腹泻。

（3）饲养管理失宜母牛管理不当，如日粮不平衡、不全价，缺乏运动，则使母牛的营养代谢过程发生紊乱，结果使胎儿在母体内的正常发育受到影响，导致新生犊牛发育不良，体质衰弱，抵抗力低下，出生后的最初几天，几乎都易患腹泻；母牛的乳房和乳头不干净，或用患乳房炎母牛的乳汁喂犊牛，也可能是引起犊牛腹泻的另一种途径。

犊牛的饲养、管理及护理不良：犊牛舍过于潮湿或机体受寒；饲喂犊牛的饲槽、饲具污秽不洁，牛舍不清洁，从而增加了发病机会；人工哺乳不定时、不定量、不定牛乳的温度，可妨碍消化机能的正常活动而致病；另外，微量元素的缺乏也可引起犊牛腹泻。

（4）外界环境不良因素的影响另外天气骤变，使犊牛突然手冷和受热，也会引起寒泻或热泻。噪声过大，长途运输和环境该变等均能使犊牛因应激出现腹泻的症状。

2. 症状

大肠杆菌引起的腹泻，最常见的是急性肠炎症状，粪便病初通常是先干后稀，为淡黄粥样恶臭便，继之为灰白色或水样便，有时带有泡沫，随后排便频繁且多带腥臭味，有的呈腐臭味。排

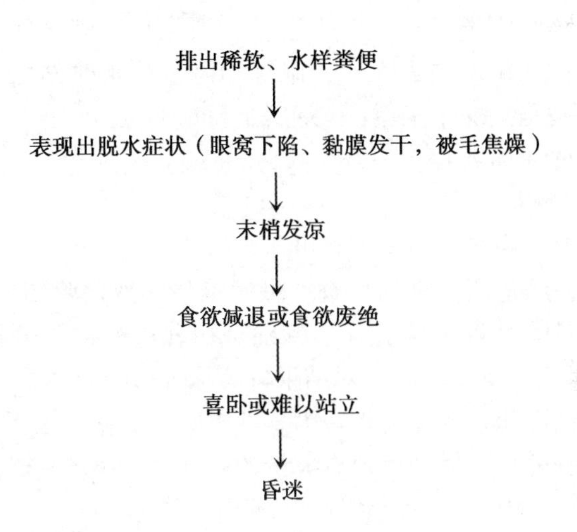

图　犊牛腹泻的病程（引自 SheilaM. McGuirk）

水样粪便时，往往不沾尾毛，如不注意观察易被忽视。病程中期则肛门失禁，常有腹痛，体温升高到 40℃ 以上。后期体温降到常温以下，昏睡，其死亡率在 10% 左右，见下图。

病毒引起的腹泻，往往突然发病，迅速扩散流行，新生犊牛排灰褐色水样便，混有血液、黏液，病犊极度沉郁、厌食，腹泻过后还恢复食欲，往往因过量采食而复发。

由饲养管理不当引起的腹泻，多发生于哺乳期。病初，多呈粥样稀便，淡黄色、灰黄色乃至灰白色。以后，有的排水样呈深黄色，有时呈黄色，也有时呈粥样的暗绿色粪便，臭味不大，若病情严重时有腥臭味。肛门周围、尾毛、飞节及股部常附有粪便。病犊体温一般正常，或稍高或者稍低。脉搏、呼吸稍加快，精神不振，食欲减退或废绝，多喜卧。此外，粪便带酸臭气味，且混有小气泡及未消化的凝乳块或饲料碎片。肠音高朗，并有轻度臌气和腹痛现象。心音增强，心搏增速，呼吸加快。持续腹泻不止时，由于组织、细胞缺水则皮肤干皱且弹性降低，被毛粗乱失去光泽，眼球凹陷。严重时站立不稳，全身战栗。病至后期，体温多突然下降，四肢及耳尖、鼻端厥冷，终至昏迷而死亡。

3. 诊断

主要根据病史、临床症状可作出诊断。但要确诊，必须根据病理变化，肠道微生物的检查，患病犊牛盛液化验韬粪便检查，必要对，对哺乳母牛的乳汁，特别是初乳进行检验分析（可消化蛋白、脂肪、酸度等），对结果进行综合诊断。

犊牛腹泻死亡的主要表现为急性胃肠炎变化。皱胃黏膜充血水肿，覆有胶状液体，胃内有大量的凝乳块。小肠黏膜充血、出血和水肿。肠内混有血液和气泡。肠系膜淋巴结肿大，切面多汁或充血。肝脏、肾脏苍白，有时有出血点。胆囊充满黏稠暗绿色的胆汁，心内膜有出血点。病程稍长的病例有肺炎和关节炎病变。

除从临床上鉴别以外，在流行病学上注意，也可提供参考依据。如大肠杆菌引起的腹泻多发生在1～3日龄；病毒引起的多发于冬季。

4. 治疗

由于引起犊牛腹泻的原因是多方面的，故对本病的治疗，应采取包括改善卫生条件、食饵疗法、药物疗法、补液疗法等措施的综合疗法。维护心脏血管机能，改善物质代谢，抑菌消炎，防止酸中毒，制止胃肠道的发酵和腐败过程是治疗犊牛腹泻的原则。

（1）环境管理首先应将病犊置于干燥、温暖、清洁、单独的牛舍或牛栏内，并厚铺干燥、清洁的垫草（特别是哺乳期的犊牛）；消除病因，加强饲养管理，注意护理。

（2）禁乳疗法为缓解胃肠道的刺激作用，应根据病情减少哺乳次数或令患犊禁乳（绝食）8～10 小时，在此期间可喂给葡萄糖生理盐水，每次 300 毫升；为确定病因，有化验条件的单位应尽量通过实验室检查，选用相应药物进行治疗。

①为排出胃肠内容物，对腹泻不甚严重的病犊，可应用缓泻剂（盐类或油类缓泻剂）。

②在清除胃肠内容物后，为维持机体营养可给予稀释乳或人工初乳（鱼肝油 10～15 毫升，氯化钠 5～10 克，鲜鸡蛋 2～3 个，鲜温牛奶 1 000毫升，混合搅拌均匀），每天饮喂 4～6 次。

（3）助消化治疗。

①含糖胃蛋白酶 8 克，乳酶生 8 克，葡萄糖粉 30 克，混合成舔剂，每天分 3 次内服，临用时加入稀盐酸 2 毫升。

②胃蛋白酶 3 克，稀盐酸 2 毫升，龙胆酊 5 毫升，温开水 100 毫升。混合，灌服。

③人工胃液：胃蛋白酶 10 克，稀盐酸 5 毫升，常水 1 000毫升。亦可加适骨的维生素 C。剂量：犊牛每次 30～50 毫升，灌服。

④嗜酸菌乳，每千克体重 2 克，每天 2～3 次内服。

⑤山楂、神曲、麦芽各 15 克，鸡内金 9 克，上四味炒黄研末，加呋喃西林 0.2～0.4 克，葡萄糖粉 30 克，混合成舔剂，每天 3 次内服。

此外，助消化的药物还可用胰酶、淀粉酶、乳酶生或酵母等。

对于因为营养缺乏而引起的腹泻，可内服营养汤：氯化钠、碳酸氢钠各 4.8 克，葡萄糖 20 克，甘氨酸 10 克，溶于 1 000毫升水内，灌服。并采取对症疗法。

（4）大肠杆菌性腹泻治疗。

①新霉素内服每千克体重 10～30 毫克，肌肉注射每千克体重 10 毫克，每日 2～3 次。

②多黏菌素内服每千克体重3万国际单位，肌肉注射每千克体重2 500国际单位，每日2~3次。

③链霉素每千克体重500国际单位，每日2次肌肉注射，连续3天。

④氟苯尼考每千克体重10~30毫克，每天分4次肌肉注射。

（5）抗炎、补液解毒。

①长效磺胺每千克体重0.1~0.3克，每天一次内服。或磺胺脒，首次量2~5克，维持量1~3克。每日2~3次内服。

②强力霉素，每千克体重0.05~0.075克，每天分3次内服。或首次量1克，维持量0.5克，间隔4~6小时灌服1次。作预防用时，按0.02克/千克体重计算，每日2次内服。

③氨苄青霉素160万国际单位，混于葡萄糖溶液1 000毫升中，静脉注射。

④氨苄青霉素每千克体重7~10毫克，肌肉注射或口服，每天2次。

⑤硫酸新霉素每千克体重10毫克，肌肉注射，每天2次。或2~3克/天，或按每千克体重0.1克，每天3~4次内服。

⑥卡那霉素，剂量：按每千克体重0.005~0.01克，内服。

⑦二性霉素B，按每千克体重0.12~0.22毫克，用5%葡萄糖液稀释成每毫升含0.1毫克的溶液，缓慢静脉注射。

（6）对持续腹泻不止的犊牛，可应用明矾、次硝酸铋、硅酸银、颠茄酊（或流浸膏），内服。必要时亦可灌服鸦片酊。还可应用以下处方。

①粗制土霉素粉1~2克，鞣酸蛋白2克，磺胺脒3克，碳酸氢钠3克。共为粉末，混于牛奶内喂服。

②氟苯尼考1克，碳酸钙粉2~3克，木炭末2克。混于牛奶内喂服（用于犊牛腹泻粪中带血者）。

③喹乙醇每千克体重5毫克，每天1次，拌在料内连喂3天

(用于顽固性腹泻)。

④鞣酸蛋白粉（片）2~5克，白酒5~10毫升，温茶水60~200毫升，混合。一次灌服，每日2~3次，2日为一疗程(用于顽固性腹泻)。

⑤腹腔封闭治疗：一次腹腔内注射10%普鲁卡因溶液，剂量每千克体重1毫克。

⑥锑胺每千克体重0.4~0.8毫克，用灭菌蒸馏水稀释成0.1%~0.5%的溶液，缓慢静脉注射。

⑦鞣酸蛋白3克，药用碳2~3克。拌水灌服，每日2次。

（7）缓解酸中毒可静脉注射5%碳酸氢钠注射液，每次100~200毫升，或1.9%乳酸钠溶液500~1 000毫升。

（8）中药治疗。

①乌梅散：乌梅、姜黄各6克，诃子、黄连、干柿各9克，白头翁15克，水煎去渣，灌服。

②参苓白术散加减：党参、白术、云苓、山药、白扁豆各20克，桔梗、砂仁、陈皮、薏苡仁、泽泻各15克，粟壳10~15克，炙草10克。水煎灌服。

③大蒜20~150克，木炭末20~100克，混合捣成糊状，加2%明矾水20~100毫升，一次灌服。

④胡连、黄连各30克，柿蒂、诃子肉各25克，乌梅肉20克。共为末，开水冲灌服，每日2次连用数天（用于湿热型下痢)。

⑤苍术、猪苓、山楂、神曲各16克，白术、茯苓、桂枝各13克，陈皮、厚朴、甘草、泽泻各9克。水煎灌服（用于寒湿型下痢)。

⑥防己、黄柏、黄芩、槐花各50克。水煎冲蜜糖灌服（用于犊牛白痢)。

⑦槐花炭、地榆炭、荆芥炭、黄芩炭、大黄炭、炒白芍各

10~30克。共为细末，开水冲服，每天服1剂，连服3剂（用于红白痢疾）。

⑧金樱子、芡实子、五味子各5克，五倍子、地肤子各4克。共为细末，开水冲服（用于久痢不止）。

⑨连翘、续断、山豆根各4克，没药3克，地榆、金银花各10克，五倍子8克。水煎灌服（用于血痢）。

⑩黄连、黄芩、黄柏、猪苓、泽泻、米壳、白芍、地榆、麦芽、党参、甘草各10克。水煎，每日分2~3次灌服。

⑪山楂、麦芽各25克，鸡内金15克。炒黄研末，开水冲，候温分3次内服（用于泻粪稀软，气味酸臭，口色红，口臭者）。

⑫乌梅、柯子、姜黄、枯矾各10克，黄连5克。水煎，分3次内服（用于发热，泻粪如粥，泻粪腥臭，尿少而黄，口干而黄，口色红，肠音弱者）。

5. 预防措施

（1）加强对妊娠母牛的饲养管理。

①保证妊娠母牛得到充足的全价日粮，特别是妊娠后期，应增喂富含蛋白、脂肪、矿物质及维生素的优质饲料。

②妊娠母牛的日粮中补充微量元素：氯化钴11.5克，硫酸铜1.62克，氯化锰285.6克，硫酸铁1.625克，混于10千克水中，母牛每日饮喂100毫升。据报道，对初生犊牛的增重和抗病能力都有明显提高。

③妊娠母牛的室外运动，每天不应少于3~5小时。

④卫生预防：包括母牛干奶期、产房、饲喂等卫生管理、产犊的接产、哺乳和饲喂卫生等等。要经常保持母牛乳房的清洁，经常刷拭皮肤。产犊前要清扫消毒好产房，清洗、消毒产犊母牛乳房。

⑤药物预防：据报道，产前10天给怀孕牛每日肌肉注射2

次链霉素（500 国际单位/千克），连续 3 天对于预防犊牛患大肠杆菌病有一定效果；自分娩前 2 个月开始，应用维生素 A、维生素 D 注射液，肌肉注射，每 5 天/1 次，直至分娩。

⑥干奶期乳房炎管理：给干奶牛提供良好的环境，使用干奶药，干奶期乳房炎爆发时，对干奶牛乳头进行药浴，青年妊娠牛乳房炎爆发时也可以使用干奶药和药浴乳头预防。

（2）犊牛腹泻的综合防治措施对犊牛腹泻的预防措施，主要是改善饲养，加强护理，注意卫生。

①增加犊牛机体抵抗力，促进犊牛肠道内快速形成正常菌落，提高肠道菌落维持平衡的能力。对于部分犊牛腹泻的病原，初乳饲喂管理可有效降低其感染率与犊牛腹泻的发病率。初乳的饲喂，可遵循“3Q”原则，即及时（Quickness）、足量（Quantity）和质量（Quality），及时指犊牛出生后 2 小时内饲喂优质初乳、足量指饲喂量达体重 10%、质量指饲喂优质初乳，所谓优质初乳指 1 克 G 含量达 50 毫克/毫升的初乳（尽量饲喂经产牛初乳）。

②采用不同的方式净化舍内环境，降低舍内空气微生物（尤其是致病微生物）含量，使犊牛避免感染致病微生。

目前采用加强通风和消毒是降低牛舍内微生物最常用的方法。牛舍内消毒常用方法是喷雾消毒或熏蒸消毒。喷雾消毒往往不均匀，还可能导致舍内湿度增加；熏蒸消毒刺激性较大，不能带畜熏蒸。

二、新生犊牛脐带炎

新生犊牛脐带炎，是生产中对犊牛危害最大的疾病之一。脐带炎是犊牛出生后由于脐带断端遭受细菌感染而引起的化脓性坏疽性炎症，为犊牛常见多发疾病。正常情况下，犊牛脐带在产后 7～14 天干枯、坏死、脱落，脐孔形成瘢痕和上皮而封闭。由于牛的脐血管与脐孔周围组织联系不紧密，脐带断后，血管极易回缩而被羊膜包住，然而脐带断端常因消毒不好、环境卫生差、助产人员的手和器械消毒不严，之后犊舍拥挤，褥草肮脏、潮湿不常换，犊牛彼此吸吮脐带等而导致细菌大量繁殖，使脐带发炎、化脓与坏疽。引起感染的病原主要为大肠杆菌、变形杆菌、葡萄球菌、化脓棒状杆菌及破伤风梭菌等，且多呈混合感染。脐带感染进一步发展，可出现菌血症以及全身各器官的感染，多见的是四肢、关节及其他器官慢性化脓性感染，破伤风梭菌感染引起犊牛破伤风。

1. 原因

（1）助产时脐带不消毒或消毒不严，或因犊牛互相吸吮，致使脐带感染细菌而发炎。

（2）饲养管理不当，外界环境不良，如运动场潮湿、泥泞，褥草更换不及时，卫生条件较差，导致脐带受感染。

2. 临床症状

脐带炎初期常不被引起注意，仅见犊牛消化不良，下痢，随病程的延长，精神沉郁，体温升高至 40 ~ 41℃，犊牛常常不愿行走。脐带与组织肿胀，触诊质地坚硬，患畜有疼痛反应。脐带断端湿润，用手压可挤出污秽脓汁，具有恶臭味，也有的则因断端封闭而挤不出脓汁，但见脐孔周围形成脓肿。患犊常表现为消化不良，拉稀或膨胀，弓腰，瘦弱，发育受阻。如果及时治疗，一般愈后良好。

值得注意的是犊牛脐带炎诊断时与脐疝症状较相似，要注意区别，严防误诊。与脐疝的类似处是脐部肿胀小，不同处是肿胀处无热痛，质地柔软，触摸无痛感；可触摸到网胃或皱胃，将内容物慢慢送回腹腔内，肿胀消退后，可摸到疝孔。

3. 预防措施

在预防措施上，脐带炎是犊牛常见的易发病，如及时治疗一般愈后良好，为了减少此病发生，更重要的是采取合理的断脐措施和日常防护。

(1) 产前应对产房和犊牛舍进行彻底清扫和消毒，垫以清洁干燥的褥草。

(2) 做好犊牛脐带的处理和严格消毒工作。消毒要确实，剪脐带时应在离腹部约5厘米处剪断，再用10%碘酊将断端浸泡1分钟。并注意防止脐带断头过短而回缩到肚脐里不好消毒以致造成感染。

(3) 加强断脐后犊牛的护理工作，保持良好的卫生环境，运动场所和圈舍清扫干净，定期用1%～2%火碱消毒，勤换褥草，保持干燥，空气清新。喷洒杀蝇剂，防止污染和苍蝇叮咬。可用敌百虫、敌敌畏或蝇毒磷杀虫剂，消灭舍内苍蝇。

(4) 新生犊牛应单圈饲养，避免犊牛在污处、湿处趴卧，避免犊牛相互吮吸脐带，防止疾病发生。

(5) 为防止脐带断头部被苍蝇叮咬、产卵所造成的危害，可用柴油涂抹伤口，既可消炎、止血，又不招苍蝇，伤口愈合得也快。还可用松馏油200毫升、滴滴涕乳剂300毫升、敌百虫15克、来苏尔10毫升、石碳酸10毫升，混合配成灭蛆防蝇消炎膏，也有很好的灭蛆效果。

4. 治疗

治疗犊牛脐带炎，首要条件是消除炎症，防止炎症的蔓延和胴体中毒。为防止病情恶化或转化，可用抗生素和磺胺类药物。病初可用青霉素100万单位，0.25%普鲁卡因溶液20毫升，在脐部周围封闭。用一般消毒液清洗干净局部，清除坏死组织和异物。再选用药物治疗。

(1) 局部治疗。

①3%～4%来苏尔溶液，用棉花冲洗局部，再用碘仿局部涂擦。也可用1%～2%高锰酸钾清洗局部，并用10%碘酊涂擦。

患部周围肿胀，可用青霉素60万～80万国际单位分点注射。

②如已形成脓肿时，应先用外科手术切开排脓，再用3%过氧化氢冲洗，内撒布碘胺粉。或者用4%敌百虫溶液处理化脓性脐带炎，因为敌百虫虽是有机磷制剂。但具有消炎与杀菌作用。如与甘油、软膏类配伍，可治疗奶犊牛的炎症和化脓创等，有明显的局部消炎，收敛和促进皮肤愈合的好作用。如形成脐瘘也可用敌百虫把药用棉花卷在木棒上，取适量敌百虫粉剂，送入瘘管内，1次/天，连用3天，效果明显。敌百虫可单独使用。

③对久治不愈的脐带伤口，可用4%敌百虫水消毒后，用具有消炎、消肿的芦荟，或龙爪去皮后的茎叶的滋液涂抹伤口，可很快痊愈。脐带回缩在肚脐里形成脐漏时，用此法也有好的疗效。

④脐带发生坏疽时，应先除去坏死组织，用敌百虫溶液清洗。然后涂碘酊包扎。或涂以碘仿醚（碘仿1份，乙醚10份），也可用硝酸银、硫酸铜、高锰酸钾粉涂擦。

⑤如有赘生肉芽，用石碳酸、硝酸银或硫酸铜等进行腐蚀后，撒布碘仿、磺胺粉或用冰片、樟脑、雄黄、血竭、锻石膏、锻明矾，各等份为末，制成撒布剂撒布包扎处理，如脐带炎累及肝和膀胱，应对症进行全身治疗。

（2）全身治疗。

可用磺胺、抗生素治疗，一般常用青霉素60万～80万国际单位，一次肌肉注射，每天2次，连用3～5次。如有消化不良症状，可内服磺胺脒、苏打粉各6克，酵母片或健胃片5～10片，每天2次，连服3天。

三、犊牛消化不良

犊牛消化不良症是消化机能障碍的统称，是哺乳期犊牛常见的一种胃肠疾病，其特征为不同程度的腹泻。本病可因腹泻及机体代谢紊乱引致中毒而表现为一种综合征。临床经过可分为单纯性消化不良和中毒性消化不良两种类型，前者主要呈现消化和营养的急性障碍和轻微的全身症状，而后者呈现严重的消化障碍，机体内中毒以及明显的全身症状。犊牛消化不良具有群发性，但一般不具有传染性。该病对犊牛的生长发育危害极大，要及时治愈，必须弄清引发该病的原因，并采取综合防治措施。

1. 病原

犊牛消化不良多发生在出生后，吮食初乳不久或经 1～2 天后发病，2～3 个月龄后发病逐渐减少。

(1) 饲养管理不当发病多在吸吮母乳不久，或过 1～2 天发病。犊牛吃不到初乳或量不足，使体内形成抗体的免疫球蛋白来源贫乏，导致犊牛抗病力低。如人工给乳不足，乳的温度过高或过低，由哺乳向喂料过渡不好等，均可引起该病发生。

(2) 妊娠母牛的不全价营养尤其是蛋白质、维生素、矿物质缺乏，可使母牛的营养代谢紊乱，影响胎儿正常发育，犊牛发育不良、体质衰弱，抵抗力低下。如母乳中缺乏维生素 A 时，可引起犊牛消化道黏膜上皮角化；维生素 B 不足时，可使胃肠蠕动机能障碍；维生素 C 缺乏时，可减弱幼畜胃的分泌机能。

(3) 犊牛周围环境不良如温度过低、圈舍潮湿、缺乏阳光、闷热拥挤、通风不良等。

2. 发病机理

由于犊牛在出生后一段时间内，消化器官、免疫系统、神经调节等尚未发育完全，以上的这些原因致使犊消化异常，肠道内酸碱平衡失调，致使肠道分化、蠕动、吸收机能障碍而发生腹泻，进而体液和电解质流失，引起脱水。肠道内异常分解产物和细菌毒素的吸收，经门脉进入肝脏，破坏了肝的解毒功能而发生自体中毒，毒素刺激中枢神经系统造成机能紊乱，患病犊牛呈现精神沉郁、昏睡、痉挛等症，并引起各器官系统的机能障碍。

3. 临床特征与表现

单纯性消化不良：犊牛精神不振、食欲减退或拒食、体温正常或稍低，不愿活动，多躺卧，进行性消瘦，开始时排粥样稀粪，以后排深黄或暗绿色水样粪便，粪便带酸臭味，混有泡沫、黏液或未消化的白色的凝乳块或饲料碎片、尾根、肛周和后躯股部沾满污粪，肠蠕动增强，肠音高亢，腹痛，有轻微臌气，持续性腹泻后机体脱水如皮肤干燥，缺乏弹性，眼窝下陷，心跳加快，呼吸迫促，严重时站立不起，全身震颤，衰弱无力，如不及时治疗，可发展为中毒性消化不良，也极易继发支气管肺炎，病情更加恶化。

中毒性消化不良主要呈现重剧性腹泻，自体中毒和全身机能明显障碍，如病犊精神委顿，目光呆滞，食欲废绝，体温升高，结膜苍白，微黄染，急剧消瘦，衰弱无力，躺卧不动，频频排出大量黏液和血样稀粪，多呈灰色或灰绿色，带有强烈腥臭味，肛门松弛，排便失禁，失水症状更明显，心跳加快，心音混浊，脉细弱，呼吸更浅表疾速，黏膜发绀，严重时皮肤感觉降低，反应迟钝，肌肉震颤，最后体温突然降低，四肢及耳鼻末梢冷厥，昏迷死亡。

4. 诊断

根据临床表现：该病以腹泻为特征，初期犊牛精神尚好，以后随着病情加重而出现相应的症状，腹泻、粪便呈粥状水样黄色或暗绿色不等、肠鸣音高亢、有鼓气腹胀表现。脱水时心跳加快，皮肤无弹性，眼球下陷，精神不振，衰弱无力，站立不稳。根据临床症状，结合发病情况和病因，进行分析即可确诊。

5. 预防

注意饲养，加强管理，改善卫生条件，合理饲养怀孕母牛，保证孕畜全价饲喂，尤其是怀孕后期，增加蛋白矿物质及维生素饲料，改善环境卫生，经常刷拭牛体，保持乳房清洁，保证有足够的户外活动，确保初生犊牛体壮少病。

避免应激，新生犊产后1小时内必需吮食到初母乳，哺乳期犊牛的饲喂，必须坚持“三定”，饲养用具勤洗刷，经常消毒。增加运动和光照，提高犊牛的抵抗力。防止脐炎和犊牛衰弱。圈舍既要防寒保暖，又要通风透光。做到定期消毒，定期更换垫草。

6. *治疗*

应采取食饵疗法，药物疗法和改善饲养管理，加强护理，以恢复各器官机能，提高机体抵抗力等综合措施。

首先应根据以上病因叙述，消除病因，改善卫生条件，加强犊牛的护理，犊舍冬季要保暖，清洁干燥，病犊应单独饲喂。

为缓解胃肠负担，可施停乳疗法，禁食8~12小时，此期间可口服补液盐，每公斤按20~50毫升补液。或饮适量微温的红茶水；为排除胃肠内容物在腹泻不重的犊牛可用盐类和油类缓泻剂，也可同时用温水灌肠；

腹泻缓解后，可给予稀释乳，每天少量多次喂，喂以人工胃液（胃蛋白酶10克，稀盐酸5毫升，温水1 000毫升）适当补充维生素B和维生素C各5~10克/次。每日二次灌服。促进消化补充胃蛋白酶每次20~30片，乳酶生每次20~30片。

防止胃肠道感染：可用庆大霉素20万~40万国际单位一次肌肉注射，细胞色素C注射液15~45毫克、樟脑磺酸钠5~10毫升，每日2次，连用3天。

为防止肠内腐败发酵，可选用乳酸菌素、萨罗等止酵剂，缓解腹泻不止可用鞣酸蛋白、次硝酸铋、硅酸银或颠茄酊，对脱水的犊牛，为恢复体液和水盐代谢，病初可饮用生理盐水，每次500毫升，犊牛还可静脉输平衡液（氯化钠8.5克、氯化钾0.2~0.3克、氯化钙0.2~0.3克、氯化镁0.2~0.25克、碳酸氢钠1克、葡萄糖10～20克、安钠咖0.2克、青霉素80万国际单位)，首次1 000毫升，维持量500毫升。为提高机体抵抗力，可行输血疗法，犊牛每千克体重输血5毫升。

四、犊牛血尿

犊牛血尿又称犊牛水中毒或阵发性血红蛋白尿。多发生于断奶前后的犊牛，由于口渴犊牛遇水后一时性大量饮水而引起。本病常呈急性发作，以6月龄内的犊牛最易发生。主要以精神沉郁、腹围增大、嘴流涎和吐白沫、排出红色尿液等为主要特征。

1. 发病原因

犊牛水中毒的发生原因有下面几个方面，首先是天气炎热、气温过高或驱赶犊牛走路，犊牛出汗多，缺失盐分，饮水次数又少，因管理不当导致犊牛一次暴饮大量温水或冷水引起，阴雨天气时发病少。其次是犊牛断奶前后，特别是6月龄内的犊牛处于断奶前后，改喂饲料饲草，采食干物质和精料量增加，需要的水分增多，饲养人员又未能及时增加供水次数，或其他原因不能增加供水次数，都可造成犊牛一次暴饮大量水而发病。如冬天气温低时，犊牛喜欢饮温水，造成一时饮水过多。一般地说，犊牛一次饮水超过10千克，就有可能发生水中毒。还有资料表明，哺乳期犊牛精料过多，粗饲料缺乏时，瘤胃发育不良，皱胃负担过重则易发育而导致其扩张，为大量饮水直接进入皱胃和肠道创造了条件，这也是致本病的一个原因。

2. 发病机理

正常情况下，肾脏排出水主要受垂体后叶的抗利尿激素所控制，机体摄水不足，血液中的抗利尿激素的浓度升高，导致尿液排出的速度、排出量降低和减少；以保护体内水分不从尿中排出，临床上现无尿或少尿，尿的浓度升高。反之，饮水过多，则血中的抗利尿激素较少，则尿排出量增加。

犊牛的真胃和瘤胃发育较快，在断奶前后其容积已相当大，因此，口渴时一次能饮大量水。但此阶段犊牛对水盐代谢的调节机制尚不完善，饮入大量不含盐的水后，使胃肠内容物渗透压明显下降，当其明显低于血浆渗透压时，肠内水分就会大量渗入血液。犊牛肾功能弱，不能通过肾迅速将水排出体外，导致血浆渗透压下降。正常情况下，犊牛可通过神经-内分泌系统对肾脏的控制和调节增强利尿反应，从泌尿系统排出过多的体内水分，不发生水中毒。在犊牛严重缺水时，可反射性地引起垂体后叶分泌血管加压素，通过血管加压素的作用，来保护体内水分，这时利尿反应降低，表现为少尿或无尿。血管加压素的作用必须经过6小时以上才能解除，如果在这段时间内给予大量饮水，不可能由少尿或无尿转变为多尿，势必造成组织蓄积大量水分。过多的水分使血液中红细胞发生溶解，血红蛋白从尿中排出，形成了血红蛋白尿。过多的水分还能使脑组织细胞更加胀满，从而出现类似大脑水肿的神经症状。

3. 临床症状

犊牛暴饮大量水后，瘤胃迅速膨大，经1小时左右，最快的只经15分钟，即见排出红色尿液。尿浅红而透明，或暗红、紫红，排尿次数多、尿量少。轻症犊牛表现精神沉郁，神态呆滞，腹痛，起卧不安，排稀粪。排一次或几次红色尿液后即好转。有的患犊在瘤胃膨胀时，出现精神紧张，呼吸困难，出汗，口吐白沫，从一侧鼻孔流出少量红色泡沫样液体，伸腰，回头观看，后肢踢腹，从肛门排出少量稀粪，眼结膜苍白或发绀，鼻干，耳尖凉。同时频频排出红色尿液，以后可逐渐变深变浓变暗，呈咖啡色。体温正常或偏低，呼吸、心跳加快。对周围环境反应淡漠。重者突然卧地或起卧不安，出现战栗，肌肉震颤，共济失调，阵发性或强直性痉挛，皮肤弹性减退，心率130次/分钟以上，有的出现短暂角弓反张，甚至昏迷等神经症状，个别的可能很快死亡。

4. 诊断

犊牛一次性暴饮大量的水（10～20千克），饮水后1～4小时从尿中排出红色尿液，尿液检验，不论尿红色深浅都透明，尿蛋白检验阳性。即可确诊。

尿沉渣镜检，仅见少数白细胞、肾上皮组织或尿道上皮细胞，有时也可看到极少量红细胞，血液常规检验无明显变化。

剖检可见肾呈暗红色，膀胱里充满红色尿液，气管和肺切面有红色泡沫样液体。

但应注意和以下几种疾病的鉴别诊断。

（1）泌尿道出血尿道出血时，除尿液变为红色外，尿沉渣检验可见大量红细胞。最后尿液正常。

（2）膀胱出血膀胱出血见于膀胱炎，通常出血量少，在最后的排尿出尿液中才含有血液，血液鲜红，有时有小凝块混在尿中，当膀胱壁损伤，膀胱壁血管破裂时有大量的血液排出。

（3）肾脏出血肾脏出血时，出血量多少不定，多成血丝状。

（4）牛梨形虫病主要在蜱大量繁殖的季节发生。呈急性经过，病犊体温升高至40～41℃，呈稽留热型，尿液红色，发病时血液或尿液中可检出梨浆虫体。

（5）钩端螺旋体病病犊体温升高，发病后3天内，尿中含有钩端螺旋体。

（6）犊牛副伤寒犊牛副伤寒体温升高，肺炎症状明显，腹泻，排出稀汤样内含黏液、血液的腥臭稀粪，并有关节炎。

5. 治疗

治疗原则是强心利尿、止血、抗菌消炎，防止继发感染。加强饲养管理，做好犊牛的饮水供应与喂量。

发病轻的犊牛，可少量多次饮水，杜绝一次暴饮过量水，病犊可以逐渐康复，不治而愈；

病情较重者采取利尿、止血、防感染等措施加以治疗。

（1）安神利尿可静脉注射20%葡萄糖液200～300毫升、40%乌洛托品20～30毫升。

（2）止血可用维生素K35毫升，一次肌肉注射，每天2次，或仙鹤草素10～20毫升，或安络血10～20毫升，一次肌肉注射，每日1～2次。

（3）防继发感染可用青霉素80万国际单位、链霉素100万国际单位一次肌肉注射，每日注射2次。10%葡萄糖液1 000～1 500毫升、氢化可的松400毫克、四环素200万～250万国际单位，一次静脉注射。

注意药物的用法与用量应根据犊牛的病情和日龄合理选择。

6. 预防

加强饲养管理，增强责任心，做好饮水供应，防止一次暴饮现象。在炎热的夏天，要备足清水，让犊牛自由饮水或多次少量给水。最好让其饮用浓度低于0.5%的食盐水，但每只犊牛每天的盐用量不得超20克，夏天要有降温设备；在严寒的冬季，应让犊牛饮温水，水要加温至27～35℃，以防水池中的水冻冰；春季冰雪融化，放牧时一定要控制犊牛饮水过量。断奶前后增添精料后，更要注意犊牛饮水的次数和均衡性。哺乳期犊牛要注意饲料里粗纤维的含量，不能饲喂过多精料，以促进瘤胃的发育，这样也可以起到预防水中毒的作用。

五、新生犊牛窒息

新生犊牛窒息又称假死症，指新生犊牛在刚出生时，呼吸困难或无呼吸动作，仅有心跳。该病也是一种犊牛常见病，如果不及时采取抢救措施，常常引起新生犊牛死亡。

1. 病因

主要是由于母牛分娩时产道狭窄、胎儿过大或胎位异常，强迫胎儿产出，或助产延迟，使分娩时间延长或胎儿产出受阻，致使新生犊牛窒息；胎盘水肿，胎儿倒生时，由于产出缓慢或被脐带缠绕或受压迫，及子宫痉挛性收缩，造成胎儿循环障碍；分娩时第一胎囊破裂，排出第一胎水后1小时仍不见胎儿前肢和头部露出阴门外，易造成新生犊牛窒息；分娩前母牛因患有某些热性病或严重的全身性疾病，胎盘过早脱离母体，使胎儿严重缺氧，二氧化碳在胎儿体内急剧积聚，刺激胎儿过早发生呼吸反射，吸收羊水等发生窒息，此种情况常见于青年母牛第一胎或胎儿过大时；胎儿产出时鼻端或头颈窝在墙角、尿沟内不能呼吸或产出后因气温过低受冻等均可引起窒息。牛的饲料营养不平衡，是造成犊牛在母腹中缺氧的因素之一。尤其是在饲料（干草）喂量过少和缺乏富含碳水化合物饲料时，喂饲大量质量不好的青贮料、半干青贮料，更容易促成犊牛在母腹中缺氧。

2. 临床特征与表现

根据其发生窒息的程度不同可分为绀色窒息和苍白窒息。

绀色窒息是一种轻度窒息，由于血液中的二氧化碳浓度过高，可见黏膜发绀，犊牛软弱无力，心跳和脉搏快而弱，肌肉松弛，口和鼻腔内充满黏液及羊水，舌垂于口外。呼吸微弱而急促，间隔时间长。有时张口呼吸，喉及气管有明显的湿罗音，特别是喉及气管更为明显。四肢活动能力微弱，心跳快而弱，角膜反射尚在。后躯常粘有胎粪。

苍白窒息又称重度窒息，仔畜呈假死状态，呼吸停止，缺氧程度严重，黏膜苍白，休克，卧地不动，全身松软，反射消失，心脏跳动微弱，脉不易摸到，生命力非常微弱。

3. 诊断

犊牛离开母体后窒息症状表现：鼻子不通气，腹壁频频波动，上呼吸道呼噜呼噜作响。根据临床症状，结合发病情况和病因，进行分析即可确诊。

4. 预防措施

（1）首先产房应该宽敞干净地面铺上清洁干燥的垫草，定期做好消毒工作。夏季防暑，冬季防寒。

（2）建立产房值班制度，对产房工作人员培训无论母牛何时分娩，都要有人看护，提前做好接产和胎儿护理的准备工作。注意观察母牛分娩过程、及时检查胎儿情况，接产时应特别注意对分娩过程延滞、胎儿倒生及胎囊破裂过晚者及时进行助产，对胎位异常的母牛要及时矫正，不要盲目注射催产药物。正确护理犊牛，发现新生犊牛异常时应及时处理，防止发生窒息或死亡。

5. 治疗

犊牛窒息时，先用干净的纱布或毛巾把口腔内和鼻孔内的羊水擦拭干净。之后再采取以下的方法抢救。

（1）给犊牛冷刺激向其面部浇冷水，以刺激其面部神经，激发其大脑的呼吸中枢，恢复呼吸。

（2）倒提犊牛产程延长或助产产出的胎儿，首先用干净纱布擦净新生犊牛鼻孔及口腔内的羊水，倒提仔畜，有节律地抖动并轻拍和按压胸腹部，促使呼吸道内黏液排出。如仍无呼吸，可施行人工呼吸或输氧。

（3）对新生犊牛进行人工呼吸法在做人工呼吸时，必须耐心，直至犊牛出现正常呼吸才可停止。操作方法是先将其背部垫高、头部放低，取直径约7.0～9.5毫米的橡皮胶管，经口腔或鼻孔插入气管内，在橡皮胶管的外露端口用纱布单层包住，用嘴向胶管内间歇吹气，15～20次/分钟，每次吹气后用手轻压胸壁，使窒息犊牛的肺脏慢慢膨胀，直至犊牛出现正常呼吸和心跳。对严重窒息症的犊牛成功率高，改善犊牛脑部缺氧效果明显，及时实用。做人工呼吸的同时，可使用刺激呼吸中枢的药物如山梗茶碱5～10毫克、25%尼可刹米油溶液1.5毫升等，皮下注射效果较好。有条件的可以输氧。或者针刺鼻盘的鼻中穴、鼻俞穴、承浆穴、山根穴等穴位，以诱发呼吸。

注意事项：每次吹入犊牛肺部的气量可达1.2升左右，气中含有16%以上的氧气，可满足胎犊缺氧的需要，同时还有二氧化碳，可刺激胎儿的呼吸中枢，有助自动呼吸的恢复，但口对鼻吹气时必须要缓慢，以防止肺泡破裂。

（4）应用刺激呼吸中枢的药物用酒精、樟脑磺酸钠、氨水浸湿棉球给犊牛鼻腔嗅闻刺激兴奋呼吸运动；或用如山埂菜碱5~10毫升，或25%尼可刹米1.5毫升，一次肌注。

（5）预防并发症窒息缓解后，为纠正酸中毒，可静脉注射5%碳酸氢纳液50~100毫升，10%葡萄糖酸钙20毫升；健康新生犊牛对低血糖抵抗力强，而缺氧伴有酸中毒的新生犊牛的低血糖则是个危险因素，为此可用10%葡萄糖溶液静脉注射，用量100~5 000毫升/次；为预防继发呼吸道感染，可肌肉注射抗生素。

六、阴道脱出

奶牛阴道脱出指病牛阴道底壁、侧壁和上壁一部分组织肌肉松弛扩张，连带子宫和子宫颈向后移，使松弛的阴道壁形成折裳嵌于阴门之外（又称阴道内翻）或突出于阴门之外（又称阴道外翻）。阴道脱出是指可以是部分阴道脱出，也可以是全部阴道脱出。本病多发于奶牛妊娠后期，但产后也有发生。是奶牛常见产科疾病之一，以经产牛、老年牛、体弱牛、营养不良特别是钙磷不足及缺乏运动的怀孕奶牛发病较多。如不及时治疗，奶牛多由于阴道黏膜炎症导致组织坏死，继发全身感染与长期不孕。轻者影响母牛繁殖，重者危及生命。

1. 原因

（1）奶牛年老体弱、营养不良，便秘或腹泻，或有瘤胃鼓气、瘤胃积食等，全身组织张力降低，腹内压加大，引起阴道脱出。

（2）妊娠后期，胎儿过大、双胎、胎水过多等，致使腹内压增高，腹内器官向后推压子宫与阴道，引起本病。

（3）因为此病在分娩前后、发情期患卵巢囊肿时较多见。妊娠后期胎盘产生的雌激素过多，或喂给含雌激素过高的饲料，使固定阴道的组织与韧带松弛，从而发生阴道脱出。

（4）饲养管理不善。运动量小，饲料单一，日粮中缺乏常量元素及微量元素，饲喂发霉饲料，产生的毒素引起阴门肿胀，卵泡囊肿，导致阴道脱出。特别是年老、经产牛和体弱膘情差的牛易患此病。

（5）母牛难产时，因助产不当、用力过度，致使产道受到拉扯，引起阴道脱出。

（6）母牛产后由于产道受到强刺激等因素，造成努责过强，阴道脱出。少数患卵巢囊肿的牛，也可继发阴道脱出。或者配种操作不当，阴道受到异常刺激，难产或患卵巢、子宫疾病等可引发或继发本病。

（7）中兽医则认为与冲任虚损有关。由于精亏血少，冲任两损，不能系胞，故腹部重坠、子宫脱垂或阴道外脱。又肾中精气亏虚、冲任不固，因而分泌物增加，污秽不净。肾中精血不足，不能滋养脏腑，荣舌充脉，故舌质淡、苔白、脉细弱。

2. 症状

阴道部分脱出主要发生在产前。病初或症状较轻时，病牛卧下后可见到鹅蛋大小或拳头大小的红色球状物脱出于阴门外面，站起后立即缩回，随着病程延长，卧下时脱出的阴道逐渐增大，黏膜干燥或粘有泥土等。

病情严重时，病牛站立时阴道也脱出于阴门外面，有时在其末端可见到子宫颈口。脱出的阴道黏膜，初期表现光滑、湿润，呈粉红色。如脱出时间较长，阴道黏膜因牛卧下时与地面摩擦则黏膜充血、水肿，逐渐变为紫红色或暗红色。黏膜表面干燥，甚至裂开，并有带血的液体流出，此时阴道无法自行缩回。病牛往往由于疼痛常伴有努责，尾根部有分泌物的结块。隔着脱出的阴道壁可触摸到胎儿和子宫的前置部分。有时可见到膀胱经尿道外翻脱出，呈苍白色球状。个别病牛还可继发直肠脱出。

在产前完全脱出时，因阴道和子宫颈受到刺激，可引起直肠脱，胎儿死亡及流产。病畜精神沉郁，脉搏快而弱，食欲减弱，常有瘤胃鼓气。

3. *治疗*

针对不同的奶牛病情还有许多的方法，部分脱出且能自行缩回者，宜单独饲养。应防止脱出部位继续增大，避免损伤及感染。因此，改善饲养管理，增强体质，并常保持前低后高的站立姿势，防止病情恶化。同时适当增加运动，减少卧下时间，给易消化的草料。对便秘、腹泻、瘤胃弛缓等应及时治疗。为防止流产，肌注孕酮50~100毫克，分娩前20日左右停止注射。

对于完全脱出、严重的部分脱、反复脱出的，需进行局部清理和整复、固定，并配合药物治疗。防止阴道创伤、水肿、坏死的发生。

(1) 保定。把病牛置于前低后高的牛栏内或牛床上站立保定，以利整复。

(2) 局部清理。将脱出部分用生理盐水或0.1%高锰酸钾液、0.05%~0.1%的新洁尔灭液、0.1%雷弗奴尔液消毒，再用2%~3%温明矾液清洗，使其收缩变软，感染发炎处涂以抗菌消炎药，损伤部位缝合，对水肿严重的用热毛巾温敷20~30分钟，使其体积变小、变软。如有坏死，需把坏死部分剪去并缝合。

(3) 整复。先由助手用消毒纱布把脱出的阴道托起到阴门部位，术者在病牛不努责时，用手把脱出的阴道从子宫颈开始往阴门内推，在全部送入后，再用拳头把阴道顶回原位，此时手臂在阴道内停留一段时间，以避免努责时阴道再次脱出。最后再将青霉素或氨苄青霉素粉涂于病牛阴道壁。

（4）阴门缝合与固定。可采用双内翻缝合法固定或袋口缝合法加以固定。即用粗线或四股18号缝线在阴门裂的上1/3处，从一侧阴唇，距阴门裂3厘米处进针，从距阴门裂0.5厘米处穿出，越过阴门在对侧，距阴门裂0.5厘米处进针，从距阴门裂3厘米处穿出。然后再在出针孔之下约2~3厘米处进针，作相同的对称缝合。从对侧出针，束紧线头，打一活结，以便拆除。必要时根据阴门裂的长度再用上法作1~2道缝合，但要留下阴门下角，以便排尿。也可作圆枕缝合、纽扣缝合或袋口缝合。无论哪种缝合法，缝线应牢固，并能承受很大的压力。缝线的外露部分要套上乳胶管。缝合时，下针要深，并尽量靠近两侧坐骨结节。怀孕后期的临产牛，缝合后要密切观察，一旦出现分娩预兆，应立即拆线。缝合后还可用特制的子宫压定器（或直径10~12厘米的铜环、塑料环）按压在外阴部，用4~5根细绳把压定器与病牛颈部，胸部、腰部的细绳固定好，注意每次排粪后，要用0.1%新洁尔灭冲洗净。

对卧地不起的骨软症及衰弱的病畜，如经治疗也无法制止努责，甚至引起直肠脱，应作直肠检查，确定胎儿的生死。如胎儿是活的又接近临产，可行人工引产或剖腹产；如胎儿已死，不管离产期长短，均应进行引产或剖腹产。

脱出的阴道整复后，在阴门两侧0.5厘米处，自由取穴位注射95%的酒精100毫升和2%的普鲁卡因80毫升的混合液，每个穴位40~60毫升，连续注射2次，也可防止再脱出。

（5）护理。术后把病牛置于前低后高的牛床上单独饲养，不要让母牛卧下，强行站立与运动。为防止努责可注射镇静剂，每天往阴道内涂以碘甘油或灌注高效米先等药，如有全身症状，应注射3天抗菌消炎药，完全愈合后拆线。

（6）为避免脱出的阴道有严重感染，施以全身疗法。

①5%葡萄糖氯化钠溶液1 500毫升，维生素C注射液40毫升，10%安钠咖20毫升，混合1次静注。

②霉素G钾480万国际单位，链霉素200万国际单位，安痛定20毫升，混合肌肉注射，2次/天，连用3天。

（7）中医疗法。

①并配服“加味补中益气汤”或“枳壳益母散”，加速病愈。加味补中益气汤：黄芪60克、党参30克、甘草12克、陈皮15克、白术30克、当归21克、生麻15克、柴胡30克、生姜12克、熟地9克、大枣3个为引，每日1剂，连服3剂。

枳壳益母散：炒枳壳30克、益母草30克、炙黄芪24克、党参30克、当归15克、生麻15克，每日2剂，连服3剂。

②当归40克、红花30克、川芎30克、桃仁25克、炮姜20克、建曲60克、神曲60克、麦芽60克、陈皮40克、甘草20克，共为末，1次灌服，1剂/天，连用2天。

（8）其他疗法。另外，近几年国内有许多新的治疗阴道脱出的方法，如花椒、冰片治疗牛阴道脱出，“尾根穴”麻醉治疗牛阴道脱出，阴道内放置饮料瓶治疗牛阴道脱出等方法都取得了良好的治疗效果。

4. 治疗时注意事项

母牛阴道脱出后要及时进行整复治疗，整复前应先做清淤及消毒工作，如有创伤应同时，做缝合处理，整复过程中牛体要保持前低后高，术者的动作应轻缓、耐心、切忌动作粗鲁，那样极易使阴道黏膜受损，使用青霉素时最好用钠盐而不用钾盐，以免造成高血钾，阴道水肿严重的应注意消肿。

5. 预防

应加强奶牛日常的饲养管理，对体弱消瘦的母牛或年老经常产仔的母牛，不饲喂过多粗糙的饲料，供应全价日粮，要在母畜日粮中添加鱼粉、豆饼、骨粉、贝壳粉、胡萝卜和麦芽等，以满足奶牛营养需要。经常检查饲料，严禁喂给发霉变质饲料。

适当增加运动，经常刷拭畜体，以促进血液循环，保证奶牛健康与强壮。适当控制妊娠后期精粗饲料喂量，每次不要喂的过饱。在怀孕后期，更要细心护理，不要长久卧地不起，不要让母牛长期站立或卧在前高后低的厩舍内，因病卧低时，要适当垫高。提高兽医人员及接产人员的助产质量，尽量让奶牛自然分娩，减少与防止助产不当、过度用力引起的产道损伤。患有瘤胃鼓气、下痢、便秘、分娩瘫痪、直肠脱出、积食、产前截瘫、阴道过分受刺激、产后努责过强及严重的骨软症卧地不起等疾病，要及时治疗，防止继发阴道脱出症。

对轻度阴道脱出，站立后能自行缩回的病牛，不必进行治疗，可把这类牛饲养在前低后高的牛床上，使后躯高于前躯8～10厘米，避免长时间卧地，保持牛床清洁、干燥，勤换垫草，每天增加运动与放牧时间，喂给易消化的饲料。

对临产的母畜阴道脱出的治疗，剖腹产是最有效的措施，常规保守疗法虽然有效，但效果明显不如剖腹产好。业已证明，腹压大，阴道壁软组织松弛，阴道脱出才会发生而造成脱出的动力正是增高的腹压。阴门圆枕双内翻缝合阻止不住来自腹腔的压力，因此出现努责时圆枕缝合撕裂阴道再次脱出的现象。当剖腹产后，腹压下降阴道来自腹腔的压力消失造成脱出的动力没有了，所以阴道全脱得以治愈。值得注意的是，选用哪一种方法治疗阴道脱出要依病情而定，不能盲目的只用剖腹产手术疗法。当腹腔压力不是太大，圆枕缝合能够阻止来自腹腔的压力时，也可以采用常规保守疗法。

七、持久黄体

母牛黄体在超过正常时限而仍然存在且保持正常功能者，称为持久黄体。这种黄体的组织结构和功能与妊娠黄体或发情周期黄体没有区别，同样可以分泌孕酮抑制卵泡发育，使发情周期停止循环，引起不育。此病多见于母牛，而且多数继发于某些子宫疾病，原发性的持久黄体在子宫处于正常未孕状态的牛及其他家畜均比较少见。囊肿黄体演变成持久黄体的极其稀少，妊娠黄体一般在产后7天之内完全退化，大多数不会转变为持久黄体。

1. 病因

（1）饲养管理不当。饲料单纯，品质差；饲料配合不全，矿物质、维生素不足或缺乏；高产牛分娩后产乳量高而持续，尤其在冬季，寒冷且饲料不足，往往发情延迟且易患本病。

（2）子宫疾患。如慢性子宫内膜炎、胎衣不下、子宫复旧不全，常伴有黄体停留，当子宫内存在异物，如胎儿浸溶、胎儿木乃伊、子宫积水、子宫蓄脓、子宫肿瘤等，都会使黄体吸收障碍，而称为持久黄体。多发于慢性子宫炎、干胎或流产、胎衣不下、体质瘦弱、产后子宫弛缓、复位不良的母牛。

（3）全身性疾患。如患结核病、布鲁氏菌病等。

持久黄体病因复杂，它与机体状况如营养过肥与过瘦，泌乳过高等有密切关系。因此，在了解持久黄体的病因时，不只是黄体滞留，也是整体性的卵巢机能不全和衰退的表现。

2. 临床特点和表现

卵巢体积稍增大，呈现不规则突起，部分持久黄体多突出于卵巢表面，而大部嵌埋于卵巢实质部长时间不消失，子宫变肥厚、松软，性周期停止乳汁孕酮含量明显增高。患牛外阴部呈三角形，有明显的皱纹，阴道黏膜苍白，阴道内分泌物较少。

母牛持久黄体的主要临床特征是病牛的发情周期停止循环不表现发情。继发于子宫疾病的持久黄体，通过直肠检查，多数可以找出原因，可发现母牛卵巢增大，黄体突出于卵巢表面、质地较卵巢实质硬。针对这样的病例，持久黄体一般位于卵巢中央有时甚至难于摸清楚用手也难以摘除。

针对继发于早期胚胎死亡的持久黄体，一般来说，其病因很难确证。胚胎在妊娠 90～120 天死亡的病例，胎儿尚小，流产时很难发现。有的病例则是胎儿在子宫中发生浸溶而后引起持久黄体。对于这样的病例，检查患畜的卵巢、子宫或者测定配种后 21～23 天时的血浆或奶中孕酮浓度，有助于进行诊断。

如果母牛超过了应当发情的时间而不发情，间隔一定的时间（10～14 天），经过 2 次以上的检查，在卵巢的同一部位触摸到同样的黄体，即可诊断为持久黄体。为了和妊娠黄体鉴别，应仔细触诊子宫。

3. 鉴别诊断

一侧或两侧的卵巢体积增大，卵巢内有持久黄体存在，并突出于卵巢表面，由于黄体所处阶段不同，有的呈捏粉感，有的质度较硬，卵巢内持久黄体大小，不同，数目不一，有 1 个也可能有 2 个以上。子宫收缩反应微弱，如子宫内有异物可能触摸到子宫沉坠于腹腔内。

（1）卵巢静止。类似处是发情周期消失，母牛长期不发情。不同处是直肠检查卵巢比较小，无卵泡和黄体，表面光滑，或有残留陈旧黄体痕迹，大小如蚕豆，较软。而有些卵巢质地较硬，略小。子宫收缩无力，体积缩小。有些母牛体况瘦弱，毛粗乱且无光泽。

（2）慢性卵巢炎。类似处是不发情，不同处是卵巢发生急性炎症时，卵巢呈圆形肿大，触之柔软而光滑，摸不到黄体和卵泡，触压时，母牛有疼痛反应。慢性炎症时，卵巢稍有增大，触之发硬，疼痛不明显或无疼痛。

4. 治疗

治疗时先要改善饲养管理，调整饲料比例，治疗子宫疾病等原发病。同时可采取以下措施。

(1) 激素疗法

①PMSG（孕马血清促性腺激素）1 000～2 000国际单位，1次皮下或肌肉注射。

②FSH（促卵泡素）100～200国际单位，肌肉注射，隔2～3天后重复1次。

③HGG（绒毛膜促性腺激素）1 000～5 000国际单位，肌肉注射；隔着直肠按摩卵巢，每次3～5分钟，每天1～2次，连用3～5天。

④前列腺素5～10毫克肌肉注射（在存在黄体的卵巢一侧的阴唇黏膜下注射效果更好）。本品有溶解黄体的作用，应用后病畜多在3～5天内发情，配种并能受孕。

⑤催产素100国际单位肌注，1次/2小时，连用4次。催产素可引起外周血浆13，14-双氢-15酮PGF2a浓度的上升和孕酮水平下降，从而间接发挥溶解黄体、促进发情的作用。

⑥肌注或子宫内注射氯前列烯醇0.5～1毫克。注射1次后一般在1周内奏效，7～10天直检若无效果，可再注射1次。

⑦皮下注射胎盘组织液20毫升，1次/2天，至出现发情为止。

⑧肌注新斯的明10毫克，颈部皮下注射初乳20毫升，1次/2天，连注3～4次。

(2) 激光疗法。用功率为6～8毫瓦的氦氖激光照射母牛阴蒂或阴唇黏膜部分，光斑直径0.25厘米，距离40～60厘米，每日照射1次，每次15～20分钟，14天为1疗程。

(3) 中医疗法。以补气养血，补肾壮阳，活血、调经、通络为治疗原则。

①电针疗法：电针百会、后海或百会、双腰髂穴（从髋结节至荐结节连线的中1/3和外1/3的交界处，向前约2～3厘米

处取穴。针体向前倾斜 45° ~ 50°，即针由髂骨翼和最后或倒数第二腰椎横突之间进针，插入骨盆腔内，进针 15 ~ 21 厘米，，针刺入子宫阔韧带上左右各一穴），1 次/天，通电 30 分钟/次，3 次为一疗程，一般 1 ~ 2 个疗程即可见效。

②中药疗法：a. 由各种原因引起的持久黄体，均可采用下列任一方剂连服 2 ~ 3 剂治疗：方剂 1：仙灵脾 120 克、阳起石 100 克、菟丝子 80 克、故纸 120 克、枸杞子 100 克、当归 100 克、熟地 60 克、益母草 150 克、赤芍 80 克；方剂 2：党参 40 克、黄芪 40 克、当归 40 克、熟地 30 克、阳起石 50 克、淫羊藿 50 克、马胎衣 30 克、肉苁蓉 30 克、山药 50 克、甘草 15 克、巴戟天 30 克、益母草 150 克。b. 由饲养管理不善导致母牛瘦弱而产生持久黄体的，可用方剂 3：党参 30 克、白术 30 克、茯苓 25 克、甘草 15 克、陈皮 20 克、山药 30 克、莲子 30 克、芡实 30 克、故纸 25 克、小茴香 20 克、砂仁 25 克、黄芪 30 克、车前子 25 克、巴戟天 25 克、炒杜仲 25 克、当归 25 克、生姜 20 克治疗，1 次/2 天，连用 3 ~ 5 剂。c. 由生殖道炎症如子宫内膜炎、子宫蓄脓、肿瘤等继发的持久黄体，可采用益母草 400 克、丹参 200 克、当归 150 克煎汁或研末加 250 克红糖引服，1 副/周，用 1 ~ 3 副。

5. 预防

（1）加强产后母牛的饲养，尽快消除能量负平衡。尽量采用全价配合饲料饲喂，或在日粮中添加“多种维生素”“牛羊十二全能”等添加剂，以补充饲料中维生素、矿物质的缺乏。

（2）加强母牛产后健康监控，及时预防和治疗各种原发病。

①产前或产后 1 小时内注射催产素，可预防胎衣滞留，促进母牛发情和受孕。

②产后 3 ~ 7 天灌服生化散 1 ~ 3 副，可促使子宫恢复，防治子宫因复旧不全而产生持久黄体，即炮姜 30 克、桃仁 40 克、红

花30克、川芎30克、当归40克、益母草150克、川断30克、甘草15克、黄芪60克、党参60克、苍术30克。

③加强母牛运动，尤其是舍饲母牛，应合理建设运动场，延长母牛白天在运动场自由活动的时间。

八、胎衣不下

胎衣不下或称胎膜滞留，是指奶牛分娩后12小时而胎衣未能完全自然排出。胎衣不下是奶牛常发病和多发病之一，发病率为20%～50%，夏季甚至高达60%以上。胎衣不下是由于滞留在子宫内的胎衣发生腐败分解，可引起子宫炎，影响再孕及产奶，腐败产物和细菌感染所产生的毒素经子宫吸收后，可引起败血症。由于体温升高、精神抑郁和食欲降低而影响产奶量，甚至危及奶牛生命。

1. 病因

奶牛胎衣不下可分为完全胎衣不下和部分胎衣不下，易继发其他产后疾病，影响繁殖性能和泌乳。其病因可分以下几类。

营养方面：妊娠期间营养不良，特别是饲料中缺乏钙盐、矿物质及维生素，或在干奶期营养过高或过低而使奶牛过胖或过瘦。研究表明，维生素A水平低下与奶牛胎衣不下及子宫炎和流产有关；维生素B可提高中性粒细胞的功能，与胎衣不下也有关。缺硒（Se）也可造成胎衣不下、子宫炎、卵巢囊肿、热应激和围产期（产前产后15天）低血钙易造成胎衣不下。

疾病方面：患慢性子宫内膜炎和布氏杆菌病的奶牛易患胎衣不下。同时子宫弛缓、胎膜积水、胎水过多、双胎、产道及子宫损伤，难产、早产和胎儿过大均可引起子宫收缩乏力而发生胎衣不下。

气候及饲养管理：酷热、低气压和高温等气候因素，也可导致胎衣不下的发生，妊娠后期运动不足，长期光照不足均可引发此病。

此外，用外源性药物如皮质类固醇引产的牛一般都发生胎衣不下，主要组织相容性复合物是启动胎盘排出的信号之一。

2. 临床特点和表现

本病临床症状表现为全部胎衣不下和部分胎衣不下。当胎衣突出于外阴或悬挂在外阴至乳镜、乳房后部或飞节之间时会非常明显。当胎衣滞留在子宫或阴道时，不容易发现，需要进行阴道检查才能查出。

完全胎衣不下：只见少部分胎衣悬挂于阴门外，产道入手检查可摸到大部分胎衣仍滞留在阴道及子宫内，进一步检查可发现胎衣与子宫内膜子叶粘着，扣紧部分较多。24 小时后未将胎衣排出者，胎衣开始腐败并有恶臭味，入手检查，产道及子宫内环境温度高，蓄积有炎性产物及发臭的胎水，有的如果冻样，病牛弓腰举尾，不断努责做排尿状。体温升高至 39.5℃以上，食欲减退，饮水正常。5 天以上胎衣未排出者，体温升高至 40℃以上，食欲废绝，全身症状明显。

部分胎衣不下：大部分胎衣悬挂于阴门外，病牛食欲正常，体温变化不明显，偶有努责现象。入手检查，可摸到少部分胎衣紧紧扣住母体胎盘子叶上或仅有孕角顶端极小部分粘在子宫母体胎盘上。露垂于阴门外的胎衣初为浅灰红色，此后，由于污染而开始腐败，变为松软带有不洁的浅灰色并很快蔓延到子宫内的胎衣，此时阴道内不断地流出恶臭的褐色分泌物。

部分胎衣不下时，也有大部分脱落，仅有极小部分残留在子宫角的个别母体胎盘上，这只有在检查脱落是否完整，或经过 3～4 天后排出的恶露内有灰红色的胎衣块才能发现。在少数胎衣不下的母牛，由于胎衣腐败，恶露排出不畅滞留在子宫内，便于细菌生长繁殖，毒素被吸收，引起自体中毒，出现全身症状、体温升高、精神委顿、食欲显著下降或废绝甚至可转化为脓毒败血症。个别母牛胎衣不下时，由于患牛强烈努责，可引起子宫脱出。当大部分胎衣悬垂于阴门外，仅留孕角顶端部少数母体胎盘上尚附着少量胎儿胎盘时，往往引起子宫全脱。分娩后，如牛绳过长，牛头部可自由弯向后方，可发生自吃胎衣的现象，这时易误诊为胎衣不下，作阴道子宫内检查即可确定。

3. 临床诊断

部分患胎衣不下的母牛，可以看到胎衣垂出阴门外。垂出阴门外的胎衣易被污染以至发生腐败、分解、发出恶臭，并向阴门内蔓延。表现出血性子宫炎，体温升高，精神呆滞，尿路上行感染以及食欲减退或废绝，泌乳减少或停止。也有少数母牛胎衣不垂出阴门外，需进行阴道检查才能查出。

4. 治疗

（1）不采取任何措施仅限于牛体没有表现出任何异常状况，采食正常、精神状态良好、泌乳正常时。

（2）全身用药在超过胎衣正常排出时间时，全身用药可以与子宫用药同时进行。

①青霉素，2.2 万国际单位/千克，每日 1 次，连用 2 ~ 7 天，直到胎衣排出；或肌注磺胺二甲嘧啶 50 ~ 100 毫克/千克，连用3 ~ 5 天。

②20% 葡萄糖酸钙、25% 葡萄糖各 500 毫升静脉注射，每日 1 次，连用 1 ~ 3 天。

③生殖激素，在阴唇部注射垂体后叶素 100 国际单位或麦角新碱 20 ~ 30 毫升；

（3）子宫用药。10% 的高渗盐水 1 ~ 1.5 升 1 次性灌入子宫内，其作用是促进胎盘绒毛脱水收缩而从子宫阜中脱离，一般灌药 2 ~ 3 天，胎衣会自然脱落。抗生素注入，以金霉素和土霉素为主，分别用 1 克和 2 克，溶于蒸馏水或注射用水中，再灌入子宫内，连续用药一周，交替用药，直到子宫内流出干净的分泌物。也可以用青霉素或四环素，每日或隔日一次，直到胎衣排出。

（4）中药疗法。

①补中益气汤：炙黄芪 90 克，党参 60 克，白术 60 克，当归 60 克，陈皮 60 克，炙甘草 45 克，升麻 30 克，柴胡 30 克，川芎 30 克，桃仁 30 克，用于气虚证。或生化汤，用于气血凝滞证。

②单方：干车前草 300～500 克，用于 50°以上白酒拌湿，拌匀后点火烧，边烧边拌，放凉后舂成粉状。用 50°白酒 500 毫升灌服，服药后 1～2 天，胎衣会自行排出。

③验方：2 米左右长干蛇皮 1～2 条，烧成灰，加 500 毫升、50°左右白酒灌服。服药后 1～2 天，胎衣会自行排出。

（5）手术剥离此方法多安排在产后 2～3 天的时间内进行。时间不宜过早，过早会导致母牛强力的努责、胎盘紧密结合，进而增加胎衣剥离的难度和大量失血；时间也不要太晚，太晚会导致体内胎衣逐渐被分解、胎儿绒毛腐烂，诱发子宫内膜炎的产生。手术之前，对于器械设备、工作人员、母体等都要经过严格消毒处理，可按照一般的外科手术进行。在操作过程中，要尽量细致，不要导致大面积失血情况的出现。一旦出现子宫角尖端胎盘确实无法剥离，仍紧紧黏附在子宫内膜的情况，可暂停处理，切忌不要强扯硬拉。手术结束后，要仔细检查剥离效果，避免有残留。最好的剥离效果应该是不残留任何胎儿胎盘，同时母体胎盘又不受到损伤，可减少疾病感染的几率。要向子宫内注射防腐消毒液或抗生素，以防止感染。

（6）非手术剥离健康牛只出现胎衣不下时，可不采取任何措施，让胎膜和胎盘自行溶解。对于感染传染性流产、胎盘粘连比较牢固、胎膜较薄不宜手术的母牛，可采用药物辅助治疗的方法。将酶制剂、防腐和抗生类药物灌注到母牛子宫内，可有效加速胎盘分解，同时起到预防感染的效果。药物辅助治疗一般在一个星期左右，可自行将胎衣脱落排出。如果说排出效果不理想，可在进行二次药物灌注，加入适当的益母草、生当归、垂体后叶素等等，可有效促进子宫的收缩力，加速胎衣的排出。

5. 预防

（1）科学的配种制度配种前要仔细阅读奶牛档案，防止过早配种。正确掌握母牛初配年龄，不仅能发挥个体的生产性能和繁殖能力，而且对提高后代牛的质量有重要作用。一般母牛初配年龄为16～18月龄较为适宜。母牛配种过早不仅影响本身的生长发育，而且所生犊牛出生体重小、体质弱，易发生难产、早产等，产后由于胎盘结构不够成熟，导致胎膜粘连，发生胎衣不下的概率增加。另外，随着奶牛胎次增加，产道损伤增多，导致感染机会增加，子宫内膜炎的发病率提高，使新生胎儿胎衣和母体胎盘易粘连，所以在配种前治疗子宫炎症是极为重要的。

（2）产前加强护理怀孕母牛要饲喂含钙及维生素丰富的饲料，舍饲母牛在怀孕后期要适当增加运动时间，每天舍外运动时间应不少于4小时。做好奶牛传染病的预防，尤其是引起奶牛流产的布病。加强饲料管理，搞好圈舍通风、光照及卫生，在分娩后期更应该注重圈舍卫生，同时提供舒适的运动场所。

（3）产后及时预防在奶牛妊娠后期，应减少精料用量，补充粗饲料和微量元素。奶牛分娩后都有采食胎衣、羊水和舔舐犊牛的母性行为。在卫生条件好的情况下，应该满足其行为，非常有助于胎衣的排出。在妊娠后期，可以通过观察乳房的充盈及是否有漏乳现象来预测胎衣不下。

九、子宫积脓

奶牛子宫积液是奶牛常见的繁殖疾病之一，也是引起奶牛繁殖障碍的主要原因。子宫积液又称宫腔积液，是指子宫内积有大量棕黄色、红褐色或灰白色稀薄、黏稠液体，蓄积的液体稀薄如水亦称子宫积水。子宫积脓多由脓性子宫内膜炎发展而成，其特点是子宫中蓄积脓性液体，子宫内膜出现炎性病理变化，多数病牛卵巢上存在持久黄体，因而有长期不发情的症状。不同年龄的子宫积液可由不同的原因所导致。奶牛在患子宫积液后，会严重影响奶牛的繁殖机能，从而造成奶牛失去本身价值，给养牛业带来一定的经济损失。

1. 病因

奶牛子宫积脓大多发生于产后早期（15~60天），而且常继发于分娩期疾病，如难产、胎衣不下及子宫炎。患此病时出现的持久黄体是由于子宫感染、内膜异常，而使产后排卵形成的黄体不能退化所致。配种之后子宫积脓，可能与胚胎死亡有关，其病原是在配种时引入或胚胎死亡之后所感染。在发情周期的黄体期给动物输精，或给孕畜错误输精及冲洗子宫引起流产，均可导致子宫积脓。布氏杆菌是引起子宫积脓的主要病原菌，溶血性链球菌、大肠杆菌、化脓棒状杆菌及假单孢菌和真菌也常引起此病。胎毛滴虫在某些地区是引起胚胎死亡的常见病原，胚胎死亡后常发生浸溶，从而出现子宫积脓。

2. 临床症状

子宫积脓的症状视子宫壁损伤的程度及子宫颈的状况而定。患病奶牛的典型症状是乏情，卵巢上存在持久黄体及子宫中积有脓性或黏脓性液体200~2 000毫升。产后子宫积脓病牛由于子宫颈开放，大多数在躺下或排尿时从子宫中排出脓液；尾根或后肢粘有脓液或其干痂；阴道检查时也可发现阴道内积有脓液，颜色为黄、白或灰绿色。直肠检查发现，子宫壁通常变厚，并有波动感，子宫体积的大小与妊娠6星期至5个月的牛奶相似，2个子宫角的大小可能不相等，但对称者更为常见，查不到子叶、胎膜、胎体。当子宫体积很大时，子宫中动脉可能出现类似妊娠时的妊娠脉搏，且两侧脉搏的强度均等，卵巢上存在有黄体。病牛一般不表现全身症状，但有时，尤其是在病的初期，体温可能略有升高。

患严重化脓性子宫内膜炎的奶牛，血液白细胞数增加，可达 2×10^{10} 个/升，在急性发炎期间或子宫颈封闭时白细胞数更高；子宫颈开张且有分泌物从阴道排出时，白细胞数目一般较低，病程较长的慢性病例可发生贫血，白细胞数量降低，嗜中性白细胞减少、氨血症、高蛋白血症、高胆红素血症及低渗尿、血液尿素氮、碱性磷酸酶、乳酸脱氢酶及红细胞压积升高；并发肝脏功能异常，肾上腺皮质坏死，髓质出血，有时还可引起肺脏病变。

3. 临床诊断

子宫积脓的病程不定，严重的急性病例病情进展较快，如不及时治疗，可能导致死亡，子宫颈开放的病例，病程可以拖延数月之久。病牛一般无全身症状，在发病初期体温略有升高。子宫积脓患牛子宫壁较厚，而且比较紧张，如其大小与妊娠 3 ~ 4 个月相似，但摸不到子叶和孕体，间隔 20 天以上重复检查，发现子宫体积不随时间增长而增大；子宫积液时，子宫壁变薄，触诊波动极其明显，也查不出子叶、孕体及妊娠脉搏，重复检查时可能发现 2 个子宫角的大小比例有所改变。

4. 治疗

(1) 激素疗法对子宫积脓或子宫积液的病牛，应用促使子宫收缩的药物，促进子宫颈口开，使积液或积脓大部分排出。前列腺素治疗，效果良好，注射后 24 小时即可使子宫的液体排出，经 34 天后病牛可能会出现发情。前列腺素的用量与治疗持久黄体相近，每次向子宫内注入 0. 3 毫克，隔日再注一次，如此间子宫颈口开张较小，可肌肉注射雌激素。当子宫内容物排尽之后，再向注入抗生素以防治感染。另外，促进子宫内液体排出也可使用催产素。催产素与雌激素合用有协同加强的作用，因此在使用催产素之前先用雌激素处理（提前48小时）效果更好；催产素的一般用量为30~50国际单位。

（2）子宫冲洗的方法：子宫冲洗是治疗子宫积脓或子宫积液行之有效的常用方法。通常采用的冲洗液有高渗盐水、0.05%~0.1%高锰酸钾、0.01%~0.05%新洁尔灭等，每次约消耗药液2 000~3 000毫升，将药液加温至45℃，边注入子宫边排出，直至回液无分泌积液或脓汁。如使用高锰酸钾冲洗，需用生理盐水进行二度冲洗子宫，直到回液无颜色。冲洗结束后，向子宫内灌注宫炎康、宫得康或青霉素、链霉素、土霉素及氨基糖苷类抗生素。但青霉素不宜用于产后的早期阶段，因为在此期间，子宫中存在一些耐青霉素微生物，可以释放青霉素酶而阻碍其发挥作用，使青霉素敏感的细菌得到保护。有全身症状的病牛，应同时肌肉注射进行全身治疗。

子宫冲洗的注意事项：

①把握治疗时机。冲洗子宫，只有在子宫颈开张的情况下才能进行，故最佳的治疗时间是母牛的发情期。如母牛未发情或子宫颈开张较小，可用雌激素等预先处理。

②为保证药液回流充分，在直肠内的手可按压或提拉子宫角，必要时用注射器抽取。

③冲洗子宫过程中可边进药边回流，进液速度不要过快，一次进液不能超过300毫升，否则，子宫内蓄积药液量大，压力增高，会使药物连同子宫的炎性分泌物从输卵管溢出，造成临近器官感染。

④子宫积脓期间的病理变化严重，需相当一段时间才能治愈，在灌注抗生素后向子宫内注入碘甘油（30毫升）效果较好。

⑤治疗过程中，掌握时机输精是非常必要的，此病治愈与否，关键看母牛受胎情况。在治疗中要不失时机地对母牛检查性

输精。输精一个小时后还可子宫内灌注抗生素。

（3）药物治疗。

①完带汤：白术 50 克，苍术 50 克，山药 50 克，陈皮 50 克，酒车前 20 克，荆芥炭 20 克，酒白芍 30 克，党参 50 克，柴胡 20 克，甘草 25 克。共研为细末，黄酒 250 克为引，开水冲调，候温灌服。如有湿热，加白芷 30 克，艾叶 25 克，附子 50 克，肉桂 20 克。

②子宫丸：沉香 40 克，紫檀香 40 克，油桂 15 克，自在 5 克，细辛 5 克，紫石英 10 克，血竭 5 克，川芎 5 克，粉甘草 7 克，香附 5 克，麝香 2 克，冰片 1 克。除麝香、冰片两味研末外，其余各药共研为细末，过箩，加入麝香和冰片，混匀，蜂蜜为丸，共做成 20 丸。先消毒母畜外阴部及术者手臂，然后取药丸 1 粒，放于子宫颈口，每次 1～2 丸。

③行气活血汤：当归 100 克，赤芍 40 克，香附 40 克，益母草 100 克，丹参 50 克，桃仁 50 克，青皮 35 克。共研为细末，开水冲调，候温灌服。

④易黄汤：山药 100 克，芡实 100 克，黄柏 50 克，车前子 30 克，白果 20～30 枚。水煎，每天 1 剂，连用 4 剂。

⑤肉苁蓉 30 克，山芋 25 克，茴香 40 克，当归 50 克，川芎 30 克，故纸 30 克，白术 35 克，泽泻 30 克，车前子 25 克，肉桂 20 克，木通 25 克，竹叶 25 克，灯心草 20 克，生姜 25 克。共研为末，加食盐 2 克，黄酒 250 克为引，开水冲调，候温灌服。适用于慢性子宫内膜炎和子宫积脓。

5. 防治

①临床上施行助产、剥离胎衣、人工授精等措施时，一定要注意严格消毒，尤其是剥离胎衣后要使用抗生素预防感染。患子宫炎要及时治疗，切不可掉以轻心。

②子宫冲洗是根治子宫积脓的可靠办法。实践证明，不宜采

用大剂量的消毒杀菌溶液作为子宫冲洗液，因其对子宫黏膜的刺激太大，反复应用会降低子宫上皮的抵抗力，造成子宫弛缓。

③在子宫冲洗和注药的同时，配合使用雌激素，除可使宫颈口开张利于冲洗外，还可以促进生殖器官的血液循环，增加腺体分泌，促进收缩，增加子宫的抵抗力。

④冲洗子宫要戴上长臂手套，注意消费，防止人被感染。宫口开张时，最好用手带管进入子宫冲洗，这样操作方便冲洗彻底。

⑤子宫按摩和卵巢按摩，作为辅助性的治疗措施，可以兴奋子宫，提高子宫肌肉的张力，促使宫内残留液的排出，加速卵巢黄体的吸收，有助于子宫和卵巢的恢复。

十、子宫扭转

子宫扭转是指整个妊娠子宫角或其中一部分围绕其自身纵轴发生扭转的一种病症。多由于妊娠母牛剧烈奔跑、跳跃、突然滑跌或急剧起卧并向一侧倾斜，由于惯性子宫即向一侧扭转。此病是奶牛难产的常见病之一，多发生于舍饲奶牛的妊娠末期或临产前几天，子宫轻度扭转不影响妊娠，有可能自愈；若发生 180°以上扭转，可造成子宫血液循环障碍而引起胎儿死亡。

1. 病因

妊娠后期，胎儿迅速生长增大，使得子宫角大弯显著向前扩张，而子宫角小弯扩张不大，此时子宫孕角前端基本游离于腹腔，稳定性较差。当母牛急剧起卧时，子宫会因胎儿重量过大，不能随腹壁一起运动而发生扭转。

此外，孕牛营养不良，矿物质、维生素缺乏、运动不足等营养因素和饲养管理不当、运动场不平整、有陡坡等饲养管理因素也可诱发本病。

2. 临床特点和表现

各年龄、胎次的牛均可发生本病。子宫扭转发生在妊娠期间，精神状态良好，体况正常，全身无明显异常，只有轻度腹痛，食欲减退或废绝，易与疝痛、胃肠炎等消化道疾病相混淆。母畜产前扭转表现腹痛、弓腰、后肢踢腹、努责、频繁做出排尿姿势，但是粪便和尿很少，甚至没有。病畜阴道不见胎水排出，右面腹围增大，体温正常，呼吸粗粝，心跳加快，8 ~12 小时后病畜没有腹疼表现。若不及时采取果断正确的治疗措施，扭转处淤血坏死，引起腹膜炎，以致死亡。妊娠母畜出现分娩预兆时，急起急卧、弓腰、频频出现努责、全身出汗、两后肢轮换踢腹，排少量粪便和尿，也不见胎水排出，胎膜露出来。若出现上述症状，应及时进行检查。病程继续发展患病奶牛则无腹痛表现，这是腹痛麻痹的症状。

3. 临床诊断

扭转发生在子宫颈前方时，阴道变化不明显，须直肠检查方可确诊。可触摸到患病奶牛子宫体扭转形成的皱襞或紧张的子宫壁，一侧子宫阔韧带较为紧张且血管怒张，子宫中动脉搏动强盛，阴道则呈螺旋形皱褶。

阴道检查时将消毒的手臂伸入阴道后，阴道前方狭窄，有时手可沿着螺旋向前摸到胎儿，如果扭转严重则摸不到胎儿。

判断子宫扭转的方向和程度。

（1）手可通过子宫颈伸入子宫腔，摸到胎膜和胎儿的前置部分，说明扭转不超过 90°。

（2）仅能伸入 1 ~3 个手指，说明扭转约 180°。

（3）如子宫颈接近封闭或完全封闭，说明扭转程度已超过 180°。

（4）发生子宫扭转后，有的可见到两侧阴唇不对称，一侧内陷，而另一侧向子宫扭转的方向扭转。

4. 治疗

（1）直肠内矫正法适合子宫扭转程度小，直接用手隔着直肠摸到子宫下面，用手托起子宫进行翻转，子宫向左扭转，可向右侧翻转子宫，子宫向右扭转，可向左侧翻转。

（2）产道内矫正法母畜分娩过程中发生轻度子宫扭转，母畜采取前低后高姿势站立保定，并用盐酸普鲁卡因轻度麻醉，手握胎肢，向扭转相反方向扭转胎儿，扭正子宫。若为右侧扭转，助手可在右下腹部往上冲击数次，有利于产道矫正。这种方法仅适用于子宫扭转不超过90°的病牛。

（3）翻转母体矫正法若子宫颈口闭锁或在产道内无法矫正子宫时，应尽早采用母体翻转法。

①保定：要求地面平整宽阔，并铺垫一层较厚的垫草。母牛卧地后，用软绳通过母牛背部，将两前肢的系部分别与对侧两后肢的系部斜向抽紧，使其前后肢均曲于腹下固定。如母牛乳房过大而下垂，须用麻袋保护悬吊于母体背部，以免翻转母体时碰伤乳房。

②翻转：如子宫是向右扭转，母牛则取右侧横卧于地的姿势，急速向左方翻转，使其呈左侧着地横卧；反之，母牛卧地方向和翻转方向相反。这样，子宫即可借胎儿重量的惯性作用而恢复原来的位置。翻转完毕后，通过产道检查确定子宫是否复位。一般翻转1～2次，子宫即可复位。若翻转多次无效时，可进行剖宫产术。

③助产：子宫复位后，子宫颈口已开张，胎位正常的即可拉出胎儿；若位置不正常，则应矫正后再拉出胎儿。如子宫颈口开张不大时，应待其完全开张后再行助产。

（4）剖腹矫正手术在上述矫正无效时，施行剖腹矫正手术。

①麻醉：一般采取腰旁部或椎旁部麻醉，以后者椎旁部麻醉为好，因为椎旁部麻醉可以将腰神经干腹支一并麻醉，切开深肌

层以及腹膜时无疼痛反应，刀口部位进行浸润麻醉。

②刀口位置：两侧腹壁可作为手术切口部位，右侧容易取出胎儿，但肠道易脱出腹壁外，特别是腹压大的时候。左侧肠道不易脱出，但是瘤胃对胎儿取出稍有妨碍。对腹压大的子宫扭转采取左侧切口，腹压不大的采取右侧切口。实践证明左侧切口为好，省时间一倍，刀口取点时，笔者一般采取肷部竖刀口，可以稍下腹部延伸，皮肤可适当加长切口，可以达到40厘米以上，肌肉层可钝性分离，尽管手术取出胎儿稍费力，但是伤口容易愈合。

③取出胎儿：一定要先取后肢，这样容易拉出胎儿，且比拉出前肢，头部时子宫切口要小。子宫切口大小要根据胎儿来决定，切口要直，切口小了，拉出胎儿时容易撑裂子宫切口，造成不规则裂口，使缝合十分困难，延长了手术时间，容易引起大出血。

④缝合子宫：在止血良好的情况下，尽量取尽胎衣，以减少子宫感染的机会。如子宫切口出血较多，难控制时，可以先不取胎衣，应该迅速缝合。子宫切口缝合前，一次性放入土霉素片0.25克，50片左右，防止发生子宫感染。缝合子宫后，一定要使子宫回复原位置。用纱布擦去腹腔内凝血块，吸去血水，腹腔内倒入青霉素300万国际单位，链霉素400万国际单位，5%盐酸普鲁卡因20毫升。用连续缝合法缝合腹膜，撒布青霉素粉，用结节缝合法缝合肌肉和皮肤。撒布青霉素粉，覆盖消毒纱布，纱布四角缝在皮肤上。

（5）中药治疗

①八珍汤加减：若子宫颈已开张，子宫扭转不严重，且阴道基本正常者，用手扭转矫正后，可采用八珍汤加减：党参、白术、茯苓各60克，熟地黄、白芍、当归各45克，川芎、甘草各30克，共研为细末，开水冲调灌服，每日1剂，连用5天。营

养不良、年老体衰、气血亏损的可选用补中益气汤加熟地黄、阿胶以补气、补血。

②生化汤加减：剖宫产或产后气血虚弱、寒凝血淤者，治宜温经益气、活血祛淤。方用生化汤加减：益母草、黄芪各60克，当归30克，川芎、桃仁各25克，黑姜、炙甘草各21克，黄酒100毫升。水煎去渣，候温加黄酒灌服，每日1剂，连用5天。

5. 预防

加强饲养管理，尤其是怀孕后期减少子宫扭转的诱发因素。怀孕后期除了增加营养外，要适当增加运动量，可使子宫、肌肉等活性增加。

在母牛怀孕后期尤其是临产期要做好检查工作，发现子宫扭转要及时治疗。一旦转化为重度扭转，保守疗法不易恢复，需要进行剖腹产，这将对奶牛以后的生产生殖造成不利影响。

每次翻转疗法后都要做阴道检查，从而确定是否继续翻转。如果母畜挣扎较大可以做适当的麻醉，以便于操作。

对于并发子宫颈口开张不全的病例，要科学处理，不能粗暴地进行人工助产，以防发生子宫颈撕裂或产道出血等严重的助产并发症。进行子宫颈局部麻醉助产时一定要保护好针头，防止划破产道。

十一、子宫脱出

子宫脱出是指子宫全部反转脱出于阴门之外。它的原发病是子宫内翻，子宫内翻为子宫末端翻入子宫腔或阴道内的病理过程。子宫脱出为子宫内翻继发于子宫角、子宫体、子宫颈，以及阴道垂脱于阴门之外的病理过程。两者为同一个病理过程，仅程度不同。据统计舍饲奶牛发病率可达0.3%，产后12小时内发生，如不及时进行适当的治疗容易引起子宫炎、出血性休克，进而严重影响奶牛繁殖能力，甚至带来生命危险，给养牛业带来重大的经济损失。

1. 发病原因

(1) 饲养管理不当饲料单一，营养不良，矿物质、维生素不均衡，运动场小，干奶期缺乏运动，产后低血钙致使出现低血钙性子宫弛缓。这是引起经产牛子宫脱出的原因之一。

(2) 母牛干奶期营养水平高或妊娠期延长胎儿体型过大，助产时拉出胎儿用力过猛、过快。胎衣不下或产道损伤引起母牛频频努责。这些也是诱发子宫脱出的主要原因。

(3) 激素影响在妊娠末期胎盘大量分泌雌激素，可使骨盆腔的组织和韧带变松弛，加之在分娩时催产素的分泌量增多，子宫收缩力增大分娩后易引起子宫脱出。

2. 临床症状

奶牛临床表现的症状很明显，足以确诊。初产奶牛表现的比较明显，经产牛则表现不同程度的低钙血症状，如虚弱、抑郁、体温低、焦躁、挣扎、虚脱和昏迷。大多数奶牛表现里急后重，其中，子宫套叠的从外表不易发现。奶牛产后表现不安、努责、举尾，有轻度腹痛现象。阴道检查可发现子宫角套叠于子宫颈或阴道内，子宫套叠不能复原时易发生浆膜粘连和顽固性子宫内膜炎引起不孕。完全脱出是从阴门脱出长椭圆形袋状物，往往下坠至附关节附近，其末端有时分两支，有大小两个凹陷。脱出的子宫角分大小不同的两个部分，大的是孕角、小的是空角，每角的末端都向内凹陷，脱出的孕角有明显的子宫阜，子宫表面有鲜红乃至紫红色散在的母体胎盘。已经脱出的子宫经常被垫料、粪便、污物和胎衣污染，胎盘块或子宫内膜暴露于环境中常发生出血，大多数病牛表现里急后重。发生在寒冷冬季常因冻伤而发生组织坏死。子宫脱出时间较长时，病牛全身症状较明显表现卧地不起、精神沉郁、呼吸浅表、脉搏加快、体温下降，这种情况大多数都预后不良。在治疗前，利用最短的时间对病牛的情况做一总体估计，包括病牛的姿势和机体的总体状态以及环境。特别是现时的环境条件下是否容易改变奶牛的姿势以便操作，奶牛是否患有低血钙等其他疾病，对整复有多大影响，病牛是否处于休克状态等情况做一总体估测。

3. 临床诊断

子宫部分脱出，由于子宫角翻至子宫颈或阴道内而发生折叠，烦躁不安，努责类似疝痛症状，通过阴道检查才可发现。子宫全部脱出时，子宫角、子宫体及子宫颈部外翻于阴门外，且可下垂到跗关节脱出的子宫黏膜上往往附有部分胎底。子宫黏膜初为红色，以后变为紫红色，子宫水肿增厚，呈肉冻状，表面裂开，流出渗出液。

4. 治疗

子宫部分脱出，只要加强护理，防止脱出部位再扩大及受损。例如将其尾固定，以防摩擦脱出部位，减少感染机会；多放牧，舍饲时要给予易消化饲料等。可不必采取特殊疗法而多可自愈。对于不能自行恢复的部分脱出和全部子宫脱出，均需手术整复。

（1）站立整复法将病牛站立保定在前低后高、干燥的体位。用温的0.1%高锰酸钾冲洗脱出部分的表面及其周围的污物，剥离残留的胎衣以及坏死组织，再用3%～5%温明矾水冲洗，并注意止血。如果脱出部分水肿明显，可用消毒针头乱刺黏膜挤压排液，如有裂口，应涂擦碘酊，裂口深而大的要缝合。用2%普鲁卡因8～10毫升在尾荐间隙注射，施行硬膜外腔麻醉。在脱出部包盖浸有消毒、抗菌药物的油纱布，用手掌趁患畜不怒责时将脱出的子宫托送入阴道，直至子宫恢复正常位置，再插入一手至阴道并在里面停留片刻，以防怒责时再脱出。同时，为防止感染和促进子宫收缩，可给子宫内放置抗生素或磺胺类胶囊或者粉剂，随后注射垂体后叶素或缩宫素60～100国际单位，或麦角新碱23毫克。最后应加栅状阴门托或绳网结以保定阴门，或加阴门锁，或以细塑料线将阴门作稀疏袋口缝合。经数天后子宫不再脱出时即可拆除。

（2）卧位整复法根据牛体大小，首先要肌肉注射2%的静松灵5~10毫升，间隔15分钟后再注射肾上腺素10毫升，几分钟后病牛即卧地。让牛采取右侧卧位，将后躯尽可能抬高，尾巴拉向体侧。手术者要剪短指甲。并对奶牛后臀部和脱出的子宫进行常规消毒（可用37~38℃的高锰酸钾溶液进行冲洗消毒），小心剥离胎衣、清洗污物。让助手用一块长120厘米、宽60厘米的消毒纱布或者塑料布托住子宫，为增加其高度，可在脱出的子宫下面垫以平板，上盖塑料，使子宫略高于阴门。用温生理盐水再次冲洗子宫，然后撒2%的明矾水。遇有少量出血时可喷洒0.1%的肾上腺素，出血较多或者裂口较大时，可进行必要的局部结扎或缝合。整复从子宫角的顶部开始，首先将五指并拢，或用拳头伸入子宫角的凹陷中，顶住子宫角尖端，向阴门内压迫子宫壁，将子宫向阴门推进。先推入一部分，然后让助手压迫子宫，手术者抽出手来再向阴门压迫其余部分，将子宫角深深推入腹腔，并恢复正常位置，注意检查不要发生套叠。整复后随即将手伸入阴道，注入38~40℃的生理盐水2 000~2 500毫升。为促进子宫康复、增加营养、改善血液循环，可静脉注射复方氯化钠1 500毫升、5%的葡萄糖1 000毫升、5%的碳酸氢钠250毫升、10%的盐水300毫升、维生素C 30毫升。

（3）药物治疗为了促进患牛早日康复、防止子宫继发感染、提高患牛机体抵抗力，术后用5%葡萄糖生理盐水2 000毫升、10%葡萄糖酸钙1 000毫升、5%碳酸氢钠500毫升、氨苄青霉素12克、庆大霉素200万国际单位、10%维生素C 50毫升和维生素$B_1$50毫升，1次静脉注射，1次/天，连用3~5天；同时，灌服中药方剂“生化汤”或“补中益气汤”进行调理，活血逐淤、补气健脾，有利于产后恶露排出，可促进子宫机能恢复。

5. 预防

(1) 严格消毒手术过程中要严格消毒，特别是人和器具的消毒，一方面要防止母牛不孕，另一方面要防止人感染人畜共患病。胎衣不下需要剥离者，注意保护子叶。

(2) 饲养管理不当及运动不足，饲料单纯，缺乏维生素和微量元素使子宫弛缓无力，分娩时阴道受到强烈刺激、产后强烈努责、腹压增高等原因使子宫肌肉紧张性降低松弛，产后易发生子宫脱出。防止此病的发生要做好饲养管理，喂给全价饲料，产后期隔离孕畜，坚持运动。还应加强对产后母牛的看护，及时将母牛哄起，减少产后出血，并随时注意母牛全身状况，当发现怒责强烈，长时间卧地不起，应及时处置。发现子宫脱出，应立即整复治疗，防止病情加重，病程拖延。

(3) 孕畜因长期卧于前高后低的牛舍，子宫易受腹内压的影响，产后导致子宫脱出，所以应及时改变孕畜牛舍的结构。

(4) 子宫过度伸张，肌肉紧张性降低，产后也易发生子宫脱出。产后立即给牛肌肉注射子宫收缩药或灌腹清洁的羊水，可有效防治子宫脱出。

(5) 发生难产、胎衣不下等情况时，如不进行适当治疗，就会人为造成子宫内翻，甚至子宫脱出，所以，助产和剥离胎衣时，要按照正确的方法操作。

十二、阴道炎

阴道炎通常在临床上分为原发性型阴道炎和继发性型阴道炎两种。原发性阴道炎通常是指在分娩时受物理性创伤、细菌性或病毒性感染、自然交配和人工授精时引起的损伤而造成的；继发性阴道炎是指由于子宫内膜炎、子宫脱落或阴道脱落，胎衣不下等产科疾病继发引起的。该病以临床可见阴门处常有浑浊的或黏性脓性物质排出为特点，但这些并不能和子宫颈炎或子宫内膜炎特异性区分开。

1. 病因

阴道吸气、会阴撕裂和尿潴留是诱发阴道炎的主要病因。这些病因主要是由于分娩时物理性创伤、自然交配和人工授精时引起的损伤和一些其他原因导致的外阴倾斜或会阴撕裂等，这些情况一般会使阴道正常结构发生改变，造成原发性炎症，同时也很容易导致阴道“吸气”、或尿潴留，存留于阴道中的气体或尿液会刺激阴道组织，促使细菌大量繁殖引起继发条件性感染。

2. 临床特征与表现

母牛发生阴道炎时通常表现为弓背，尾根举起，怒责并频作排尿动作，但排尿量不多。时见怒责之后，从阴门中流出腥臭、污红的稀薄液体。体温或有升高，食欲、反刍、泌乳量急剧减少。阴道检查时可见阴道黏膜特别是阴瓣前后的黏膜充血、肿胀；阴道壁上皮缺损，严重时可见到创伤、糜烂或多处溃疡。阴道壁明显肿胀，质地变硬，压迫直肠、膀胱；子宫角比正常产后增大；子宫收缩反应减弱。病情严重时常继发乳房炎或关节炎。

3. 诊断

该病诊断相对简单，可根据临床症状和阴道检查即可确诊。

4. 预防

（1）对青年牛配种要严格要求，首次配种应推后 1 个情期，配种青年牛体重至少要到母牛体重的 70% 以上再配种。

（2）勿用体型过大的公牛与体型较小的母牛进行交配，很容易造成青年母牛前段的穿孔或撕裂。

（3）勿用无经验或操作粗放的授精员给母牛受精，可能因授精器造操作不当成阴道前段机械性损伤。

（4）本交或人工授精时，应对母牛阴门周围，公牛包皮周围进行清洗消毒；同时授精器应无菌，受精过程要无菌操作避免母牛阴道被外界病原菌污染。

（5）加强围产牛管理，尤其在营养方面，保证牛只膘情适中，过肥或过瘦都会增加难产发生概率。过肥将直接导致软产道狭窄，且一般来说犊牛初生重也会偏高而增加难产发生；围产牛过瘦，则会增加产力不足等问题。

（6）给母牛助产时，应使用润滑剂有助于减少阻力，但在生殖道内不能用肥皂水，因其与产道中脂肪发生反应，反而会除去天然润滑剂；可选用石蜡油或凡士林。

（7）需要助产时，应合理、科学、细心，助产后应及时采取相应措施，防止继发感染。

①助产的过程：当胎膜露出时，又未及时产出，就要判断胎儿的方向、位置和姿势是否正常。如果胎位不正，就要把胎儿推回到子宫处进行校正。如果是倒生，当后肢露出时，应该配合努责，及时把胎儿拉出。如果是母牛努责无力，可以用产绳拴住两前肢的掌部，随着努责左右交替用力，护住胎儿的头部，沿着产道的方向拉出。

②注意事项：分娩需要助产时，牵引要与子宫收缩节律一致，且不能盲目用蛮力生拉硬拽，关键是用平稳的力量刺激子宫颈开张。如使用链条或绳子，应系住犊牛双腿（位置在胫骨球节上方，残留趾下方）分解拉力。有条件的牛场应在每次助产结束后，将绳子或链条高温消毒。

③产后护理：助产拉出胎儿后，用0.2%新洁尔灭溶液或高锰酸钾溶液冲洗产道及阴户周围，还可用青霉素粉涂布与产道。如有产道出血，可肌注止血剂，大伤口要做外科处置。

（8）做好牛场的传染性脓疱性外阴阴道炎和牛生殖道支原体等生殖道感染型传染疾病的控制。

（9）严禁给牛群饲养霉变饲料，以防母牛出现阴道脱出而造成的继发性感染的阴道炎。

5. 治疗

一旦母牛出现阴道炎，首先应该根据临床症状、发生过程和检查结果确定合理的治疗方案。如出现传染性脓疱性外阴阴道炎，应及时淘汰。

（1）对于阴道结构正常，的亚急性阴道炎或慢性阴道炎可采取局部治疗，可选用0.1%的高锰酸钾溶液或0.01%～0.05%的新吉尔灭溶液冲洗阴道炎，可向阴道内涂抹或塞入氟苯尼考软膏或栓剂。

（2）阴道严重水肿时，可用2%～5%的氯化钠溶液冲洗，有大量浆液性渗出时可选用收敛型的药液冲洗，常用有1%～2%的明矾溶液、5%～10%的鞣酸或1%～2%的硫酸铜溶液，冲洗后阴道中塞入氟苯尼考或磺胺乳剂，冲洗阴道可重复进行，每天1次或两天1次。如有伴发有子宫炎或子宫内膜炎的应同时治疗。中药方为蒲黄20克，益母草20克，当归30克，五灵脂15克，川芎12克，香附15克，桃仁12克，茯苓20克，水煎候温，加黄酒250毫升，1次灌服。1次/天，连续5天。

（3）有条件的牛场，可通过采集阴道炎阴道内的分泌物分离细菌，通过药敏试验筛选药物，以确定哪种抗生素可用于局部或全身配合治疗。

（4）在治疗外阴倾斜、会阴撕裂或其他外阴正常形态异常有关的阴道炎时，首先应对改变的形态结构进行矫正。一般可采用简单的外阴裂背侧位闭合术治疗，以防止阴道进一步污染和积气。手术时首先应进行硬膜外麻醉，然后再外阴裂的整个背侧部皮肤与黏膜结合处小心除去2～5毫米皮肤，之后用细线进行连续缝合。随外阴裂的长度不同通常在外阴门裂的腹侧仍会张开3～5厘米。在做手术同时，要用抗生素治疗阴道炎或子宫内膜炎。

（5）阴道积尿可用保守治疗和手术治疗。一般根据人工授精失败次数决定采用保守治疗或是手术治疗。当母牛非常有价值，并且采用保守疗法不能使其受孕，应选用手术治疗。

保守治疗：输精前通过直肠对阴道的腹侧和后段施压排除积尿。输精采用双层鞘技术，受精后24小时再排一次积尿，然后向子宫内灌注抗生素。

手术治疗：通常采用尿道扩张治疗阴道积尿，对牛进行镇静，并实施硬膜外麻醉，沿着尿道开口于阴道处前面的横向皱襞处所做的阴道黏膜切口构成一个单层或双层的黏膜通道，将这一切口延长至距阴唇2~2.5厘米处，使成一“U”形黏膜切口。从切口线开始向背侧和腹侧切口黏膜以缓解黏膜张力，在膀胱内放置弗利导管，然后将黏膜在弗利导管上方尿道口处做对接缝合。按先腹侧后背侧的顺序，用朗贝尔氏连续缝合法缝合。手术前均应用全身抗生素和非类固醇抗炎药物。手术后母牛仍不能顺利自然排尿时应将弗利导管留在原位，且导管末端应装有瓣膜以减少上行性尿道感染。

十三、子宫内膜炎

子宫内膜炎是各种原因引起的子宫内膜结构发生炎性改变。宫腔有良好的引流条件及周期性内膜剥脱，使炎症极少机会长期停留于子宫内膜，但如急性期炎症治疗不彻底，或经常存在感染源，则可反复发作。慢性子宫内膜炎是导致流产的最常见原因。

1. 病因

产房卫生条件差，临产母牛的外阴、尾根部污染粪便而未彻底洗净消毒；助产或剥离胎衣时，术者的手臂、器械消毒不严，胎衣不下腐败分解，恶露停滞等，均可引起产后子宫内膜感染。产后早期能引起子宫炎的细菌有：化脓性放线菌、坏死梭杆菌、拟杆菌、大肠杆菌、溶血性链球菌、变形杆菌、假单胞菌、梭状芽孢杆菌。产后治疗不及时或久治不愈常转为慢性子宫炎，子宫内由多种混合菌变成单一的化脓性放线菌感染。此外，子宫积水、双胎子宫严重扩张、产道损伤、低血钙、分娩环境脏等都能引起子宫感染。在极冷极热时，身体抵抗力降低和饲养管理不当都会使子宫炎的发病率升高。另外，一些传染病如滴虫病、钩端螺旋体、牛传染性鼻气管炎、病毒性腹泻等都能引起子宫发炎。慢性子宫炎多由急性炎症转化而来，有的因配种消毒不严而引起的，没有明显的全身症状。

2. 临床特征与表现

根据病理过程和炎症性质可分为急性黏液脓性子宫内膜炎、急性纤维蛋白性子宫内膜炎、慢性卡他性子宫内膜炎、慢性脓性子宫内膜炎和隐性子宫内膜炎。通常在产后一周内发病，轻者无全身症状，发情正常，但不能受孕；严重的伴有全身症状，如体温升高，呼吸加快，精神沉郁，食欲下降，反刍减少等表现。患牛弓腰、举尾，有时努责，不时从阴道流出大量污浊或棕黄色黏液脓性分泌物，有腥臭味，内含絮状物或胎衣碎片，常附着尾根，形成干痂。直肠检查，子宫角变粗，子宫壁增厚。若子宫内蓄积渗出物时，触之有波动感。

3. 诊断

当发生子宫内膜炎时，如果病变轻微，一般很难确诊，尤其在患隐性子宫内膜炎时更是如此。一般情况下，产后子宫内膜炎，根据临床症状及阴门排出的分泌物即可做出临床诊断。慢性子宫内膜炎，可以根据临床症状、发情时分泌物的性状、阴道检查、直肠检查和实验室检查进行诊断。

（1）发情分泌物形状的检查。正常发情时分泌物的量较多，清亮透明，可拉成丝状。子宫内膜炎的病畜的分泌物量多，但较稀薄，不能拉成丝状，或量少且黏稠，浑浊，呈灰白色或灰黄色。

（2）阴道检查。阴道内可见子宫颈口不同程度的肿胀和充血。在子宫颈封闭不全时，有不同形状的炎性分泌物经子宫颈排出。如子宫颈封闭时则无分泌物排出。

（3）直肠检查。母牛患慢性卡他性子宫内膜炎时直肠检查子宫角变粗子宫壁增厚弹性减弱收缩反应减弱，有的查不出明显的变化。

（4）实验室诊断。

子宫分泌物的镜检查：将分泌物涂片可见脱落的子宫内膜上皮细胞、白细胞或脓球。

发情时的分泌物的化学检查：4%氢氧化钠2毫升加等量分泌物煮沸冷却后无色为正常呈微黄或柠檬黄为阳性。

细菌学检查：无菌采取子宫分泌物分离培养确定病原物是一种科学的确定方法。

鉴别诊断：

阴道炎：类似炎性阴道炎，触诊疼痛。

慢性子宫颈炎：类似处是有些有脓性分泌物流出。不同处是患慢性子宫颈炎，可引起结缔组织增生，子宫颈黏液皱襞肥大，呈菜花样。直肠检查子宫颈变粗，而且坚实。

4. 预防

产房要彻底打扫消毒，对于临产母牛的后躯要清洗消毒，助产或剥离胎衣时要无菌操作。加强饲养管理，日粮搭配应合理，营养全面，以增强奶牛抵抗力。严格消毒，安全接产防止感染。

5. 治疗

（1）子宫冲洗。消除炎症，每天一次冲洗至回流液清亮。清洗液用0.3%高锰酸钾冲洗，或用10%的氯化钠500毫升冲洗，随渗出物的减少，氯化钠的浓度下降至1%。隐性子宫内膜炎用葡萄糖90克、碳酸氢钠3克、氯化钠1克和生理盐水1 000毫升冲洗。

（2）子宫内药物灌注。青霉素钠400万国际单位、链霉素

100 万国际单位或5%的复方碘液20 毫升、生理盐水500 毫升子宫灌注。慢性子宫内膜炎用磺胺类20 克和石蜡油40 毫升子宫灌注。

(3) 激素疗法。通过注射激素来改善牛体内环境，提高子宫抗感染能力。

(4) 全身疗法。抗菌消炎，配合强心补液，纠正酸中毒，防止败血症发生。常用头孢噻吩钠、盐酸林克霉素和注射用氨苄西林钠治疗。

(5) 中兽医治疗方法。方1：生化汤加理血方合并加减。当归60 克、川芎30 克、桃仁30 克、炮姜20 克、赤芍30 克、红花30 克、没药25 克、益母草100 克、炙甘草30 克，荷叶3 张，1 剂/天，水煎2 次，去渣滤液，一次灌服。连服5 天。方2：在方1 基础上加理气补虚药。党参50 克、茯苓50 克、陈皮30 克、当归60 克、川芎30 克、桃仁30 克、荆三棱30 克、红花30 克、黄芪30 克、益母草100 克、炙甘草30 克、荷叶5 张，连用5 天。

十四、胎粪秘结

胎粪秘结又称胎粪停滞、胎粪不下，是指犊牛超过24 小时后仍不能排粪且有腹痛表现，即为胎粪秘结。通常情况下，犊牛出生后吃上初乳后几个小时内就可排出胎粪，这是由于初乳中含有大量的镁盐，可刺激肠蠕动，达到倾泻排粪的作用。此种情况如得不到及时处理与治疗，可导致犊牛自体中毒而死亡。

1. 病因

本病主要和母牛饲养管理不当，特别是饮水不足有关，可导致母牛营养不良、初乳分泌不足和品质不佳，致使犊牛吃不到初乳或所吃初乳量不足而引发胎粪秘结。

另一种原因就是犊牛先天发育不良或早产、体质衰弱，肠道蠕动迟缓或蠕动无力，也可导致粪便秘结。

2. 临床特征与表现

初期犊牛精神状况不佳，通常表现不安，弓腰，举尾，努责。吃奶次数减少，肠音减弱。腹部有轻度疼痛，时常回头顾腹，随后吮奶停止，躺卧，不愿站立，腹肚逐渐胀满，手感有串珠状硬固粪球，肠音减弱或消失，心跳呼吸加快，结膜潮红带黄色，全身衰竭，用手指直肠检查时，可发现黑色，浓稠的胎粪。

3. 诊断

本病诊断相对简单，通过详细了解发病过程和直肠检查，检查时如接触到硬固的粪便，即可确诊。

4. 预防

（1）加强饲养管理在母牛妊娠后期，加强饲养管理，提供充足营养全面的饲料以保证胎儿的正常发育，同时提供充足的清洁饮水，确保母猪生产后有足量的初乳。

（2）协助哺乳犊牛出生后尽快协助吃到足够的初乳，以增强机体机能和抵抗力，促进肠道蠕动机能。同时密切注意犊牛出生 24 小时内的表现，观察胎粪是否迟滞或排除。

5. 治疗

一旦发现犊牛出现胎粪秘结症状，应立即采取相应的对症治疗，常见治疗方法如下。

（1）灌肠排结。用温肥皂水先进行直肠浅部灌肠，将橡皮管插入直肠约 10 厘米深，最深可达 30 厘米，边活动胶皮管边注入肥皂水 100 毫升或注入液体石蜡 200 ~ 300 毫升，以排出浅部粪便，必要时经 2 ~ 3 小时再灌肠 1 次。

（2）润肠排结。取液体石蜡或植物油 300 毫升一次灌服。

（3）疏通肠道。取硫酸钠 50 克，加温水 500 ~ 1 000 毫升，另加植物油 50 毫升，鸡蛋清 2 ~ 3 个，混合后一次灌服。

（4）用手掏结。先剪短指甲，用涂上油的手指掏出粪结硬块，但动作要慢，以免损伤病犊的肠黏膜，再配合灌肠2次，效果更好。

（5）刺激肠蠕动。可用硫酸斯的明注射液3～6毫升肌肉注射，或用3%的过氧化氢溶液200～300毫升灌服。

（6）中药疗法。药用麻仁20克，大黄、归尾各12克，羌活10克，桃仁9克，水煎取汁，加入蜂蜜60克，一次灌服。不愈再服一次。或用蜂蜜50克与皂角末5克，混合置于铁锅内小火熬之，搅拌，蜂蜜由黄色熬成黄褐色，稍有冒烟为止，取出制成15厘米长，手指粗细的棒状蜜箭，先掏净直肠内干粪，将蜜箭塞入直肠内，5～10分钟即可排出胎粪。

（7）中西疗法。用牛黄解毒片10片，蜂蜜60毫升，常水适量，混合后灌服，随后分别静注10%葡萄糖注射液500毫升，维生素B_1注射液10毫升，10%安那加注射液4毫升，碳酸氢钠200毫升，一次即愈。

（8）对症治疗。若犊牛腹痛严重，可使用镇痛剂以缓解症状，对脱水较重的，为防止病犊自体中毒和脱水，用生理盐水或糖盐水300～500毫升和20%的安钠咖注射液5～10毫升，静脉或腹腔注射。

（9）手术治疗。对经上述方法治疗无效的深部肠道顽固性便秘，可施行剖腹手术压破结粪或切开取出粪块，术后加强治疗和护理。

十五、产后瘫痪

产后瘫痪又称生产瘫痪，也称乳热病。是成年母牛分娩后突然发生的急性低血钙为主要特征的一种营养代谢障碍病。此病多发生于高产奶牛。低血钙是导致产后瘫痪的主要原因。据报道，母牛随生产次数的增加，生产能力不断增强，但产后瘫痪的发病率也随之提高，泌乳量大的牛患病率更高。经测定患产后瘫痪的牛可使生产年限缩短三四年，其他代谢性疾病的发病率也明显增高。

1. 病因

（1）大量钙质随初乳进入乳房，奶牛血钙浓度急剧降低是造成本病的主要原因。母牛产犊后，挤奶过多，把乳房中的奶全部挤净，这样会使乳房内压显著下降，引起微血管渗漏现象加剧，由于泌乳前期对钙需要量增加，机体已处于低血钙状态，因此第 1 次榨乳后，血钙、血糖随乳汁的榨出，使其在血液中的含量急剧下降，需要迅速动员机体内的钙来补充。这样由于血钙的急剧下降，造成钙、磷比例严重失调，加剧乳房水肿，导致发病。

（2）由于大量的泌乳，血液中钙的含量继续下降，而此时作为调节代谢的甲状旁腺不能及时地从骨骼动员出充足的钙，致使血液中的镁的含量处于高水平，因而造成新陈代谢紊乱。

（3）该病冬季更易发，是因冬季饲料单一，饲料中的钙不能被机体全部吸收或饲料中能增强钙、磷吸收的维生素 D 缺乏，机体摄取钙、磷的能力降低而粪便中钙、磷的排出量增加，使血液中钙、磷含量下降。

（4）饲养管理方面，干奶牛和妊娠后期饲料中钙、磷含量过低或二者比例不当，致使奶牛血钙含量下降，妊娠期奶牛营养不良，机体体质过于瘦弱，加之产后能量损耗很大，失水较多，泌乳增多，从而发生本病。

（5）产后母牛产道损伤，伴随分娩产道及骨盆腔的肌肉、韧带、神经损伤，特别是难产时手术助产造成的产道神经肌肉损伤，骨盆腔部荐坐韧带的损伤及强行分娩造成的体贮备的大量消耗，产后出血的影响更受到关注。易造成产后截瘫。

（6）创伤性网胃心包炎及腹膜炎，为产后瘫痪的发生创造了条件。由于怀孕后期腹围增大，加之分娩时强力努责，很容易造成金属异物穿及心包及腹膜使病牛心血管系统机能障碍，气血不足，是发生产后瘫痪的间接原因。

（7）产后出血过多。由于助产方法不当，造成子宫破裂，引起大出血，使血钙、血磷大量丢失，遂造成母牛产后卧地不起。

（8）产后消化不良综合征。怀孕期间，特别是分娩前，由于胎儿体积过大，压迫前胃特别是瘤胃神经，造成迷走神经性消化不良，前胃的运动及消化能力大大降低，加之机体及胎儿需要大量的营养物质及矿物质、微量元素，所以，易导致营养衰竭症的发生，使母牛衰竭卧地不起。

（9）产后感染及败血症。母牛产后机体相对虚弱易罹患其他疾病，特别是产道操作后容易发生感染，进而导致产后败血症的发生，母牛体温升高、不食、全身状况逐渐恶化，死亡率极高。

2. 临床特征与表现

（1）产后瘫痪多数发生在分娩后的48小时以内。根据临床症状可分为爬卧期及昏睡期。

（2）爬卧期病牛呈爬卧姿势，头颈向一侧弯扭，意识抑制、闭目昏睡、瞳孔散大、对光反应迟钝。四肢肌肉强直消失以后，反而呈现无力状态不能起立。这时耳根部及四肢皮肤发凉，体温降至正常以下，出现循环障碍，脉搏每分钟增至90次左右，脉弱无力、反刍停止、食欲废绝。如上所述，此期以意识障碍、体温降低、食欲废绝为特征。

（3）昏睡期病牛四肢平伸躺下不能坐卧，头颈弯曲抵于胸腹壁，昏迷、瞳孔散大。体温进一步降低和循环障碍加剧，脉搏急速（每分钟达120次左右），用手几乎感觉不到脉搏。因横卧引起瘤胃鼓气，瞳孑对光的反射完全消失，如不及时诊治很快就会停止呼吸而死亡。

3. 诊断

高产奶牛在妊娠后期乳房是十分充满的，由于乳腺的充盈，从而造成乳腺动脉充血，乳腺静脉淤血。当分娩后第 1 次榨乳时，榨出大量乳汁使乳腺内压下降，加之分娩后腹压降低，使血管收缩舒张作用失调，微血管渗漏，乳房水肿，造成机体机能障碍；同时，由于病牛腹腔血管收缩压及乳腺内压的改变，促使神经失调，大脑也因受血压改变而造成紊乱，使大脑的营养供应暂时失调。因而出现全身性神经症状，如知觉丧失，四肢瘫痪等，即奶牛产后瘫痪。

4. 预防

（1）母牛在产前 2 个月开始停奶，确保胎儿与母体的营养需要，在母牛干奶期，最迟从产前 2 周开始转入产房，开始低钙高磷饲养，减少从日粮摄入的钙量，这样可激活甲状旁腺的机能，从而提高吸收钙的能力，使产后很快适应、能及时动员骨骸中的钙溶解出来。保持血钙正常水平含量。

（2）奶牛停奶后，要减少谷物精料的饲喂量，增加优质干草的喂量，防止母牛过肥，减少难产的发生。

（3）奶牛产后，不能让母牛喝冷水。喂一些温水，撒些麦麸在水中或加些红糖，或喂一些龙胆酊之类的健胃药，保证其有良好的消化机能和旺盛的食欲，有利于产后恢复。

（4）母牛产犊后，不要急于挤奶，初挤时不要把奶挤净。正确的挤奶方法应是，少量多次，逐日增加。1 ~ 2 天挤出奶量的 1/5 ~ 2/5，产后第 6 天开始挤净，防止钙从初乳中大量排出而造成血钙骤降而造成瘫痪。

（5）母牛产后，立即恢复高钙饲料，保证奶牛的钙代谢平衡。

（6）有条件的牛奶场，可以在产前 8 天开始肌注维生素 D_3，每天一次至临产，并在产前 4 周到产后 1 周，每天增喂 30 克镁，以预防血钙下降时出现的抽搐症状。

(7) 保持牛体、产房的清洁卫生，保持牛舍安静，预防可能诱发产后瘫痪的各种应激反应，注意观察牛群动态，及早发现瘫痪迹象，越早治疗越好。

(8) 呵护骨骼，选择骨骼喜欢的食物，如优质的牛奶、豆类、配方合理的奶粉都会让骨骼有更好的胃口。

5. 治疗

治疗产后瘫痪主要有钙剂疗法和乳房送风法。

(1) 钙剂疗法。约有80%的病牛经用8~10克钙1次静脉注射后即刻恢复。10%的葡萄糖酸钙800~1 400毫升静脉注射效果甚佳，多数病例在4小时内可站起，对在注射6小时后不见好转者，这可能伴有严重的低磷酸盐血症，可静脉注射15%磷酸二氢钠250~300毫升，实践证明有较好效果，但必须缓慢注射。

(2) 乳房送风法。送风时，先用酒精棉球消毒乳头和乳头管口，为了防止感染，先注入青霉素注射液80万国际单位，然后用乳房送风器往乳房内充气，充气的顺序是先充下部乳区，后充上部乳区，尔后用绷带轻轻扎住乳头，经2小时后取下绷带，约12~24小时后气体消失。此种方法如果和静脉注射钙剂同时进行，效果更佳。

十六、子宫积水

子宫积液及子宫积脓在奶牛不孕症中较为常见，治疗不及时或治疗不当，就会继发子宫肌炎及临近器官感染，严重时可因败血症而死亡。子宫积液是指子宫内积有大量棕黄色、红褐色或灰白色的稀薄、黏稠液体，蓄积的液体稀薄如水者亦称为子宫积水。

1. 病因

子宫水肿或积水通常在怀孕的最后三个月零星发生。主要是由羊膜积水和尿囊积水造成。而羊膜积水可能是因胎儿的问题造成，尿囊积水常被认为是由于母体胎盘形成异常引起的。尿囊积水会使患牛腹部迅速在几天或几周内扩张，以致从后方观察腹部呈圆形。而羊膜积水的牛腹部是缓慢的进行性增大，最后呈梨形。尿囊积水很可能与怀双胎或多胎有关。

2. 症状

子宫积水的主要症状是进行性腹部膨胀并发展到非常严重的程度，引起食欲减退、运动和起立困难。可继发酮病及其他代谢病。

3. 诊断

通过直肠检查及积液性质作出诊断。羊膜积水和尿囊积水可通过直肠检查来区别。前者的胎儿和胎盘可触到而子宫角难摸到；而后者的子宫角填满了腹腔而胎儿及胎盘却可能摸不到。如果没有立即作出诊断，那么会发生肌肉骨骼系统并发症，而且尿囊积水的病牛肌肉骨骼系统的损伤比缓慢增大的羊膜积水的病牛多见。如果积水的孕牛分娩或发生自然流产，可根据液体性质区分羊膜积水和尿囊积水。前者的液体浓厚黏稠，后者则为大量水样漏出液。

鉴别诊断：

子宫积脓患牛子宫壁较厚，而且比较紧张，如其大小与妊娠3~4个月相似，但摸不到子叶和孕体，间隔20天以上重复检查，发现子宫体积不随时间增长而增大；子宫积液时，子宫壁变薄，触诊波动极其明显，也查不出子叶、孕体及妊娠脉搏，重复检查时可能发现2个子宫角的大小比例有所改变。

4. 治疗

根据预见到可能很快发生或滞后发生的并发症，做出适当的治疗决定，除了特别有价值的母牛或在分娩前两周以内的牛外，患病牛都应考虑淘汰。

（1）激素疗法对子宫积液的病牛，应用促使子宫收缩的药物，促进子宫颈口开，使积液或积脓大部分排出。前列腺素（PGF2α）治疗，效果良好，注射后24小时，即可使子宫的液体排出，经3～4天后病牛可能会出现发情，并随之排卵。前列腺素的用量与治疗持久黄体相近，每次向子宫内注入0.3毫克，隔日再注一次，如此间子宫颈口开张较小，可肌肉注射雌激素。

当子宫内容物排尽之后，再向注入抗生素以防治感染。另外，促进子宫内液体排出也可使用催产素。催产素与雌激素合用有协同加强的作用，因此在使用催产素之前先用雌激素处理（提前48小时）效果更好；催产素的一般用量为30～50国际单位。

（2）子宫冲洗子宫冲洗是治疗子宫积液行之有效的常用方法。通常采用的冲洗液有高渗盐水、0.05%～0.1%高锰酸钾、0.01%～0.05%新洁尔灭等，每次约消耗药液2 000～3 000毫升，将药液加温至45℃，边注入子宫边排出，直至回液无分泌积液或脓汁。如使用高锰酸钾冲洗，需用生理盐水进行二度冲洗子宫，直到回液无颜色。冲洗结束后，向子宫内灌注宫炎康、宫得康或青霉素、链霉素、土霉素及氨基糖苷类抗生素。但青霉素不宜用于产后的早期阶段，因为在此期间，子宫中存在一些耐青霉素微生物，可以释放青霉素酶而阻碍其发挥作用，使青霉素敏感的细菌得到保护。有全身症状的病牛，应同时肌肉注射进行全身治疗。

（3）手术治疗对患牛采用引产比剖腹产好，或者使用导管经剖腹手术植入子宫，使子宫内液体慢慢流出（至少24小时），然后进行剖腹产手术。通过肌肉注射前列腺素30～40毫克进行引产。

（4）其他并发症治疗对于脱水、食欲下降的孕牛应进行静脉输液，而当孕牛表现出酮病或低钙血时，应补给葡萄糖或钙。

为避免出现子宫炎和胎衣不下，可用抗生素预防。

（5）注意事项。

①把握治疗时机。冲洗子宫，只有在子宫颈开张的情况下才能进行，故最佳的治疗时间是母牛的发情期。如母牛未发情或子宫颈开张较小，可用雌激素等预先处理。

②为保证药液回流充分，在直肠内的手可按压或提拉子宫角，必要时用注射器抽取。

③冲洗子宫过程中可边进药边回流，进液速度不要过快，一次进液不能超过300毫升，否则，子宫内蓄积药液量大，压力增高，会使药物连同子宫的炎性分泌物从输卵管溢出，造成临近器官感染。

④治疗过程中，掌握时机输精是非常必要的，此病治愈与否，关键看母牛受胎情况。在治疗中要不失时机地对母牛检查性输精。输精一个小时后还可子宫内灌注抗生素。

参考文献

[1] 安德鲁斯 AH，等，韩博，苏敬良，等译．牛病学——疾病与管理（第二版）．北京：中国农业大学出版社，2006.

[2] 陈溥言．兽医传染病学（第五版）．北京：中国农业出版社，2006.

[3] 陈玉库，钟秀会．新编牛场疾病控制技术．北京：化学工业出版社，2009.

[4] 崔中林．奶牛疾病学．北京：中国农业出版社，2007.

[5] 弗雷萨．默克兽医手册（第七版）．北京：中国农业大学出版社，1997.

[6] 侯喜林．畜禽传染病学．哈尔滨工程大学出版社，2000.

[7] 齐长明．奶牛疾病学．北京：中国农业科学技术出版社，2006.

[8] 王小龙．兽医内科学．北京：中国农业出版社，2004.

[9] Thomas J. Divers，Simon F. Peek，Rebhun's Disease of Dairy Cattle（Second Edition），Elsevier（Singapore）Pte Ltd. 2009.

[10] A. H. Andrews，R. W. Blowey，H. Boyd，R. G. Eddy. BOVINE MEDICINE Diseases and Husbandry of Cattle（Second Edition），Elsevier（Singapore）Pte Ltd. 2006.